AIRBUS A380

DER LETZTE RIESE

Andreas Spaeth

Motor
buch
Verlag

Einbandgestaltung: Joachim Schreiber

Bildnachweise: Wie vermerkt, AS=Andreas Spaeth.
Ohne Angabe: Archiv des Autors.
Kontakt der Fotografen auf Seite 238.

Ich widme dieses Buch Sir Tim Clark, Präsident von Emirates Airlines, geschätzter Gesprächspartner und entscheidende Figur in der A380-Saga.

ISBN 978-3-613-04566-8

2. Auflage 2023

Sie finden uns im Internet unter
www.motorbuch-verlag.de

Lektorat: Alexander Burden
Innengestaltung: Günther Nord, 69434 Heddesbach
Druck und Bindung: GCC GmbH & Co. KG, Calbe
Printed in Germany

Inhalt

Start in den Sonnenuntergang. (Jean-Louis Delezenne)

Vorwort

SINGAPORE AIRLINES

Andreas Spaeth

Travelled Onboard the World's First A380 Flight SQ380, in Business Class Singapore to Sydney 25 October 2007

First to fly A380

Captain Robert Ting
Captain in Command of SQ380, Singapore Airlines

Chew Choon Seng
Chief Executive Officer Singapore Airlines

Urkunde vom ersten Linienflug.

Schiere Größe fasziniert die Menschen. Das mag der Grund sein warum das größte Verkehrsflugzeug der Welt, der Airbus A380, seit seinem Erstflug 2005 und bis heute große Aufmerksamkeit auf sich zieht. Ich werde nie vergessen wie es sich anfühlte, als ich im Oktober 2004 erstmals in Toulouse eine der neu errichteten Hallen für die Endfertigung betrat und als kleiner Mensch einer riesigen A380 gegenüberstand. Sie war zwar von Gerüsten und Hebebühnen verdeckt, aber die Dominanz dieses Flugzeugs wurde mir sofort deutlich, eben durch seine schiere Größe. Seit den 1990er-Jahren hatte ich bei Airbus Präsentationen und Vorträge zum Projekt A3XX verfolgt, mit Beteiligten am Programm gesprochen. Jetzt das ganze in Realität zu sehen war etwas ganz anderes.

Als Hamburger habe ich viele der Dramen, Scharmützel und auch die Triumphe der frühen A3XX/A380-Geschichte quasi vor der Haustür erlebt, als Bürger, aber auch als Luftfahrtjournalist. Das schafft eine Nähe zu einem solchen Programm, die nicht entstehen kann wenn ein Flugzeug etwa an der US-Westküste gebaut wird. Den Erstflug 2005 erlebte ich am Fernseher, aber bei der ersten Landung einer noch unlackierten A380 in Hamburg-Finkenwerder im November 2005, gesäumt von tausenden Schaulustigen am Deich, stand ich selbst vor der Fernsehkamera als Co-Moderator einer Livesendung aus diesem Anlass. Und es sollten viele spannende Meilensteine folgen, allen voran der erste Linienflug einer A380 von Singapur nach Sydney am 25. Oktober 2007, auf dem ich an Bord war.

Ich habe später bei vielen der 14 A380-Kundenairlines Überführungs- oder Erstflüge mitgemacht und bin bei zehn Betreibern auf mindestens einem Flug an Bord gewesen und habe die Kabinen der anderen zumindest am Boden inspiziert. Auch wenn die A380 nicht so gefällig daherkommt wie die Boeing 747 so ist sie doch ein in jeder Hinsicht außergewöhnliches Flugzeug, vor allem beim Passagierkomfort. Umso trauriger ist es, spätestens seit der Corona-Pandemie das faktische Ende der A380 bei vielen bisherigen Betreibern mit ansehen zu müssen oder gar Bilder zu ertragen wie einzelne der Riesenflugzeuge, kaum zehn Jahre nach ihrer Ablieferung, bereits zerlegt werden.Irgendwas ist schief gelaufen bei einem Programm, was 2007 noch als »die Zukunft« gepriesen wurde, aber schon 2020 zum Teil auf dem Schrottplatz lag. Herauszufinden was schief lief ist Aufgabe dieses Buches, als abschließende Betrachtung und Bewertung der kurzen Geschichte des größten Verkehrsflugzeugs der Welt. Weniger durch mich als durch die damals entscheidenden Akteure. Ich war überrascht und bin dankbar wie groß die Bereitschaft, ja das Bedürfnis dieser Personen war, mit mir darüber zu sprechen. Vieles davon findet sich in diesem Buch. Die Geschichte der A380 in allen ihren Details ist noch weit interessanter, als ich selbst gedacht hatte.

Noch gut ein Jahrzehnt wird die A380 zumindest bei Emirates noch fliegen – und diese großartige Erfahrung sollte sich niemand entgehen lassen.

Andreas Spaeth
Hamburg, im Frühjahr 2021

Vorwort zur 2. Auflage

Der 16. Dezember 2021 war ein bewegender Tag für mich und alle A380-Fans: An diesem Tag lieferte Airbus die allerletzte A380 jemals aus, an Emirates. Die Corona-Pandemie verhinderte leider jegliche Feierlichkeiten und Zeremonien. Trotzdem stand ich mit vielen Hundert anderen beim Start am Zaun des Werksflughafens in Hamburg-Finkenwerder – die Anziehung der A380 auf die Menschen war ungebrochen. Jetzt, zwei Jahre später, hat sich das auf eine Weise bewahrheitet, die niemand für möglich gehalten hätte: Die Nachfrage zog bei Ende der Reisebeschränkungen massiv an, gleichzeitig konnte Boeing bestellte 777-9 als Nachfolger nicht pünktlich liefern. Auf einmal war die A380 wieder im Spiel. Im Herbst 2023 sind fast zwei Drittel der noch vorhandenen flugfähigen Riesen wieder im Liniendienst unterwegs. Auch bei Gesellschaften wie Lufthansa und Etihad, die ihren Abschied von der A380 bereits besiegelt hatten. Die Passagiere freut es, bequemer und leiser als die Doppelstöcker ist kein anderes Flugzeug. Die Neuauflage dieses Buchs zeichnet die Ereignisse nach und beschreibt die unerwartete Wiederkehr des größten Flugzeugs der Welt. Nun hat jeder die Chance, sie bei zehn Airlines (Ende 2023) weltweit noch kennenzulernen – sehr lange wird es diese unerwartete Angebotsvielfalt nicht geben. Guten Flug!

Andreas Spaeth
Hamburg, im Herbst 2023

Großer Auftritt für die A380 unter einem Regenbogen in Los Angeles. (Jacob Brosseau)

KAPITEL 1

Ein Streifzug durch die Geschichte der größten Verkehrsflugzeuge

Eine Frage des Formats

Flugzeugriesen und doppelstöckige Kabinen gibt es schon seit den 1920er-Jahren. Ein Blick auf die Vorgänger und Urahnen der A380

» *Wir untersuchten die Durchführbarkeit einer doppelstöckigen Boeing 707 und kamen zu dem Schluss, dass das Konzept technisch machbar war.* «

Lawrence Kuter, ehemals Vice President Pan American World Airways, 1973

Das berühmteste Großflugzeug der Geschichte – die Dornier Do-X von 1929.

D-1929
DO-X
DORNIER

Die Junkers G-38 von 1929 für 34 Passagiere.

Schneller, höher, weiter – nach dieser Maxime richteten sich im Laufe der Luftfahrtgeschichte die meisten Ingenieure. Doch auch die Größe spielte immer schon eine wichtige Rolle, auch wenn sie oft mit erheblichen Nachteilen bei Geschwindigkeit und Leistung erkauft werden musste. Aber schiere Größe hat die Menschen immer fasziniert, vor allem bei Flugzeugen, und das seit bald hundert Jahren. Das erste und wohl berühmteste Großflugzeug der Geschichte ist dafür ein treffendes Beispiel – die Dornier Do X des legendären Konstrukteurs Claudius Dornier, die am 25. Juli 1929 vom Bodensee aus zum Erstflug startete. Das riesige Flugboot sollte die Luftreise im Stile komfortabler Ozeanriesen revolutionieren, aber mit der damals verfügbaren Technologie war Dornier nicht in der Lage, diese Ambition auch umzusetzen. Das revolutionärste an der innen sehr luxuriös mit Salon, Bar und Raucherraum ausgestatteten Do X war ihre schiere Größe mit 40 Metern Länge und 48 Metern Spannweite, einem doppelstöckigen Ganzmetall-Rumpf und zwölf Neunzylinder-Radialmotoren. Nachdem sich die ursprünglich installierten Bristol Jupiter-Motoren als zu schwach erwiesen und das Flugzeug nur auf 420 Meter Flughöhe brachten, wurden sie durch stärkere Curtiss Conqueror-Antriebe mit je 640 Pferdestärken ersetzt. Wegen der aerodynamisch ineffizienten Tragflächen und des nun höheren Gewichts machte es aber auch diese Modifikation unmöglich, die zum wirtschaftlichen Betrieb benötigte Anzahl von Passagieren zu befördern. Bis zu 56 Tonnen Startgewicht mussten die Motoren aus dem Wasser stemmen – eine manchmal kaum zu bewältigende Aufgabe. In einem Extremfall war die Do X selbst nach 13 Kilometern Startlauf nicht in der Lage abzuheben. Selbst wenn dies gelang, dauerte der Aufstieg in die ohnehin bescheidene Reiseflughöhe von maximal 1250 Metern scheinbar endlose 20 Minuten, und das bei einer sehr geringen Reisegeschwindigkeit von gerade mal 175 km/h.

Keine Frage, nur gut ein Jahrzehnt nach der Schmach des Ersten Weltkriegs und der erzwungenen Stilllegung der deutschen Luftfahrtindustrie war die Do X ein Meilenstein, der die Welt aufhorchen ließ. Bereits im Oktober 1929 startete das Flugboot mit der Rekordzahl von 169 Menschen an Bord – zehn Mann Besatzung, 150 geladenen Gästen und neun blinden Passagieren. Im November 1930 hob die Do X zu ihrer triumphalen Reise nach New York via Brasilien ab, wo sie allerdings wegen sich häufender Pannen und Verzögerungen erst neun Monate später ankam. Der Rückflug verlief dagegen in nur fünf Tagen glatt, am 24. Mai 1932 landete die Do X auf dem Berliner Müggelsee vor Tausenden Schaulustigen. An einen

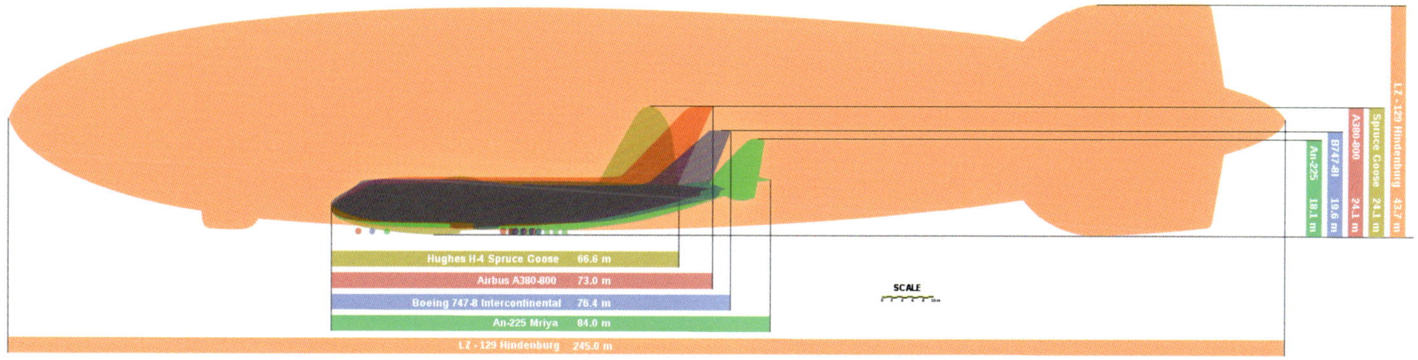

Selbst die größten Flugzeuge die es je gab wirken zwergenhaft gegen den Zeppelin LZ-129 »Hindenburg« von 1936. (Clem Tillier/Wikimedia)

kommerziellen Betrieb aber war nicht zu denken und nie ist ein einziger zahlender Passagier in einer der drei gebauten Do X geflogen. Eine Maschine landete in der 1936 eröffneten Deutschen Luftfahrtsammlung in Berlin und wurde bei Bombenangriffen im Krieg zerstört. Die beiden anderen wurden nach Italien ausgeliefert und sind verschollen. Kleine Fragmente sind heute etwa im Dornier Museum Friedrichshafen zu sehen.

Auch das größte Landflugzeug jener Zeit kam aus Deutschland – die Junkers G38, deren Erstflug am 6. November 1932 in Dessau stattfand. Der für 34 Passagiere ausgelegte 23,20 Meter lange Hochdecker im Junkers-typischen Wellblech-Kleid wurde nur in zwei Exemplaren gebaut, die anders als die Do X aber durchaus erfolgreich Passagiere transportierten. Die »Generalfeldmarschall von Hindenburg« mit dem Kennzeichen D-2000 wurde ab September 1931 von der Lufthansa im Liniendienst eingesetzt, später folgte ihr die zweite G38 mit der Registrierung D-2500. Das Auffälligste an der G38 war neben dem dreigeteilten Leitwerk ihr gewaltiger Flügel, mit 44 Meter Spannweite der größte der Welt. Die G38 war für Hugo Junkers ein technischer Kompromiss, der seinen Ideen zum Nurflügler am nächsten kam. Bereits 1909 hatte Junkers ein Patent zum »dicken Flügel« angemeldet, indem der 1,70 Meter hohe Flügel sowohl für Motoren, Tanks und Gepäckräume genutzt wurde als auch für die Unterbringung von Passagieren: Auf beiden Seiten des Rumpfes konnten jeweils drei Fluggäste in einer separaten Kabine sitzen und aus riesigen Panoramafenstern in Flugrichtung schauen, weitere zwei Reisende fanden in der Rumpfnase Platz. Die Geschwindigkeit war mit nur 210 km/h bescheiden, aber der Riesenflügel und die effizienten Flügelklappen sorgten für gute Starteigenschaften, eine kurze Rollstrecke bis zum Abheben sowie niedrige Landegeschwindigkeiten. Dank ihrer Reichweite von rund 2000 Kilometern flog die Lufthansa mit der G38 Liniendienste unter anderem nach Rom, London und Stockholm, bevor 1939 die Luftwaffe das Flugzeug übernahm.

Für ihre ersten Transatlantikflüge verließen sich Fluggesellschaften wie Pan American in den 1930er-Jahren wegen vielerorts fehlender Landeplätze an Land vor allem auf Flugboote, und ein solches mit hoher Kapazität und Reichweite hatte Pan Am 1936 bei Boeing in Auftrag gegeben. Am 28. Juni 1939 begann Pan Am mit der frisch gelieferten Boeing 314 Clipper den weltweit ersten Passagierdienst über den Atlantik, als erster landete der Yankee Clipper auf einem Testflug aus Neufundland im irischen Foynes, später folgte die Pazifikroute von San Francisco nach Hongkong. Die Boeing 314 war zu jener Zeit das größte Passagierflugzeug der Welt. Angetrieben von vier jeweils 1500 Pferdestärken leistenden Double Cyclone 14-Zylinder-Radialmotoren schafften es die Clipper, mit einer Reisegeschwindigkeit von rund 300 km/h bis zu 74 Passagiere fast 6000 Kilometer weit zu befördern, während des Krieges stand sie in militärischen Diensten. Insgesamt wurden zwölf der 32 Meter langen Flugboote gebaut, die mit einer Spannweite von 46 Metern ebenfalls über gewaltige Flügel verfügten. Die letzten Liniendienste mit der Boeing 314 betrieb BOAC bis Januar 1948 zwischen Bermuda und New York. Die britische Langstreckengesellschaft verfügte zu dieser Zeit schon über ein Mega-Flugboot der letzten Generation, die Short Solent. Die 1944 zum Erstflug gestartete knapp 27 Meter lange Solent war für maximal 34 Passagiere ausgelegt, die auf zwei Decks beinahe über jenen üppigen Komfort verfügten, den Airbus in frühen Marketing-Kampagnen auch den künftigen A380-Fluggästen suggerierte. Verbunden über eine Wendeltreppe konnten sich BOAC-Kunden in der Short Solent auf zwei Ebenen in einer Lounge, einem Restaurant oder der Cocktail-Bar aufhalten, sich auf einer Art Promenade die Beine vertreten oder in der Bibliothek schmökern. Bis November 1950 verkehrte die Short Solent angetrieben von vier Bristol Hercules 14-Zylinder-Radialmotoren mit jeweils 1690 Pferdestärken auf der Südafrika-Route. Das letzte Kapitel seiner Geschichte erlebte das Flugboot in der verbesserten Version Short Solent 4 mit auf 4800 Kilometer erhöhter Reichweite bei Tasman Empire Airways in Neuseeland. Sie setzte die Solent ab November 1949 zwischen Auckland und Sydney ein und ab Juni 1950 auf die Fidschi-Inseln, erst im September 1960 endeten die letzten Dienste zwischen Fidschi und Tahiti.

Eines der größten und ungewöhnlichsten Flugzeuge der Luftfahrtgeschichte war ebenfalls ein Flugboot, das allerdings nie für den kommerziellen Passagierverkehr vorgesehen war. Die Anforderung an den Konstrukteur war aber, dass das Flugboot in der Lage sein sollte, bis zu 750 Soldaten über den Atlantik zu

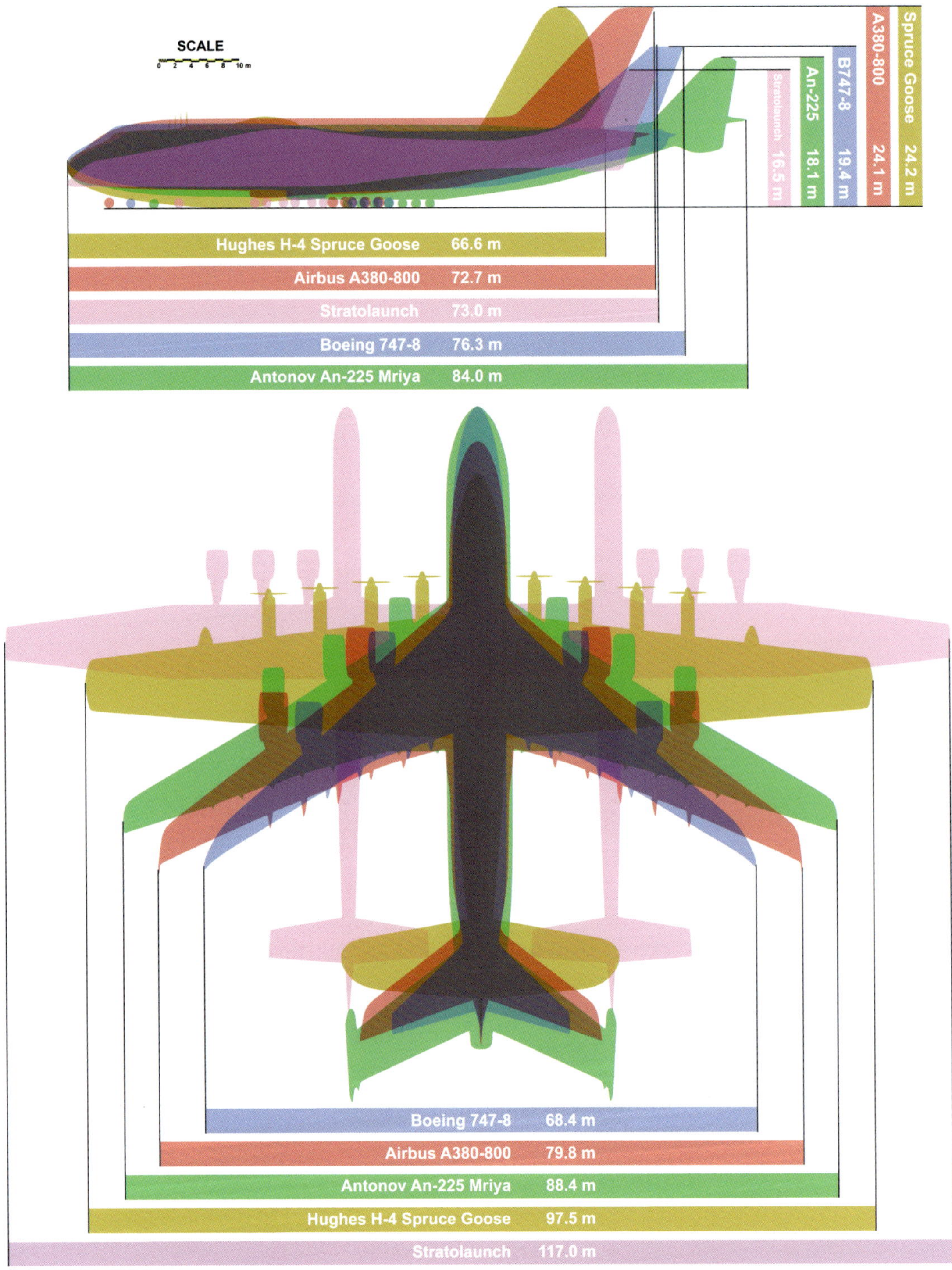

Unter den Top 5 der größten Flugzeuge ist die Stratolaunch ein Newcomer. (Wikimedia)

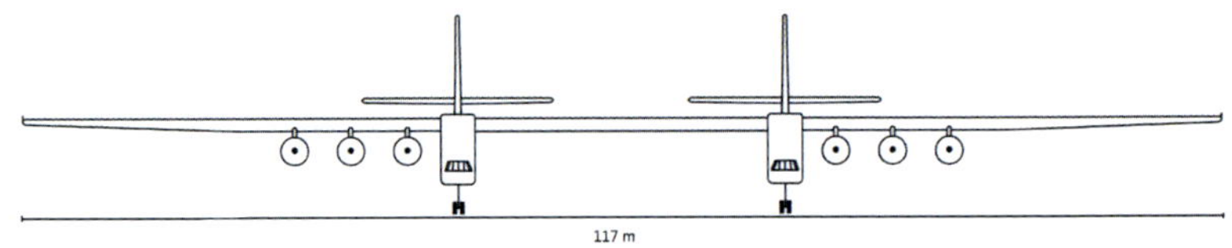

Scaled Compostites Stratolaunch

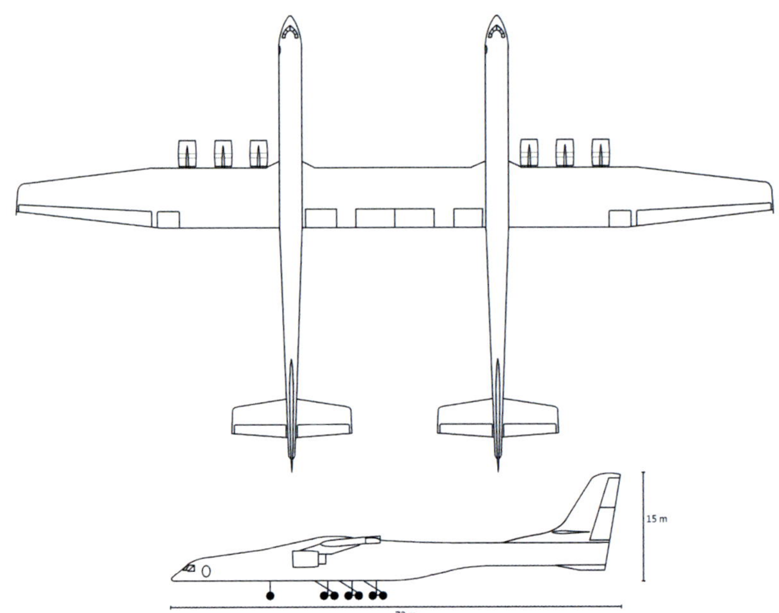

Die Stratolaunch von Scaled Composites besteht aus zwei wiederverwendeten Boeing 747-Rümpfen. (Stratolaunch)

transportieren. Einem breiten Publikum dürfte die Spruce Goose (zu deutsch Fichtengans), das rein aus Holz gefertigte Riesenflugboot des Milliardärs Howard Hughes, aus dem Kinoerfolg »The Aviator« (2004) mit Leonardo di Caprio in der Hauptrolle bekannt sein. Dort wird auch der einzige Flug der Spruce Goose gezeigt – gerade mal eine Meile weit in 30 Meter Höhe über dem Wasser am 2. November 1947. Ihre Spannweite von 97,54 Meter wurde erstmals und nur vom Doppelrumpf-Trägerflugzeug Stratolaunch von 2019 übertroffen, das es auf 117 Meter bringt. Selbst die Flügel des sonstigen Rekordhalters in Sachen Größe, des sechsstrahligen russischen Mega-Frachters Antonow An-225 von 1988, messen in ihrer Ausdehnung fast zehn Meter weniger, die A380 bringt es sogar nur auf fast 20 Meter kürzere Tragflächen als Howard Hughes' Holzflugzeug. Auch die Flügelfläche der heute in McMinnville, Oregon/USA im Museum stehenden Spruce Goose von unglaublichen 1067 Quadratmetern wird nur von der Stratolaunch erreicht.

Die Hughes Hercules H4 Spruce Goose von 1947 ist nur einmal geflogen, hält aber bis heute den Rekord des höchsten Leitwerks.

Den Standard für komfortables Reisen nach dem Krieg setzte ab 1948 die Boeing 377 Stratocruiser, ebenfalls ausgestattet mit einer auf zwei Ebenen verteilten Passagierkabine. Mit einer Reichweite von rund 6800 Kilometern und einer Reisegeschwindigkeit von 600 km/h war sie in der Lage, bis zu 114 Passagiere in unerreichtem Luxus in nicht viel weniger als zehn Stunden nonstop von New York nach London zu befördern. Ihre Druckkabine und die Fähigkeit, mit hoher Geschwindigkeit in großen Flughöhen bis zu fast 10.000 Metern über den Turbulenzen der unteren Luftschichten zu fliegen, machte einen erheblichen Unterschied zu allen Vorkriegsmodellen und Flugbooten aus. Der Rumpfquerschnitt, hervorgegangen aus dem Stratofreighter-Militärfrachter, ähnelte in seiner Form einer Acht und wurde damals schon Double Bubble genannt – eine Konfiguration, die ein gutes halbes Jahrhundert später auch in den Entwürfen der A380 wieder eine Rolle spielen sollte. Pan Am betrieb ab 1948 insgesamt 27 Stratocruiser und BOAC 17 davon, doch wegen ihrer militärischen Ursprünge und extrem komplexer und störanfälliger Wasp Major-Motoren blieb dem Stratocruiser der ganz große Erfolg versagt, nur 56 Stück wurden gebaut. In den späten 1950er-Jahren tauschte Pan Am den Stratocruiser beim Hersteller dann gegen die aufkommende Boeing 707 ein, den ersten Langstrecken-Jet.

Aber nicht nur in Amerika, sondern auch in Europa gab es unmittelbar nach dem Krieg zivile Großflugzeuge. Den ersten europäischen Doppelstöcker der Nachkriegszeit entwickelten die Franzosen bereits seit 1944, doch ihren Erstflug erlebte die Bréguet 763 Provence durch die Wirren des Kriegsendes erst im Februar 1949. Das äußerlich gedrungene und alles andere als stromlinienförmige Flugzeug wurde vom Hersteller selbst als Deux Ponts

Die Boeing 377 Stratocruiser von 1948 verfügte über zwei Ebenen für bis zu 114 Passagiere.

(zwei Decks) bezeichnet und war alternativ als Frachter und Passagierflugzeug konzipiert. Das französische Verkehrsministerium veranlasste Air France, zwölf Bréguet 763 zu bestellen. Ab August 1952 setzte die Gesellschaft die ersten Maschinen auf Flügen nach Algerien, Tunesien sowie zwischen Paris und London ein. Vom Doppelstock-Luxus anderer Flugzeuge war hier keine Rede mehr, üblicherweise befanden sich 59 Sitze der Touristenklasse auf dem Oberdeck und 48 der Zweiten Klasse auf dem Unterdeck, maximal 135 Passagiere konnten befördert werden, beide Decks waren verbunden durch eine Treppe im Heck. Sollte neben Passagieren durch die großen seitlichen Türen hinten am Rumpf zusätzlich Fracht geladen werden, ließen sich die Sitze im Unterdeck sowie die Treppe entfernen, eine bewegliche Wand sorgte dann für Trennung zwischen Fluggästen und Frachtgut. Die vier Pratt & Whitney R-2800 18-Zylinder luftgekühlten Radialmotoren mit jeweils 2100 Pferdestärken Leistung brachten die Bréguet 763 mit ihren maximal 51,6 Tonnen Startgewicht in die Luft und beschleunigten sie auf 390 km/h in einer Reiseflughöhe von 3050 Metern. Erst 1964 gab Air France sechs ihrer Bréguet 763 an die französische Luftwaffe ab, wo sie nach Modifikationen als Frachter unter dem neuen Namen Universal bis 1971 Dienst taten und unter anderem zur Beförderung der Olympus-Triebwerke für die Concorde vom Herstellerwerk in Bristol nach Toulouse eingesetzt wurden.

In Großbritannien machte man sich bereits vor Kriegsende Gedanken, welche Flugzeuge zum Passagiertransport in der Nachkriegszeit benötigt würden. Schon im Dezember 1942 begann ein Komitee unter Lord Brabazon fünf Flugzeugtypen zu definieren für die man Bedarf sah. Eines davon sollte nonstop zwischen London und New York verkehren können, und für diese Aufgabe entwickelte man bis 1944 die Bristol Brabazon mit einem Rumpfquerschnitt, der jenem der heutigen Boeing 767 entsprach. Bis zu hundert Passagiere sollten im Langstreckendienst in dem 54 Meter langen Riesenflugzeug befördert werden können, dessen Spannweite größer als die der Boeing 747 war. Die Brabazon war dazu mit acht in Paaren gekoppelten Bristol Centaurus 18-Zylinder-Radialmotoren ausgestattet, die jeweils eine Leistung von 2500 Pferdestärken brachten. Der Erstflug fand nach langen Verzögerungen erst im September 1949 statt. Schon nach wenigen Testflügen stellte sich heraus dass immer wieder Ermüdungsrisse in der Propelleraufhängung auftraten, dies führte schließlich zum baldigen Ende des in seinen Erfolgsaussichten ohnehin zweifelhaften Programms. Nach Investitionen von drei Millionen britischen Pfund

Die A380 und ihre Ahnen, ebenfalls Made in Toulouse: Caravelle, Concorde und Airbus A300. (P. Pigeyre/Airbus)

wurden beide Prototypen 1953 abgewrackt. Bereits während des Krieges war in England auch ein gigantisches neues Flugboot entwickelt worden, dass vor allem auf BOAC-Transatlantikstrecken zum Einsatz kommen sollte. Aber das Konzept der Saunders-Roe Princess hatte sich bereits in den letzten Kriegsjahren überlebt, weil gerade durch den Krieg überall auf der Welt Tausende von neuen Landeplätzen an Land entstanden waren, die den Einsatz der unwirtschaftlichen Flugboote grundsätzlich überflüssig machten. Obwohl dieser unumkehrbare Trend deutlich erkennbar war, wurde das Projekt stur weiter verfolgt. Die Saunders-Roe Princess verfügte über einen Double Bubble-Rumpfquerschnitt, wobei nur der obere Bereich als Druckkabine für die bis zu 200 Passagiere vorgesehen war. An den riesigen Flügeln, deren Fläche jene der Do X übertraf und deren Spannweite einen halben Meter größer war als jene der Boeing 747, hingen insgesamt zehn Bristol Proteus-Turboprop-Motoren, von denen jeder 3780 Pferdestärken leistete. Die Motoren arbeiteten in vier Paaren mit achtblättrigen, gegenläufigen Propellern sowie außen jeweils mit einem Einzelmotor. Nach dem Erstflug im August 1952 zeigten sich genau wie bei der Brabazon sehr bald Probleme mit der Aufhängung der gegenläufigen Propeller und das Programm wurde schon 1954 aufgegeben, nachdem ebenso wie bei der Brabazon nur ein Prototyp je geflogen war.

Ein historisches Bild: Eine A380 startet über dem weltgrößten Flugzeug AN-225 Mriya, zerstört im Ukrainekrieg 2022 (Pat Harrison/Shannon Airport Planespotters)

Condor war ab 1971 weltweit der erste Ferienflieger mit Boeing 747-Jumbos, die fast 500 Urlauber aufnahmen.

Erfolgreicher setzte die russische Luftfahrtindustrie auf Größe und konnte noch in der Vor-Jet-Ära mit Superlativen aufwarten, indem sie mit der Tupolew Tu-114 ab Oktober 1957 den größten und schnellsten je gebauten Turboprop-Airliner erprobte und nach langen Verzögerungen im April 1961 bei Aeroflot einführte. Dieses eindrucksvolle Passagierflugzeug wurde parallel mit dem Langstreckenbomber Tupolew Tu-20 entwickelt und nutzte dessen Tragflächen, Leitwerk, Fahrwerk und in gestreckter Form auch den Rumpf. Die Größe der Tu-114 war ein Problem für den Flugbetrieb – das Flugzeug konnte mit maximal acht Sitzen pro Reihe bestückt bis zu 220 Passagiere befördern, doch nur wenige Routen in der Sowjetunion verzeichneten ein entsprechend großes Fluggastaufkommen. Viele Flughäfen stießen schon durch die Dimensionen – Länge 54,10 Meter und Spannweite 51,10 Meter – an ihre Grenzen, hinzu kamen die bis zu 179 Tonnen Maximalgewicht und die benötigte 1700 Meter lange Startbahn. Große Probleme gerade bei Besuchen auf westlichen Flughäfen schaffte auch die extreme Höhe des Fahrwerks und damit der Kabinentüren – fünf Meter über dem Vorfeld. Angetrieben wurde der Gigant durch vier Kuznetsow NK-12MV-Turboprop-Motoren mit jeweils 14.784 Pferdestärken, zwei vierblättrige Propeller je Motor drehten sich in gegenläufiger Richtung um die Kraftumsetzung zu erhöhen. Sowohl in der Geschwindigkeit von 770 km/h als auch in der Reiseflughöhe von 12.000 Metern und der Reichweite von 6200 Kilometern stand die Tu-114 den Jets jener Zeit kaum nach. Insgesamt stellte sie 32 Flugrekorde auf und transportierte Staats- und Parteichef Nikolai Chruschtschow auf einem Nonstopflug von Moskau nach New York. Über sechs Millionen Passagiere flogen in den etwa 30 für Aeroflot gebauten Maschinen, deren letzte 1971 außer Dienst gestellt wurde.

Schon zu Zeiten, als Kolbenmotor-Flugzeuge wie die Lockheed Super Constellation oder die Douglas DC-7 in den 1950er-Jahren die Transatlantikverbindungen beherrschten zeigte sich das enorme Wachstum des zivilen Luftverkehrs in immer größeren Flugzeugen mit mehr Passagierkapazität. Innerhalb von nur elf Jahren hatte sich bereits von der Douglas DC-3 (Erstflug 1935) zur Douglas DC-6 (Erstflug 1946) die Anzahl der Sitze von 24 auf 58 mehr als verdoppelt. Die 1955 auf den Markt kommende DC-7C konnte bereits 105 Fluggäste bis zu 9000 Kilometer weit befördern. Ein wirklicher Quantensprung in der Größe war dann die Einführung der ersten Langstrecken-Jets: Die 1959 zum ersten Mal gestartete DC-8-40 konnte bereits bis zu 179 Reisende transportieren, in gut zwei Jahrzehnten hatte sich die Kapazität der gängigen Flugzeugtypen mehr als versiebenfacht. Der klassische Langstreckenjet der ersten Generation, die Boeing 707 (Erstflug 1957) brachte in ihrer 1962 herausgebrachten Version 707-320C bereits bis zu 215 zahlende Gäste unter. Die 1966 auf den Markt kommende DC-8-61 fasste dann sogar bis zu 269 Fluggäste. Doch bald war die Frage: Wie konnte die weiter unabsehbar stürmische Entwicklung des weltweiten Luftverkehrs technisch bewältigt werden? Die wichtigsten Flugzeugtypen Boeing 707 und DC-8 waren bereits mehrfach verlängert worden, die vorhandenen Triebwerke stießen an ihre Leistungsgrenzen und der Tunneleffekt der bereits auf über 57 Meter (DC-8-61/71) gestreckten Aluminiumröhren war ein Minuspunkt in den Augen der Passagiere und auch strukturell nicht weiter fortzusetzen.

In seinem 1973 erschienenen Buch »The Great Gamble« über die Entstehung der Boeing 747 schreibt Laurence Kuter, der damals selbst in der Chefetage des Erstkunden Pan American saß: »Nachdem das Konzept einer weiteren Streckung der 707 aufgegeben worden war untersuchten die Teams von Boeing und Pan Am im Detail die Durchführbarkeit einer doppelstöckigen 707. Sie kamen zu dem Schluss, dass das Konzept technisch machbar war«. Heute ist allgemein in Vergessenheit geraten, dass es keineswegs die Airbus-Ingenieure auf der Suche nach einem Konzept für die A380 oder zuvor ihre Boeing-Kollegen bei der Prüfung von Optionen zur weiteren Optimierung der 747 waren, die das Konzept eines modernen Verkehrsflugzeugs mit zwei durchgängigen Passagierdecks erstmals prüften. Dieselben Erwägungen wie Anfang der 1990er-Jahre in Toulouse und Seattle fanden bereits schon einmal Mitte der 1960er-Jahre in den USA statt. »Das Konzept von einem runden 707-Rumpf auf dem anderen, ineinander verschmolzen zum Rumpfquerschnitt einer fetten Acht, würde fast die doppelte Kapazität der jetzigen 707 bringen bei weit geringeren Kosten für Entwicklung und Flugbetrieb«, so Kuter, »eine Zeit lang wirkte dieses Konzept vielversprechend«. Doch Pan Am wollte das neue Flugzeug gleichzeitig für Passagier- und Frachtbeförderung nutzen, was zu größeren Problemen in der Bodenabfertigung geführt hätte. Als noch entscheidender aber erwies sich eine andere Hürde, die Jahrzehnte später bei der Einführung der A380 noch exakt genauso galt: »Eines der schwierigsten Probleme von allen aber würde die Evakuierung dieses Oberdecks in luftiger Höhe in jenen 90 Sekunden sein, die die FAA verlangt, bevor sie das Flugzeug für den Passagierverkehr zulässt«, wusste Laurence Kuter. »Es gab einfach keine akzeptable Methode, 175 Menschen in denselben 90 Sekunden runter vom Oberdeck und raus aus dem Flugzeug zu bekommen, in denen sich auch die anderen 175 Menschen aus dem Unterdeck auf die Rutschen stürzen würden. Bis Mitte 1965 hatten die Teams von Boeing und Pan Am die Idee, die große interkontinentale 707-321 nochmal zu strecken oder als Doppelstöcker zu konzipieren so gut wie aufgegeben«, berichtete Kuter.

Aus diesem Beschluss erwuchs dann der größte Quantensprung, den die zivile Luftfahrt bis heute erlebt hat – die Boeing 747. Ihr Konzept entstand aus dem Entwurf Boeings für die Ausschreibung um ein strategisches Frachtflugzeug für die US Air Force, deren Gewinner aber Lockheed mit der C5A Galaxy wurde. Die Galaxy hatte 1968 ihren Erstflug und blieb über ein Jahrzehnt das größte Flugzeug der Welt, bis ihr 1982 der russische Frachter Antonow An-124 Ruslan bei Spannweite und Startgewicht den Rang ablief. Pan American und Boeing und vor allem die charismatischen Firmenchefs Juan Trippe und William Allen setzten alles auf eine Karte und riskierten mit den eingesetzten Milliardenbeträgen das Überleben beider Unternehmen, um das für die Evolution des Luftverkehrs als dringend nötig empfundene visionäre Projekt eines Riesenflugzeugs umzusetzen. Unzählige Male drohte alles zu scheitern – schwierigstes Problem war die anfangs mangelnde Schubkraft der zur Verfügung stehenden Pratt & Whitney JT9D-Triebwerke. Als der Prototyp 747-100 schließlich am 9. Februar 1969 zum Erstflug startete lagen 160 Festbestellungen von 27 Airlines vor – eine beinahe identische Anzahl war es zum Erstflug der A380 für den Riesen-Airbus. Die Boeing 747-100 konnte in engster Einklassen-Bestuhlung bis zu 498 Passagiere auf einmal befördern. Vergleicht man die damals typische Auslegung der Boeing 707-320B mit 150 Plätzen und jene der Boeing 747-100 mit 375 Sitzen, so ergibt sich die bis heute nie wieder erreichte Steigerung der Kapazität um 150% auf einen Schlag. Dagegen war der Übergang von der 747-400 mit üblicherweise 413 Sitzen zur A380, die im Durchschnitt mit 488 Sitzen bestückt ist, keine Revolution wie damals, sondern nur eine Evolution, betonten schon bei Programmstart die Airbus-Verkäufer. Der Kapazitätssprung zwischen beiden Typen lag bei vergleichsweise bescheidenen 35%.

Der Erfolg und die Monopolstellung der 747, von der rund 1570 Exemplare in 18 verschiedenen Versionen bestellt wurden, sicherte Boeing 35 Jahre lang die führende Rolle im zivilen Flugzeugbau, satte Gewinne und ausreichend Kapital, um neue Projekte anzuschieben. Etwa seit Beginn des neuen Jahrtausends gerieten Fähigkeit und Wille zu Innovation und Vision wie in den späten 1960er-Jahren in Seattle derart ins Hintertreffen, dass es Boeing weitgehend versäumt hat, mit adäquaten Produkten Anschluss an die Entwicklung im Flugzeugmarkt zu halten. Der beste Beweis dafür war der eher hilflose Versuch, dem A3XX-Projekt wiederum gestreckte und modifizierte Versionen der 747 entgegenzusetzen. Bis 2022 wird nun auch die Produktion der Boeing 747 eingestellt, die dann immerhin von 1968 an insgesamt 54 Jahre ununterbrochen stattfand. Ein beeindruckender Rekord – und etwa die Hälfte der Zeitspanne, in der es überhaupt Flugzeuge gibt.

Interessant ist der Vergleich der Dimensionen der fünf größten Flugzeuge aller Zeiten: Sowohl bei Länge und Spannweite liegt die A380 jeweils auf dem vorletzten Rang, dafür liegt sie bei der Leitwerkshöhe vorn, nur ganz knapp hinter der gerade zehn Zentimeter höher aufragenden Heckflosse von Howard Hughes' Spruce Goose von 1947. In ihrer Länge von 72,70 Meter wird die A380 überragt sowohl von der Antonow An-225 Mriya (84 Meter), die offiziell als größtes Flugzeug der Welt gilt. Auch die Boeing 747-8 (76,30 Meter) ist ebenso ausladender wie auch ein neuer Mitbewerber in den Top Fünf: Die Stratolaunch mit 73 Metern. Das sechsstrahlige Doppelrumpfflugzeug von Scaled Composites in Kalifornien flog 2019 zum ersten Mal, besteht bei Elementen wie Triebwerken, Cockpit und Fahrwerken aus wiederverwendeten Teilen zweier gebrauchter Boeing 747-400 und soll als Startplattform für Trägerraketen und Raumgleiter dienen.

KAPITEL 2

Viele Entwürfe, eine versuchte Kooperation mit Boeing und schließlich die A3XX

Double Bubble oder Oval?

Ein Rückblick auf die Entstehungsgeschichte des Mega-Airbus

> *Die A3XX ist eine größere Herausforderung als ein neues Überschallflugzeug zu entwerfen.*
>
> *Adam Brown, Airbus-Strategiedirektor 1993*

Ein früher Airbus-Entwurf aus zwei nebeneinander montierten A340-Rümpfen.

Megaliner-Entwurf von Daimler-Benz Aerospace Airbus im Rahmen der deutschen Luftfahrtforschung, frühe 1990er-Jahre. (AS)

Anfang der 1990er-Jahre waren die Gestaltungsdetails für die A3XX noch sehr vage.

Seit 1970 waren ganz große Verkehrsflugzeuge das Monopol von Boeing. Kein Konkurrent reichte in Größe und Effizienz je an den legendären Jumbo Jet heran. Der damals weltgrößte Flugzeugbauer in Seattle brachte seine inzwischen wichtigste Cash Cow, die Boeing 747, immer wieder auf den neuesten Stand, um damit jeweils ein weiteres Jahrzehnt dieses Marktsegment im Alleingang zu bedienen. Im Februar 1989 trat die Boeing 747-400 ihren Siegeszug um die Welt an, Northwest Airlines stellte den runderneuerten Jumbo Jet mit digitalem Zweimanncockpit und Winglets als erste Fluggesellschaft in Dienst. Zum Jahresende 1989 waren seit dem Erstflug 20 Jahre zuvor bereits 755 Exemplare aller 747-Versionen ausgeliefert worden, weitere 196 standen bei Boeing in den Orderbüchern. Kaum vier Jahre später, am 25. September 1993, wurde bereits die tausendste 747 aus den riesigen Werkshallen von Everett bei Seattle an der US-Westküste gerollt – auf den Tag genau 25 Jahre nach dem Rollout des Prototyps an gleicher Stelle. Keine Frage, das größte Verkehrsflugzeug der Welt war stets ein Goldesel der besonderen Art. Innerhalb von einem Vierteljahrhundert waren 747-Jets in Höhe der astronomischen Summe von 265 Milliarden US-Dollar nach heutigem Wert verkauft worden waren, davon 95% im Export nach Übersee. Bis Mitte der 1990er-Jahren entfielen 39% aller Verkäufe von Boeing-Passagierjets seit 1969 auf die 747.

Lange war den verbliebenen Boeing-Konkurrenten Airbus in Europa und McDonnell Douglas in den USA klar dass sie dem Weltmarktführer diesen lukrativen Markt nicht weitere Jahrzehnte kampflos überlassen durften. Die stetig steigenden Passagierzahlen und alle IATA-Prognosen von fünf bis 6% Zuwachs pro Jahr weltweit ließen Anfang der 1990er-Jahre bereits für die Jahrtausendwende schwere Kapazitätsprobleme auf zahlreichen großen Drehkreuz-Flughäfen erahnen. Auf vielen Rennstrecken wie etwa London-Singapur oder London-Hongkong starteten zu den begehrtesten Abflugzeiten die vollen Jumbos im 20-Minuten-Takt auf den gleichen Routen – eine erhebliche Verschwendung von Ressourcen und unnötige Umweltbelastung. Gleichzeitig ließen die begrenzten Flughafenkapazitäten keinen Raum für utopische Riesenflugzeuge – jeder Entwurf für die Zukunft musste sich von vornherein grob am Format der 747 orientieren. Am Anfang aller Überlegungen stand daher die sogenannte »80 Meter mal 80 Meter-Box«, in deren durch die 747 vorgegebenen Rahmen alle Überlegungen eines möglichen neuen Designs für ein noch größeres Passagierflugzeug ablaufen sollten. Eine durchgehend doppelstöckige Kabine schien daher die einzige Möglichkeit, die nötige stark erhöhte Passagierkapazität in einem Rumpf von halbwegs üblichen Ausmaßen unterzubringen.

Doppelstöckige Passagierflugzeuge gibt es seit der 34-sitzigen deutschen Junkers G38b von 1934, im Jet-Zeitalter allerdings hatte man trotz wiederholter Entwürfe etwa für einen zweistöckigen Boeing 707-Nachfolger dieses Konzept wegen befürchteter Abfertigungsprobleme nicht ernsthaft verfolgt. Dabei hatte Lockheed bereits Mitte der 1960er Jahre einen zweistöckigen 600-Sitzer vorgeschlagen, der mit der späteren A380 viele Gemeinsamkeiten aufwies. Nachdem die Lockheed-Werke den Auftrag zum Bau des Militärtransporters C5 Galaxy erhalten hatten gab es sogar Pläne für einen darauf basierenden 900-Sitzer mit drei Kabinenebenen, auch frühe Boeing-Konzepte für die Weiterentwicklung der 747 sahen ein durchgehendes Oberdeck vor. Tatsache war aber, dass Airlines und Flughäfen schon mit der Einführung der 747 in Standardausführung genügend Schwierigkeiten hatten und lange Zeit schlicht kein Bedarf für noch größeres Fluggerät bestand. Nachdem sich die kurzfristige Idee von Airbus und McDonnell Douglas zerschlagen hatte, gemeinsam einen Jumbo-Konkurrenten aus der Kombination des MD-11-Rumpfes mit den Tragflächen der A340 unter dem Namen AM-300 zu bauen, fingen die Airbus-Partner an, eigenständige Entwürfe zu erstellen. Die Deutsche Airbus trug ihre Idee eines A2000 im Juli 1991 als erste zu Markte. In dieser Studie sollten sogar alle drei Decks für Passagiere nutzbar sein, neben Ober- und Hauptdeck zusätzlich ein Teil des Unterdecks. Außer für Frachtcontainer war dort auch Platz für First Class-Passagiere vorgesehen, die mit privaten Suiten und Betten verwöhnt werden sollten. Im November 1991 legte Aérospatiale eigene Entwürfe unter den Projektbezeichnungen ASX500 sowie ASX 600/700 vor – mit einer 6,76 Meter breiten Kabine (einen halben Meter breiter als die 747) in einem kreisrunden Rumpf für 600 Passagiere. Bei Airbus liefen solche Studien unter dem Oberbegriff UHCA – Ultra High Capacity Aircraft. Und die ultra-hohe Kapazität war es, auf die es künftig ankommen würde. »Da die 747 eine derart große Kundenbasis hat können wir nur konkurrieren, indem wir eine bedeutend höhere Kapazität anbieten«, befand 1991 Jean-Jacques Huber, bei Aérospatiale für Zukunftsentwicklungen zuständig. »Wir hatten damals vier unabhängige Partner, von denen sich drei mit Entwürfen für ein Großflugzeug befasst haben – das war auch ein bisschen eine Modeerscheinung, um den Amerikanern in jener Zeit etwas entgegenzusetzen«, sagt Jürgen Thomas. Der deutsche Flugzeugingenieur gilt als der »Vater des A380« und war ab 1996 der Leiter der Large Aircraft Division von Airbus, deren Arbeit in die A380 mündete, deren Programmleiter er bis 2001 blieb. Thomas hat sich für dieses Buch ausführlich zur Entwicklung der A380 geäußert in zwei Interviews 2005 und 2020.

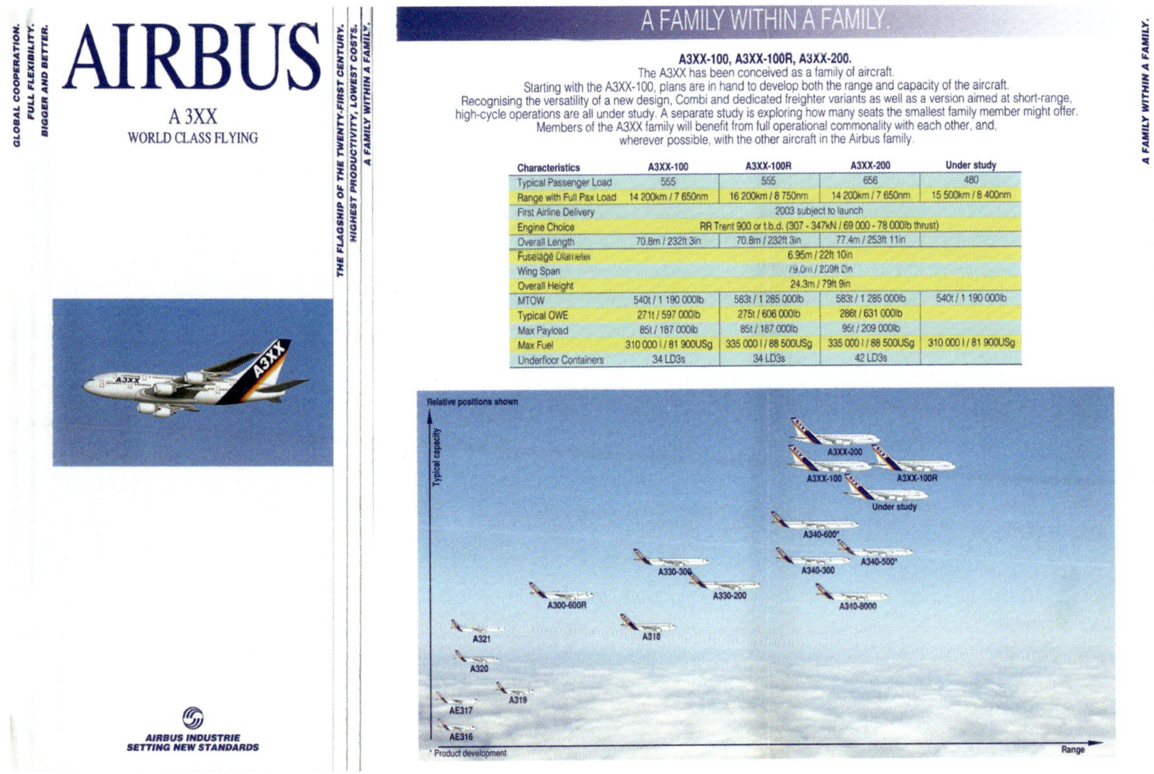
GLOBAL COOPERATION. FULL FLEXIBILITY. BIGGER AND BETTER.

AIRBUS
A 3XX
WORLD CLASS FLYING

AIRBUS INDUSTRIE
SETTING NEW STANDARDS

THE FLAGSHIP OF THE TWENTY-FIRST CENTURY. HIGHEST PRODUCTIVITY, LOWEST COSTS. A FAMILY WITHIN A FAMILY.

A FAMILY WITHIN A FAMILY.

A3XX-100, A3XX-100R, A3XX-200.
The A3XX has been conceived as a family of aircraft.
Starting with the A3XX-100, plans are in hand to develop both the range and capacity of the aircraft.
Recognising the versatility of a new design, Combi and dedicated freighter variants as well as a version aimed at short-range, high-cycle operations are all under study. A separate study is exploring how many seats the smallest family member might offer.
Members of the A3XX family will benefit from full operational commonality with each other, and, wherever possible, with the other aircraft in the Airbus family.

Characteristics	A3XX-100	A3XX-100R	A3XX-200	Under study
Typical Passenger Load	555	555	656	480
Range with Full Pax Load	14 200km / 7 650nm	16 200km / 8 750nm	14 200km / 7 650nm	15 500km / 8 400nm
First Airline Delivery	2003 subject to launch			
Engine Choice	RR Trent 900 or t.b.d. (307 - 347kN / 69 000 - 78 000lb thrust)			
Overall Length	70.8m / 232ft 3in	70.8m / 232ft 3in	77.4m / 253ft 11in	
Fuselage Diameter	6.95m / 22ft 10in			
Wing Span	79.0m / 259ft 2in			
Overall Height	24.3m / 79ft 9in			
MTOW	540t / 1 190 000lb	583t / 1 285 000lb	583t / 1 285 000lb	540t / 1 190 000lb
Typical OWE	271t / 597 000lb	275t / 606 000lb	286t / 631 000lb	
Max Payload	85t / 187 000lb	85t / 187 000lb	95t / 209 000lb	
Max Fuel	310 000 l / 81 900USg	335 000 l / 88 500USg	335 000 l / 88 500USg	310 000 l / 81 900USg
Underfloor Containers	34 LD3s	34 LD3s	42 LD3s	

Der erste Verkaufsprospekt für die A3XX.

Den Amerikanern etwas entgegensetzen zu wollen war sicherlich der richtige Instinkt – denn Boeing ließ keinen Zweifel, dass man die 747 weiter zu optimieren gedachte: »Eine gestreckte 747-500 für bis zu 650 Passagiere ist der natürliche nächste Schritt«, kündigte der legendäre 747-Chefingenieur Joe Sutter (1921-2016) bereits 1989 an. Ob dieser Kapazitätssprung nur durch eine Verlängerung des bestehenden Rumpfes oder durch ein über die ganze Länge reichendes Oberdeck erreicht werden sollte blieb offen. Bei der Deutschen Airbus (DA) dämpfte man schon zu Beginn der Entwicklungsphase die Erwartungen, dass das geplante Riesenflugzeug in großen Teilen wie Tragflächen oder Rumpf ausschließlich aus neuen Werkstoffen wie Kohlenstofffaser verstärktem Kunststoff (CFK) gefertigt sein würde. »Diese Technologien sollten erst bei kleineren Flugzeugen genutzt werden um die Risiken von Kosten und Komplexität zu senken«, so DA-Manager Uwe Ganzer. Bereits 1992 startete Airbus Industrie einen UHCA-Wettbewerb unter seinen drei größten Partnern, um möglichst viele Ideen zu generieren. »Jeder Partner wollte etwas auf den Tisch legen, das zumindest in einigen Bereichen gewisse Vorzüge hatte«, erklärt Jürgen Thomas, Konkurrenz unter den Partnern habe bei Airbus immer schon dazugehört und sei konstruktiv gewesen. »Aber das war noch weit weg von jedem Design, das hat niemand so ernst genommen damals und keiner erwartete, in einer überschauba-

Frühe Windkanalversuche mit der A3XX bei der damaligen Daimler Benz Aerospace Airbus.

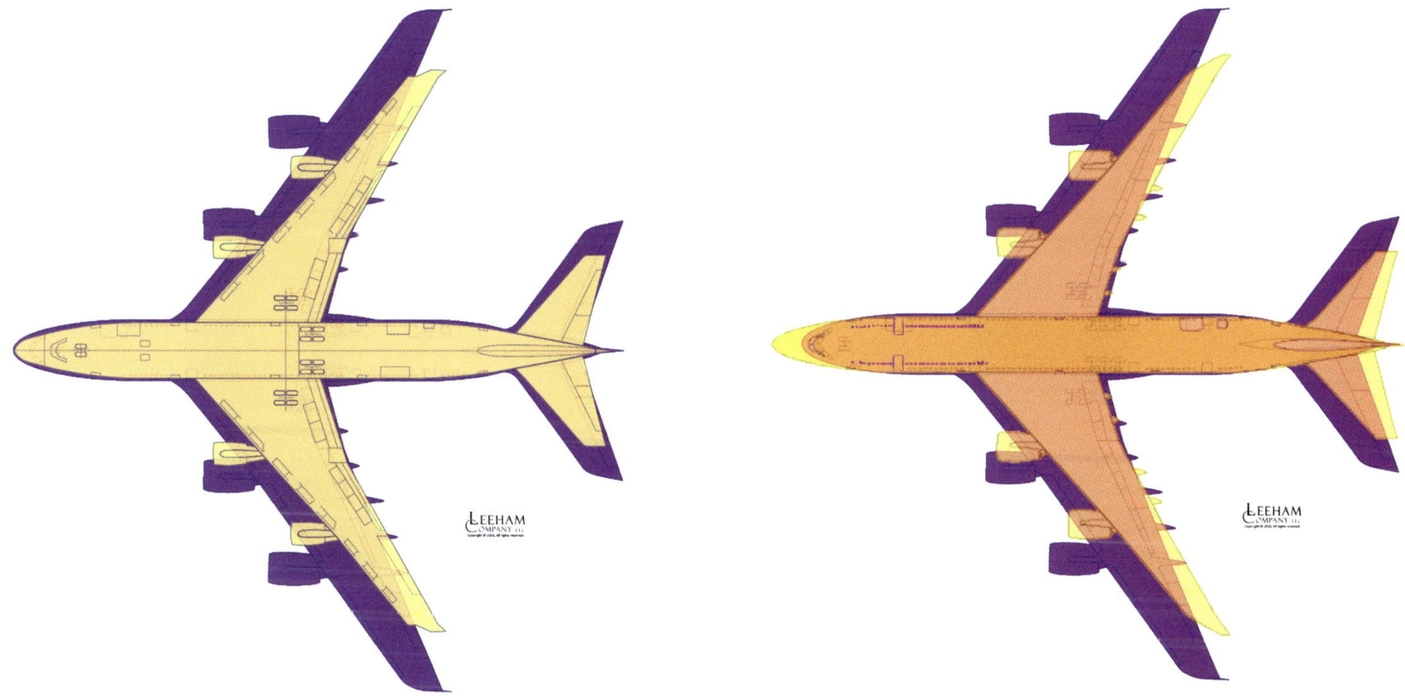

Größenvergleich zwischen der A380 (lila) mit der Boeing 747-400 (links) und rechts der 747-8I. (Leeham Company)

ren Zeit so ein Ding tatsächlich zu entwickeln«, so Thomas. Auch in Toulouse selbst begann man an Studien zu arbeiten – immer im Bewusstsein, dass 80% aller von der 747 geflogenen Sitzmeilen weltweit auf stark nachgefragten Langstreckenrouten erbracht wurden, von denen 50 Strecken genügend Potenzial für einen künftigen 600-Sitzer zu bieten schienen. Mitte 1993 gab sich Joachim Szodruch, damals bei Airbus zuständig für Forschung und Technologie, skeptisch: »Die Einführung des UHCA wird technologische Lösungen verlangen, die heute noch nicht verfügbar sind«, so Szodruch, »ausgehend von heutigen Technologien ist das Flugzeug nicht machbar«. Dann führte Szodruch einige der Herausforderungen auf: Das extrem hohe Abfluggewicht verlange große Rumpfstrukturen, die trotz hoher Flexibilität auch die nötige Steifheit der Zelle gewährleisten. Das Fahrwerksdesign sei extrem komplex, Fahrwerksbeine aus Stahl würden bei einem maximalen Startgewicht von 550 Tonnen allein bis zu 27 Tonnen zusätzliches Gewicht verursachen, was dem Gewicht von 270 Passagieren plus Gepäck entspräche, man müsse daher eventuell Titan verwenden. Die innerhalb von 90 Sekunden vorgeschriebene Evakuierung sei extrem schwierig zu erreichen, weil die nötigen großen Tragflächen vergleichsweise wenig Platz für geeignete Türen im Rumpf ließe. Und schließlich müsse man an den Einbau von sechs oder acht Triebwerken denken, um den nötigen Startschub von 300.000 Pfund zu erreichen.

Also waren zunächst unkonventionelle Ideen gefragt, und eine der bis heute erstaunlichsten Ansätze unter den über 20 Entwürfen für einen Airbus Doppelstöcker war der einzige mit nur einem Passagierdeck für bis zu 19 Sitze nebeneinander, der sogenannte Horizontal Double Bubble, die horizontale Doppelkreis Form. »Zwei A340-Rümpfe seitlich zusammenzufügen war eine Idee von Jean Roeder, damals bei Airbus für Zukunftsprojekte zuständig«, sagt Jürgen Thomas. »Er ging davon aus, dass man möglicherweise enorm Geld einsparen konnte wenn man vorhandene Strukturen benutzt. Wenn es also gelänge, dieselben Spanten und Hautfelder und dieselben Werkzeuge und Nietmaschinen zu nutzen.« Doch diese möglichen Produktionsvorteile wogen nicht den fehlenden Passagier-Appeal auf. »Kritiker haben immer moniert, dass es nur zwei Fensterplätze pro Reihe gibt und damit sehr viele Leute, die weit weg vom Fenster sitzen. Das war nicht attraktiv«, räumt Thomas ein. »Und in der Mitte wären Zugstreben gewesen, die man teilweise hätte verkleiden können durch geschickte Anordnung der Kabine. Aber schließlich kam heraus, dass dieser Rumpf vom Gewicht her schwerer war als die anderen Entwürfe, daher ist die Idee begraben worden«, so Thomas. Blieb also die entscheidende Frage nach der idealen Rumpfform, um auf einer Grundfläche nicht wesentlich größer als die der Boeing 747 bis zu 800 Passagiere und mehr unterzubringen. Verschiedene Grundformen befanden sich schon Anfang der 1990er-Jahre in der Diskussion: Oval, kreisrund oder eben Double Bubble, zwei aufeinander gesetzte Kreise, was zum Beispiel auch in einer Kleeblatt genannten Form erwogen wurde.

Die Jahre 1990 bis 1993 brachten der Luftfahrtbranche die bis dato schlimmsten Verluste, als nach dem ersten Golfkrieg das Geschäft einbrach und selbst Flug-Ikonen wie die Lufthansa kurz vor der Pleite standen. Trotzdem war man sich in der Branche einig, dass bis zum Jahr 2010 ein Marktpotenzial für 400 bis 500 Riesenflugzeuge bestünde. Die Entwicklungskosten schätzte man damals auf 15 bis 20 Milliarden Dollar – eine für einen einzigen Hersteller kaum aufzubringende Summe. Asiatische Airlines und wichtige Transpazifik-Carrier wie United Airlines drängten Boeing als ihren Hauptlieferanten, sich auch Gedanken um Flugzeuge eine Klasse über

McDonnell Douglas hatte vor der Fusion mit Boeing eigene Pläne für eine doppelstöckige MD-12.

der 747 zu machen. Besonderen Druck machte British Airways (BA), wo es bereits seit 1991 eine New Large Airliner-Projektgruppe gab. »Bis zum Jahr 2000 wird die 747 zu klein sein auf Routen wo keine höheren Frequenzen möglich sind« hieß es damals bei BA. Gleichzeitig stellten die Engländer einen geradezu aberwitzigen Forderungskatalog für ein neues Großflugzeug auf: Kein Lärm und keine Vibrationen in Cockpit und Kabine, keine großen Wartungsereignisse in -den ersten zehn Jahren, eine maximale Betankungszeit von 30 Minuten, 20% niedrigere Betriebskosten als bei der 747 und keine Notwendigkeit für Korrosions-Inspektionen während der gesamten Lebensdauer des Flugzeugs. Außerdem extrem lärmarme Triebwerke nach Chapter 4-Standard, also leiser als die 747, dazu Umkehrzeiten zwischen zwei Flügen von nicht mehr als 105 Minuten – eine Viertelstunde weniger als beim Jumbo. Nur bei der ursprünglich angestrebten Geschwindigkeit von 0,9 Mach in 39.000 Fuß Höhe (knapp 11.900 Meter) war BA nach Rücksprache mit Herstellern zu Abstrichen bereit und begnügte sich mit den 747-400-Standards. »Diese Ziele sind eine Herausforderung«, gab BA selbst zu bedenken, versprach aber auch gute Geschäfte: »Wir sind entschlossen uns jetzt für ein neues Großflugzeug zu entscheiden, aber es scheint dass wir die einzigen sind«, so der damalige BA-Chef Colin Marshall. Zehn Flugzeuge als Festbestellung plus Optionen sei BA bereit einzugehen. Später allerdings verabschiedete sich BA von dieser Strategie und reduzierte ihre Jumbo-Flotte erheblich, setzte stattdessen mit der Boeing 777 auf kleineres Großraum-Gerät.

Bereits seit 1991 arbeitete auch Boeing an einem Projekt, das unter der Bezeichnung New Large Aircraft (NLA) bekannt war, bis 1994 waren mehrere Hundert Vollzeit-Mitarbeiter mit den Entwürfen beschäftigt. Der NLA-Entwurf sah einen Doppelstöcker mit Double Bubble-Rumpfquerschnitt vor, im Prinzip ein 767-Rumpf auf einen etwas verbreiterten 747-Rumpf montiert. Das Oberdeck sollte über zwei Gänge verfügen und maximal neun Sitze nebeneinander aufnehmen. Im Vergleich zur 747 würde das NLA mit 79 Metern Spannweite gut acht Meter längere Tragflächen aufweisen und der Rumpf knapp vier Meter länger sein. Insgesamt sollte das Flugzeug 606 Passagiere in drei Klassen befördern können. Schon damals erklärte John Hayhurst, Vice President Large Aircraft Development: »Der potenzielle Markt für ein neues großes Flugzeug ist viel kleiner als der für andere, von uns favorisierte Projekte – etwa 400 bis 500 Exemplare, betrieben von einer Handvoll Airlines«, so Hayhurst. Das sei »gerade genug um ein Programm auszulasten und nicht zwei konkurrierende Entwürfe«.

Und die Entwicklung nahm plötzlich eine überraschende Wende – Airbus und Boeing kamen sich tatsächlich näher. Im Januar 1993 trafen sich die Präsidenten der vier Airbus-Partner, unter ihnen Dasa-Chef Jürgen Schrempp, und der Airbus-Aufsichtsrat, darunter der spätere Chef von Deutscher Bahn, Air Berlin und den Berliner Flughäfen, Hartmut Mehdorn, in New York mit Boeing-Chef Frank Shrontz, dazu Larry Clarkson als NLA-Projektchef sowie John Hayhurst. Schnell war man sich einig, gemeinsam die Machbarkeit eines gemeinsamen Großflugzeug-Projekts zu prüfen. Mehdorn schlug Jürgen Thomas als europäischen Projektdirektor vor, der zu jener Zeit Geschäftsführer im Bereich Entwicklung bei der Dasa in Hamburg war. Unter dem Namen Very Large Commercial Transport (VLCT) wollten die einzelnen Airbus-Partnerfirmen gemeinsam mit Boeing die Grundlagen einer möglichen Zusammenarbeit bei diesem Mega-Projekt klären. Jürgen Thomas erinnert sich: »In der ersten Phase war Airbus Industrie nicht vertreten, ihr [damaliger] Chef Jean Pierson hatte kein Interesse daran, er war auch noch lange nach seinem Ausscheiden weiterhin sehr negativ zur A380 eingestellt. Es waren die Airbus-Partner beteiligt, vor allem die Deutschen und da vor allem Jürgen Schrempp. Er dachte das sei eine gute Sache um mal wieder für das breite Publikum interessante Neuigkeiten hervorzubringen.« Der damalige Dasa-Chef hatte zunächst im Alleingang, ohne Einbeziehung von Airbus Industrie und ihrem Chef Jean Pierson oder den anderen Partnern beschlossen, direkt mit Boeing zu arbeiten. »Pierson hat dann dafür gesorgt, dass alle vier Partner an den Gesprächen beteiligt waren«, erklärt Jürgen Thomas. »Als es um die Frage der Konfiguration ging war das europäische Interesse, einen Entwurf zwischen 500 und 600 Sitzen zu definieren, was sich zum einen vernünftig in unsere Produktpalette einreihen und zum anderen der Boeing 747 Konkurrenz machen sollte«, so der spätere A380-Programmchef. Dabei war klar dass die Boeing 747-400 Vorbild und Ausgangspunkt war. »Das mussten wir übertreffen, wir hatten damit immerhin ein konkretes Flugzeug als Maßstab, das hatte der ‚Vater der 747' Joe Sutter zu seiner Zeit nicht«, weiß Jürgen Thomas. Klar war, dass der neue Entwurf wesentlich größere Dimensionen aufweisen sollte als das Vorbild. »Das war ja unser Problem, dass Boeing damit als Monopolist über 30 Jahre hinweg eine Cash Cow hatte und Riesenpreise abschöpfen konnte weil es keine Konkurrenz gab. Aber das war gerade nicht das Ziel von Boeing, denn die wollten die 747 am Leben erhalten und suchten nach Konzepten für ein Flugzeug oberhalb der 747. Deswegen war das NLA ja auch so riesig groß. Dann haben wir uns geeinigt, zwei Familien zu untersuchen – eine europäische von 520 bis 620 Sitzen und eine amerikanische von 600 bis 750

Von Anfang an war die A3XX als Familie geplant, wie hier Mitte der 1990er Jahre. (AS)

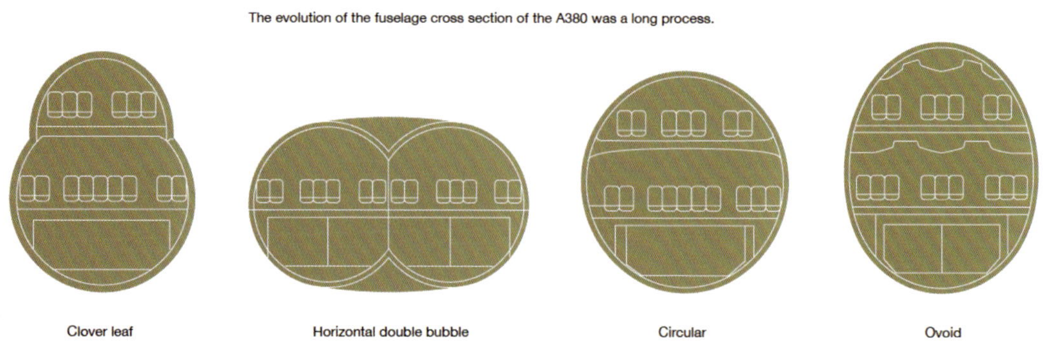

Die vier möglichen Grundformen eines Rumpfquerschnitts für die A3XX.

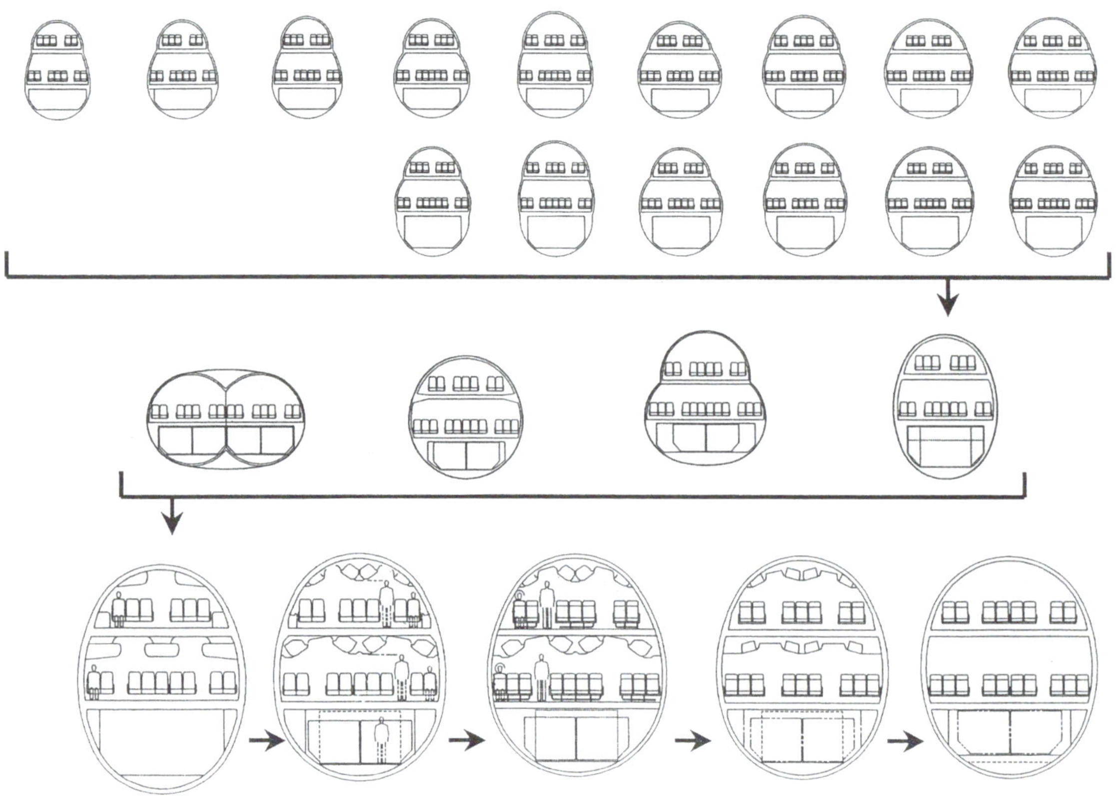

Langer Weg bis zum Oval – Dutzende Varianten wurden betrachtet.

Sitzen«, erinnert sich Jürgen Thomas.

Schon damals keimte in der Branche der Verdacht auf, dass Boeing mit der VLCT-Initiative einerseits vor allem einen Keil zwischen Deutsche und Franzosen treiben wollte und andererseits danach trachtete, die Arbeit von Airbus an eigenen Großprojekten zu verzögern. »Man konnte von Anfang sehen dass das eine Finte von Boeing war, was für einen Anreiz hatten die denn, ihrer goldenen Gans 747 Konkurrenz zu machen?«, sagt jemand aus dem damals inneren Airbus-Zirkel. »Ein gemeinsames Projekt mit Boeing war Wunschdenken.« Die Amerikaner wollten zumindest Zeit gewinnen in finanziell schwieriger Lage, um die von Kostenüberschreitungen geplagte Boeing 777 auf den Markt zu bringen, meinten viele Beobachter. »Die VLCT-Verhandlungen sind ein Bluff von Boeing der das Publikum amüsiert, während hinter den Kulissen etwas ganz anderes geschieht«, argwöhnte im Frühjahr 1994 Claude Terrazzoni, damals Chef der Verkehrsflugzeug-Sparte bei Aérospatiale. »Der Vorwurf, dass Boeing das ganze nutze um unser eigenes Projekt zu verzögern kam vor allem von französischen Gegnern der Sache, ich selbst habe das nicht so empfunden«, beteuert dagegen später Jürgen Thomas. Die damals angedachte Kooperation mit Boeing brachte aber bereits Verzögerungen für die spätere A380. Anstatt am Airbus-Projekt zu arbeiten fokussierten die europäischen Partner ihre Ingenieur-Ressourcen auf das VLCT. Boeing betonte damals, man könne gar nicht mit Airbus Industrie selbst verhandeln, da es sich hier nur um eine Marketing-Organisation ohne eigene Aktiva handele, während Airbus-Chef Pierson insistierte, jeder Partner des Konsortiums würde mit Boeing im Namen von Airbus sprechen. Boeing Vice President Larry Clarkson hingegen war auf einen Deal mit der Dasa und British Aerospace aus: »Beide haben uns gesagt, dass sie frei seien zu tun was immer sie wollten über ihr Airbus-Engagement hinaus«, so Clarkson treuherzig. Trotz aller Diskussionen bauten Jürgen Thomas und John Hayhurst zwei jeweils etwa 60 Personen umfassende Teams auf, die sich regelmäßig trafen.

Jürgen Thomas erinnert sich: »Unser erstes Ziel war die Machbarkeit zu prüfen – zunächst erst mal juristisch. Und dann zu klären, geht sowas technisch überhaupt, gibt es sogenannte Showstopper. Ein wesentliches, von Anfang an feststehendes Kriterium, dass es zu erfüllen galt, war die Evakuierung aller Insassen innerhalb von 90 Sekunden, und das aus dem Oberdeck bei einer noch nie dagewesenen Türhöhe über dem Boden von acht Metern. Da gab es viel Neuland, da mussten die Behörden erst neue Regelungen finden. Aber sie können ja kein Zehn-Milliarden-Dollar-Projekt angehen, bei dem sie, nachdem sechs Milliarden ausgegeben sind, feststellen, dass es nie zugelassen wird. Das war ein großes Thema. Dann die industriellen Fragen – wie teilt man die Arbeit auf, wo ist die Endlinie. Der Plan war, gemeinsam für dieses Projekt eine Joint Venture-Firma zwischen Airbus und Boeing zu gründen. Jeder sollte in eigener Regie seine Komponenten bauen und die dann abliefern an die Joint Venture Company, die die Endlinie betreibt, die Auslieferung und die Verträge macht. Die Verhandlungen haben hervorragend funktioniert, beide Seiten haben dabei viel gelernt.«

Gleichzeitig war klar, dass sowohl Airbus mit Vorarbeiten zu einem A3XX genannten Design als auch Boeing mit dem NLA weiter an eigenen Großflugzeug-Projekten tüftelten – denn schließlich wusste niemand, ob die ungewöhnliche transatlantische Allianz je zu einem Ergebnis führen würde. »Boeing hat immer einen etwas geringeren Markt vorhergesagt als wir, aber am Schluss wäre es schon eine Katastrophe gewesen wenn beide Hersteller ein eigenes Großflugzeug realisiert hätten. Wenn Boeing die NLA und wir die A380 gebaut hätten, dann hätten wir uns gegenseitig kaputt gemacht«, weiß Jürgen Thomas. »Mir und John Hayhurst kam es vor allem darauf an, unseren Shareholdern zu zeigen was geht und was nicht geht. Ob man es dann letztlich gemacht hätte, wäre eine politische Entscheidung gewesen. Wir haben uns ja an einigen technischen Dingen gerieben und keine gemeinsame Lösung gefunden, zum Beispiel beim Cockpit, einer Imagefrage für jeden Hersteller. Airbus hatte seit der A320 ein Cockpit mit Sidesticks, die beide voneinander unabhängig sind; Boeing hatte die zentralen Steuersäulen, die miteinander gekoppelt sind. Das ließ sich nicht miteinander vereinbaren und ging dann soweit, dass wir zwei Cockpits anbieten wollten und die Airlines entscheiden sollten, welches sie bestellen. Aber das ist dann daran gescheitert, dass das Flugkontrollsystem in seiner Philosophie anders war, das ließ sich nicht mit zwei verschiedenen Cockpits kombinieren. Das andere Streitthema war die Größe, in der wir unterschiedlicher Meinung blieben.«

So oder so hatten die ersten groben VLCT-Entwürfe die Qualitäten eines Monster-Flugzeugs – nicht nur in der Größe. Wo etwa die Boeing 747 eine Million Watt an Leistung benötigte, um Ruder und Klappen zu betätigen, wäre beim VLCT zwölfmal soviel Energie nötig gewesen. Und damit nicht genug, allein das Treibstoff-Gewicht dieses Monstrums hätte das Startgewicht einer kompletten 747 übertroffen. Um diese Hürden zu überwinden wurden sogar Studien angestellt, den Giganten mit sogenannten JATO-Hilfsraketen (wie sie etwa Hercules-Militärtransporter zum Start in der Antarktis benutzen) in den Himmel zu hieven oder auf eine Luftbetankung zurückzugreifen – abenteuerliche Vorstellungen völlig ohne Realitätsbezug zum täglichen Airline-Betrieb. »Wir haben beim VLCT noch keine konkreten Flugzeugentwürfe erstellt, sondern beide Seiten hatten jeweils eine Referenz-Familie von Flugzeugen auf dem Papier und wir mussten sicherstellen, dass die technisch konsistent waren«, erinnert sich Jürgen Thomas. Sechs Airlines waren damals an den Gesprächen beteiligt: Japan Airlines, die je nach Größe (500- oder 600-Sitzer) bis 2010 insgesamt 50 bis 60 Bestellungen in Aussicht stellte und die Riesen auch im Inlandsverkehr einsetzten wollte. Auch ihr japanischer Konkurrent All Nippon Airways (ANA) war mit an Bord, wollte 23 bis 35 VLCTs ordern. Am offensivsten gaben sich Cathay Pacific und Singapore Airlines (SIA), die sich beide als potenzielle Launch Customer bezeichneten und sogar bereit waren, sich finanziell bei dem Projekt zu engagieren. Am eiligsten hatte es British Airways (BA), die einen solchen Riesen schnellstmöglich und größtmöglich wollte, am liebsten sogar mit mehr als 600 Sitzen, vor allem wegen ihres überlasteten Heimatflughafens London-Heathrow. Lufthansa als letzter im Bunde war mit einem 600-Sitzer einverstanden. Aber zu einer Umsetzung kam es Ende nicht.

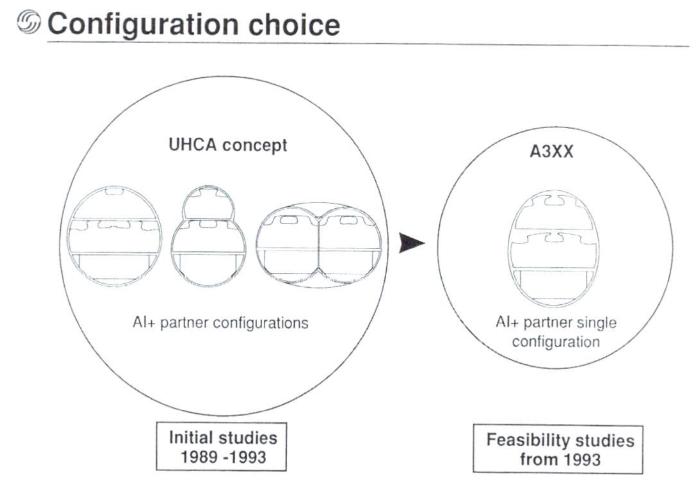

Nach langer Evaluation entschied man sich ab 1993 für das Oval.

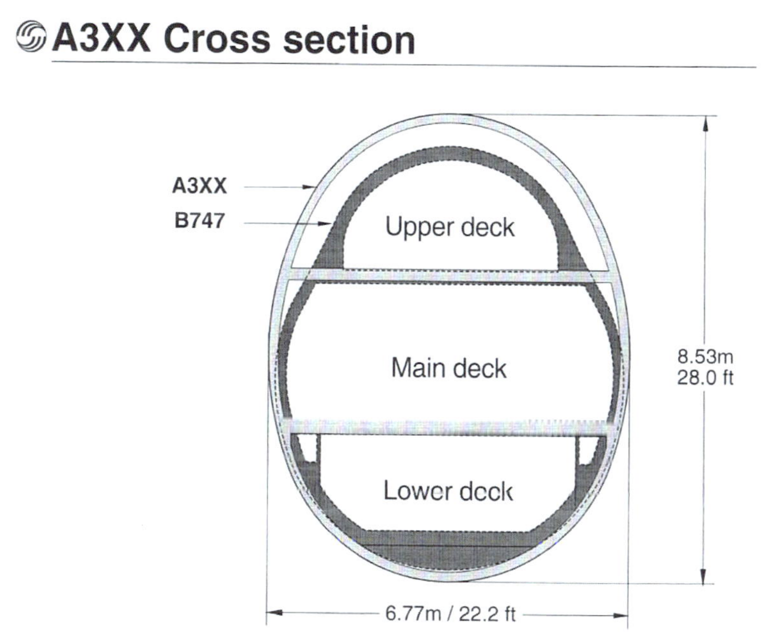

Im Vergleich zur Boeing 747 bietet die A3XX vor allem im Oberdeck mehr Raum.

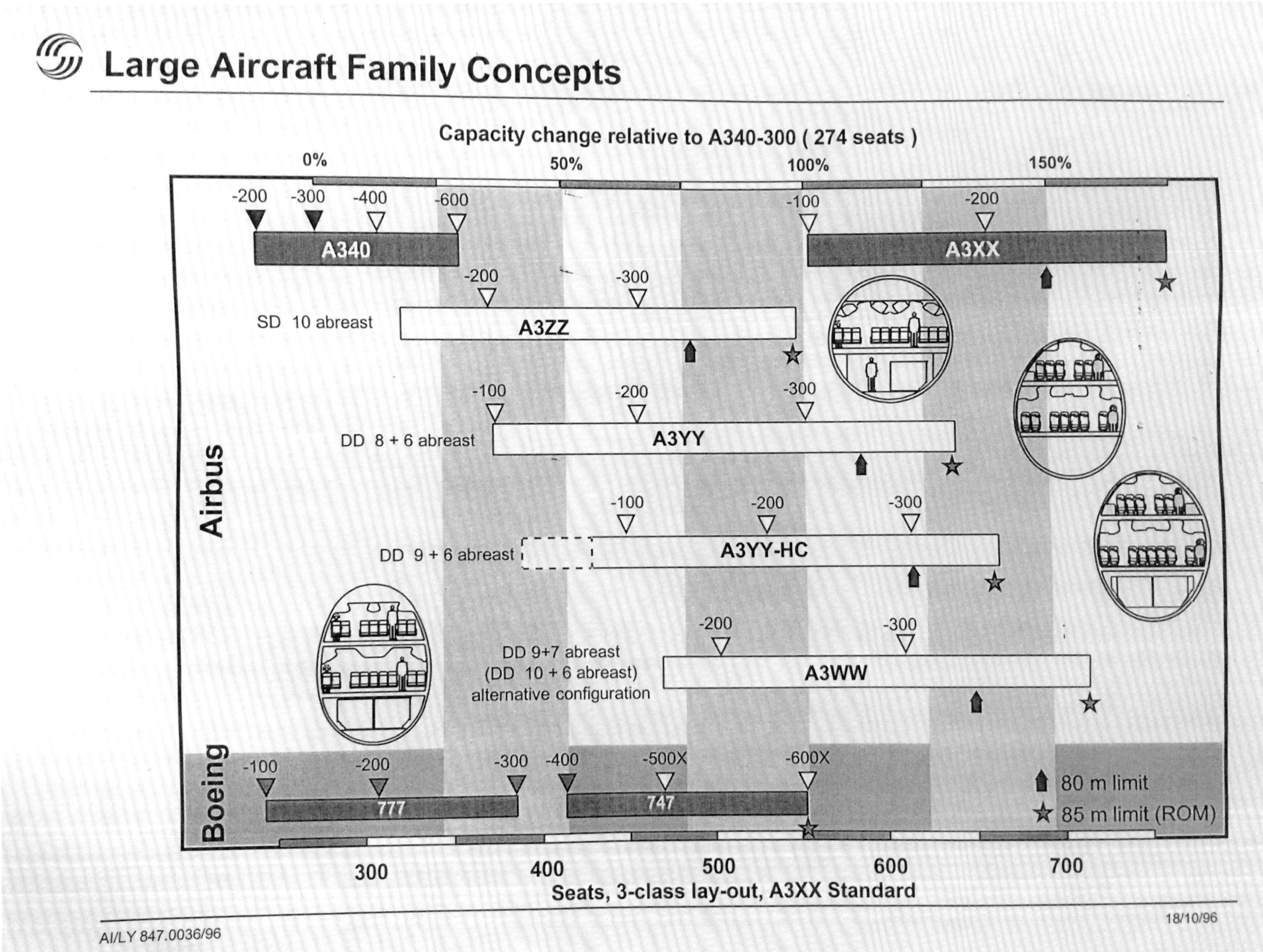

Eine Airbus-Studie von 1996 definierte wie weit oberhalb der A340 die A3XX positioniert werden sollte.

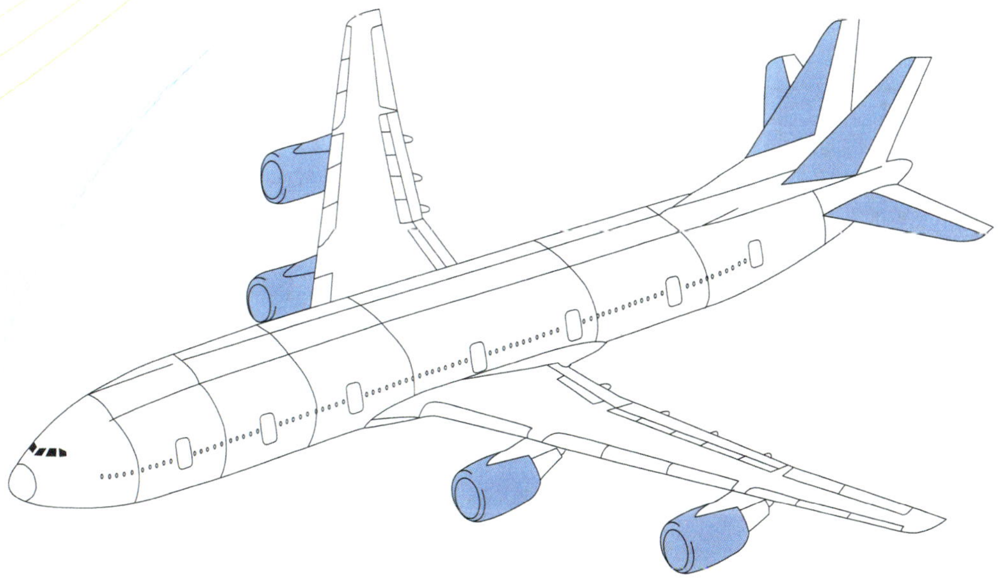

Ein verwegener Entwurf: Zwei Rümpfe nebeneinander plus zwei Seitenleitwerke.

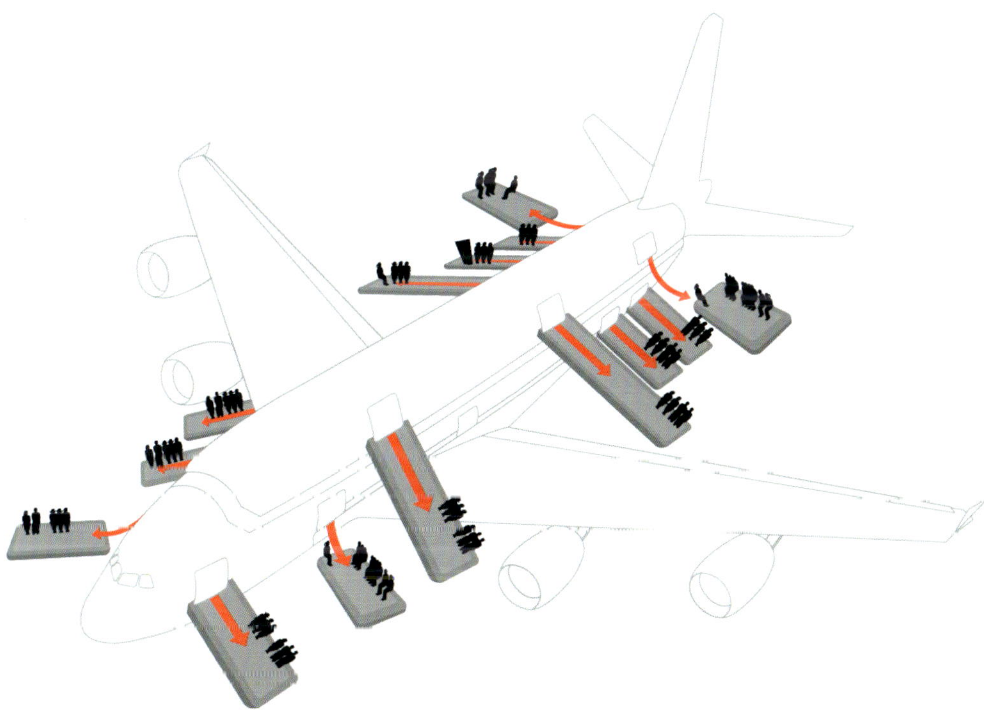

Die Passagier-Evakuierung spielte eine wichtige Rolle beim Design des Rumpfes.

Der schlaue Satz »You can't make love and war at the same time« ist eine Erkenntnis, die schließlich zum Ende der gemeinsamen Arbeit von Airbus und Boeing geführt hat. Die Diskrepanz zwischen Konkurrenzkampf bis aufs Messer einerseits, etwa zwischen A330/340 und der Boeing 777 oder zwischen A320 und Boeing 737 mit manchmal boshaftesten Marketingkampagnen -oft auch unter der Gürtellinie- und, andererseits, einer vertrauensvollen Zusammenarbeit beim gemeinsamen Milliardenprojekt, das konnte nicht funktionieren. Aber auch inhaltlich kamen Europäer und Amerikaner nicht zusammen: »Da gab es dann vier oder fünf Punkte wie Cockpit und Größe wo es keine Einigung gab. Die Europäer haben diese technischen Gründe vielleicht vorgeschoben, aber in Wirklichkeit war kein politischer Wille mehr da«, meint Jürgen Thomas. Auch die Motive der wichtigsten Boeing-Beteiligten seien unterschiedlich gewesen: »Es gab bei Boeing den Chef Frank Shrontz, der wollte wissen ob man in diesem Segment ein Geschäft machen konnte«, blickt Jürgen Thomas zurück, »und es gab Leute wie den Chef der kommerziellen Sparte, Ron Woodard, die hatten nur im Sinn, Airbus kaputt zu machen. Damals Anfang der 1990er-Jahre lagen wir bei 30% Marktanteil und Boeing bei 50%. In einem Meeting sagte ein Airbus-Manager, es sei unser Ziel, künftig 50% Marktanteil zu erreichen. Ron Woodard hat sich ausgeschüttet vor Lachen und gefragt wie Airbus so überheblich sein kann und befunden, dass man mit ‚solchen Spinnern' nicht zusammenarbeiten kann«, so Jürgen Thomas. Im Juli 1995 wurde das Projekt VLCT nach der zweiten Phase zunächst auf Eis gelegt, Airbus erbat sich eine Denkpause, im März 1996 begruben Jürgen Thomas, John Hayhurst und Hartmut Mehdorn dann bei einem Dinner in Zürich die Initiative.

Als sich abzeichnete, dass die Gespräche mit Boeing zu keinem konkreten Ergebnis führen würden und gerade die Franzosen auf eine rein europäische Lösung drängten kam die Idee auf, dass Airbus das Projekt zu 60% selbst übernehmen und für den Rest Unter-Auftragnehmer finden sollte. Jürgen Thomas reiste durch die ganze Welt um Partner zu suchen, viele davon gehörten dann zu jenen Zulieferern, die insgesamt über 30% der Projekt-Anteile als sogenannte Risk Sharing Partner übernahmen. Während Boeing wenig Publicity darüber machte, dass in Seattle weiter auch an rein amerikanischen Konzepten geforscht wurde, waren Airbus-Leute schon 1994 mit dem A3XX-Projekt zu potenziellen Schlüssel-Kunden wie Cathay Pacific gereist. »Das war eine Kampagne, um bei den Airlines Design-Input zu holen für das Projekt, für ein Angebot war es noch viel zu früh«, so Jürgen

A2000 hieß ein Entwurf der damaligen Deutschen Airbus, in dem sogar Teile des Frachtdecks für private First-Suiten genutzt werden sollten.

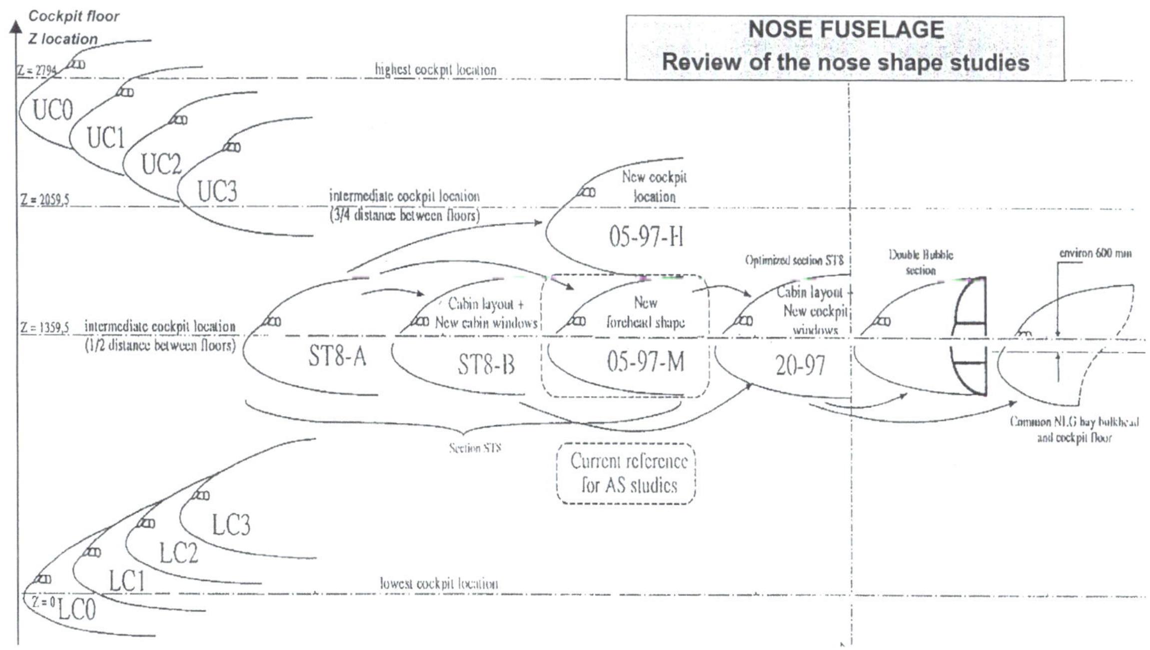

Die Evolution der Rumpfnase und die Platzierung des Cockpits waren besonders komplex.

Thomas. Auf damaligen Unterlagen sieht man, wie genau der A3XX genannte Entwurf in den Markt der vorhandenen Flugzeuge eingepasst wurde – genau oberhalb dessen, wohin die größtmögliche neue, gestreckte Variante Boeing 747-600X des Haupt-Konkurrenten kam, ab 600 Sitzen. Darunter hatte Airbus noch Entwürfe für Flugzeug-Familien mit den kaum bekannten Bezeichnungen A3ZZ (350 550 Sitze auf einem Deck) sowie die Doppeldecker A3YY (420-680 Sitze), A3YY-HC (480-720) und A3WW (530-770) evaluiert, die aber nur Theorie waren. Die Sitzzahlen beziehen sich auf das jeweils absolute Maximum, die Passagierzahl im Regelbetrieb würde weit niedriger liegen.

Die A3XX (600-800 Sitze) war längst ein tragfähiges Konzept, auch wenn viele damals noch Zweifel an der Machbarkeit hegten. »Die A3XX ist eine größere Herausforderung als ein neues Überschallflugzeug zu entwerfen«, äußerte etwa Airbus-Strategiedirektor Adam Brown. Im Juni 1993 war aus den Designstudien ASX von Aérospatiale, A2000 der Dasa und AC14 von British Aerospace cretmals ein gemeinsamer Doppelstöcker-Entwurf geworden. Im Oktober 1993 wurde in Toulouse das A3XX Integrated Team gebildet das sich zwischen zwei Basisentwürfen entscheiden musste: Dem Doppelrumpf nebeneinander, genannt A3XX-H600, und dem Doppelstöcker übereinander, genannt A3XX-V600. Im Januar 1994 schließlich wurden die zwei durchgehenden, übereinander angeordneten Passagierdecks ausgewählt, den Ausschlag gaben vor allem die erwarteten Probleme bei der Evakuierung der Kabine des nebeneinander angeordneten Zwillingsrumpfs mit bis zu 14 Sitzen pro Reihe. Mit zehn Sitzen auf dem Hauptdeck und sieben im Oberdeck bot der Doppelstöcker eine weit höhere Flexibilität. Das A3XX-Konzept gewann rapide an Fahrt, im April 1994 erreichte es bereits den Status Fünf, die fünfte wesentliche Überarbeitung. Die größten Änderungen 1994 betrafen die Entscheidung für vier statt drei Fahrwerksbeine, eine Verlegung der Tragflächen weiter nach hinten, eine Verlängerung des Basismodells und eine angestrebte Passagierkapazität zwischen 530 und 630. Im Juni 1994 lag das Konzept für die A3XX-100 vor, die als 530-570-Sitzer von bereits existierenden Turbofan-Triebwerken wie dem CF6-80E1, dem Pratt & Whitney PW4168 oder dem Rolls Royce Trent 700 wie im A330 angetrieben werden sollte bei einem maximalen Startgewicht von 471 Tonnen. Der Programmstart wurde damals nicht vor 1998 erwartet, die erste Auslieferung für 2003. Als das VLCT-Projekt mit Boeing gescheitert war erreichte die A3XX bereits den Status 6C, dem eine Änderung des Rumpfquerschnitts vorausgegangen war, der jetzt acht Sitze nebeneinander im Oberdeck aufnehmen konnte. Die Frage des richtigen Rumpfquerschnitts ist eine der wichtigsten Entscheidungen in der Designphase, die allein über Erfolg oder Misserfolg eines Flugzeugs dieser Größenordnung entscheiden kann.

»Wenn sie eine bestimmte Anzahl von Sitzen pro Reihe im Haupt- und Oberdeck nehmen kommt eine bestimmte Gesamtsitzzahl pro Rumpfquerschnitt heraus, und die ist bei allen Entwürfen verschieden. Wir haben neben der bestehenden 80 Meter-Längenvorgabe auch eine mögliche Rumpflänge von 85 Metern angeschaut«, erklärt Jürgen Thomas, »aber man kann nicht jede beliebige Sitzzahl mit jedem beliebigen Rumpfquerschnitt kombinieren.« Ein Oval ist strukturell nicht so günstig wie eine Double Bubble aus zwei aufeinandergesetzten Kreisen, denn nur darin herrscht überall ein konstanter Druck. Der kreisförmige Querschnitt etwa der A300/310 und der A330/340 ist strukturell optimal. Bei sehr viel größeren Flugzeugenentwürfen würde es nicht ohne Doppeldeck gehen, das war den Airbus-Ingenieuren von vornherein klar, dafür allerdings bot ein kreisrunder Rumpf nur begrenzte Möglichkeiten. Die Strukturdesigner allerdings lieben auch das Oval nicht sehr, denn durch den Innendruck entstehen in den Bereichen der Bodenverankerungen große Spannungsspitzen. Bei der Double Bubble dagegen lassen sich die Kräfte, die den Kreis aufbiegen wollen, durch den Fußboden abfangen.

Jürgen Thomas sind die vielfältigen, oft gegensätzlichen Interessen in dieser Definitionsphase gut in Erinnerung: »Gerade beim Rumpf sind die Bestrebungen nicht immer in dieselbe Richtung gelaufen, die Strukturleute wollte das eine, die Aerodynamiker das andere und die Marketingleute wieder was anderes. Allein die Krümmung des Ovals im Oberdeck war ein längerer Streitpunkt – die Marketingleute hätten da am liebsten eine senkrechte Wand gehabt wie im Autobus, aber das geht natürlich nicht. Die Diskussion war dann, wie die Krümmung sein muss damit es genügend Kopffreiheit am Fenster gibt.

Die bekanntesten Doppelstock-Vehikel sind die Londoner Doppeldecker-Busse. Sie werden in diesem frühen Werbebild zu Miniaturen.

Wir haben dann weltweit Befragungen an Flughäfen mit einer Attrappe gemacht, an der sich die Krümmung verstellen ließ, und da haben wir Passagierkommentare eingeholt. Aber als wir uns auf die Krümmung und die Kästen am Boden des Oberdecks geeinigt hatten waren plötzlich die Fenster zu hoch. Wenn man etwas weiter weg vom Fenster saß hätte man sonst nur waagerecht herausschauen können«, berichtet der damalige Programmchef. »Also mussten die Fenster tiefer angebracht werden, und das zu einer Zeit, wo schon alles definiert war. Das war unheimlich schwierig – [Airbus-Verkaufschef d.Verf.] John Leahy wollte sogar acht Zentimeter tiefer und wir haben uns dann auf fünf Zentimeter geeinigt, um nicht den ganzen Rumpf neu konstruieren zu müssen.«

Auch sonst gab es im Laufe der Zeit häufig kleine und große Veränderungen am A3XX-Konzept. So wurde der Fußboden des Oberdecks aus dem Verbundwerkstoff CFK gefertigt um Gewicht zu sparen, eine der wesentlichen Maximen im gesamten Konstruktionsprozess, lediglich der Unterdeck-Boden ist aus Metall. Im Oberdeck wurde aus dem gleichen Grund eine weitere geplante Tür auf jeder Seite weggelassen und es gibt nur noch jeweils drei Ausstiege. Die Tür-Integration bestimmte die Blechgrößen und die wiederum die Größe der Sektionen. Davon hing dann die mögliche Transportmethode zwischen den Werken ab. Eine wichtige Frage war auch: Wo lassen sich die Notrutschen unterbringen? Sie werden am Ende wie bei der A321 unter der Tür in einem speziellen Fach verstaut. Ursprünglich sollten die Rutschen innen an den Türen angebracht werden, aber wegen ihres Gewichts von über 200 Kilo war das nicht möglich. »Da waren Tausende Fragen zu klären, die oft auch ins Politische gingen und etwa mit der Endmontage zu tun hatten. Man darf sich nicht die naive Vorstellung machen, dass wir die Ellipse als Querschnitt festgelegt hatten und damit der Rumpf definiert war«, sagt Jürgen Thomas. Mitte 1995 ging Airbus immer noch von einem Programmstart 1998 aus, sofern bis dahin sechs Airlines mindestens 40 Flugzeuge bestellt hätten, die ersten Linienflüge erwartete man für 2003.

Im Februar 1996 beschloss Airbus-Chef Jean Pierson dass jetzt eine Zentralorganisation in Toulouse für das Groß-Projekt nötig war. Nicht um das Riesenflugzeug sofort zu starten, aber um die industrielle Basis und eine Anlaufstelle für potenzielle Kunden mit ihren Anregungen zu schaffen und daraus eine Spezifikation des Flugzeugs zu erarbeiten, bis man den Airlines Garantien geben konnte. Vier bis fünf Jahre sind üblicherweise für diese Phase nötig. »Wir haben uns entschieden, alles unter einem Dach zusammenzufassen, Triebwerke, Systeme und so weiter, um uns vorzubereiten«, sagte Robert Lafontan, einer der führenden A380-Ingenieure und später Nachfolger von Jürgen Thomas, »zu diesem Zeitpunkt war fast das gesamte Design schon festgelegt und das Konzept im Prinzip so wie heute«. Zuletzt war die Entscheidung gefallen, das Flugzeug nun doch mit neu zu entwickelnden Triebwerken auszustatten, alternativ mit dem Rolls Royce Trent 900 oder dem GP7200 der Engine Alliance, eines Gemeinschaftsunternehmens von General Electric und Pratt & Whitney. Der Entschluss für neue Triebwerke wiederum hing mit den jetzt von 725 auf 780 Quadratmeter (und später endgültig auf 845 Quadratmeter) vergrößerten Tragflächen zusammen. Ausschlaggebend dafür war SIAs Wunsch, unter allen Bedingungen voll beladen mit 555 Passagieren und Fracht zwischen London und Singapur fliegen zu können. Weitere Folge dieser Modifikationen war die Aufhängung der Triebwerke weiter außen an den Flügeln. Allerdings auch eine massive Verzögerung des Programms durch diese erheblichen Veränderungen zu so einem späten Zeitpunkt der Designphase. Der große Flügel wurde zu einer Belastung für den Riesen-Airbus, buchstäblich, die Tragflächen waren deutlich zu ausladend für die spätere A380-800-Basisversion.

Jürgen Thomas trat 1996 seinen Job als Leiter der Large Aircraft Division an und wurde zum »Vater der A380«. (AS)

»Wir wollten den Fehler vermeiden, den wir in der Vergangenheit etwa bei der A310 und der A340 gemacht hatten, nämlich Flugzeuge herauszubringen, die nicht oder nur unter großen Schwierigkeiten weiterzuentwickeln waren«, erklärt Jürgen Thomas. »Deswegen haben wir der A3XX einen großen Flügel und ein Fahrwerk mit 20 Rädern gegeben, die mehr Abfluggewicht vertragen hätten, mehr Kraftstoffvolumen für mehr Reichweite. Es war eigentlich alles eingebaut was die Zukunft dieses Flugzeugs sichern sollte. Auch als Frachter, dafür haben wir sogar Effizienzeinbußen hingenommen. Etwa mit einem Hauptdeck das höher war als normal, damit die Frachtcontainer hineingepasst hätten. Das war wichtig sowohl für die Fracht-Version als auch für die spätere Umrüstung älterer Passagierflugzeuge zu Frachtern. Auch um einen höheren Wert für ältere Flugzeuge garantieren zu können, wenn man sie noch auf diese Weise nutzen kann«, so der »Vater der A380«. Das klingt plausibel, sorgte aber dafür dass der Job von Flugzeugverkäufer John Leahy schwieriger wurde. »Wir haben das Flugzeug zu schwer gemacht, das war ein Fehler in der Design-Philosophie. Wir dachten wir würden bald eine gestreckte A380-900 bringen. Dabei hätten wir uns bei der Flugzeugstruktur auf das beschränken sollen, was wir zu dem Zeitpunkt brauchten«, kritisiert Leahy heute.

Am 2. April 1996 trat Jürgen Thomas seinen neuen Job als Chef der von ihm selbst so benannten Large Aircraft Division an, für seine Aufgabe hatte er vier enge Mitarbeiter als Stellvertreter an Bord genommen: Chefingenieur

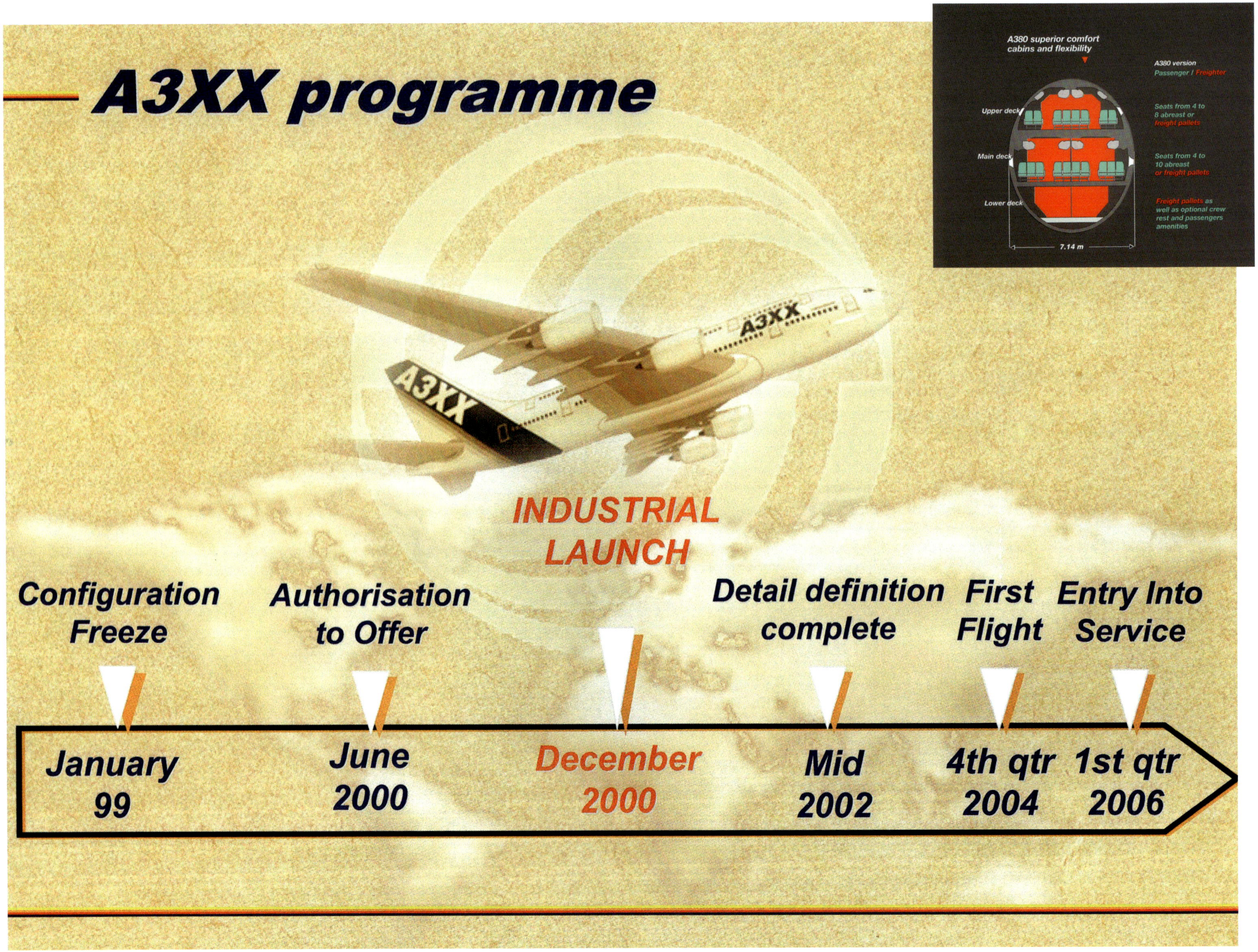

Der Zeitplan für die A3XX zum offiziellen Start des Programms Ende 2000; oben rechts der Rumpfquerschnitt der A380 in einer Zeichnung von 2001. (Airbus)

Jean-Jacques Huber als Zuständigen für die Programmentwicklung. Philippe Jarry, der das Entwicklungsmarketing und die Zusammenarbeit mit den Fluggesellschaften koordinierte, Jeff Poole als Verantwortlichen für die Budgetplanung sowie Jesus Morales für die Fertigung. »Ich war kaum eingerichtet in meinem kargen Büro da erfuhr ich, dass Boeing wenige Monate später bei der Farnborough Air Show die 747-500 und –600 starten würde und bereits zwei Unterschriften hatte, von Korean Air und Malaysian, es fehlten ihnen noch wichtige Kern-Airlines wie BA oder SIA. Mir war klar, wenn der 747-Relaunch gelingen würde könnten wir wieder zumachen, dann sind die Kunden weg, die bestellen ja nicht beide Flugzeuge«, erinnert sich der Ingenieur. Im Mai 1996 trafen Thomas, Jarry und Hubert die Vorstände der wichtigsten Airlines und fragten, ob Interesse an einem Airbus-Entwurf für ein neues Großflugzeug bestünde. Die Gegenfrage von FedEx-Chef Fred Smith war bezeichnend: »Wo steht geschrieben, dass sich die Luftfahrt für alle Zeiten mit der 747 begnugen wird?«. Das ließ das Airbus-Team nicht lange ruhen: »Wir planten also, im Juli 1996 auf einem Bauernhof im südfranzösischen Carcassonne die 18 wichtigsten Airlines zu versammeln. Wir hatten schon ein gutes Konzept, es war nur noch nicht entschieden ob das Oberdeck einen oder zwei Gänge und sieben oder acht Sitze pro Reihe haben sollte und viele Details waren offen wie Treibstoffverbrauch oder Lärmentwicklung. Die Message dieser Veranstaltung war: Die Airlines sollten besser abwarten bevor sie Ihre Bestellung aufgaben und auf die Alternative warten. SIA wollte schon zu dem Zeitpunkt bestellen – aber Pierson sagte, das können wir nicht machen«, erinnert sich Jürgen Thomas.

Die Bedrohung durch Boeing führte zu einem beschleunigten Zeitplan – der Programmstart wurde nun für das dritte Quartal 1999 angestrebt mit Erstauslieferungen weiterhin in 2003, das alles zum Listenpreis von 198 Millionen Dollar je Flugzeug bei geschätzten acht Milliarden Dollar Entwicklungskosten. Ron Woodard von Boeing allerdings bezeichnete bereits in Farnborough 1996 die A3XX als »finanziellen Selbstmord« und stellte die Frage, wie Airbus die Entwicklung für acht Milliarden Dollar schaffen wolle, wenn Boeing die 747-Weiterentwicklungen schon fünf Milliarden Dollar kosten würden. Er gehe vielmehr davon aus, dass die Entwicklungskosten für die A3XX eher zwischen zwölf und 15 Milliarden Dollar liegen würden – eine visionäre und der Wahrheit nahe kommende Schätzung, wie man heute weiß. Jürgen Thomas hielt dagegen, dass die A3XX-100 um 17% geringere Kosten pro Sitzkilometer aufweisen und die gestreckte A3XX-200 sogar 23% Ersparnis bringen würde. Schon im Januar 1997 erwies sich Boeings Bedrohung des Airbus-Vorhabens als Bluff – das 747-500X/-600X-Programm wurde eingestellt und Mike Bair, bei Boeing damals für Produktstrategie zuständig, begründete das schlicht damit, dass das Programm »a poor business case« sei, also schlechte Geschäftsaussichten biete. Airbus sah daraufhin den Zeitdruck von sich genommen und kündigte an, man werde den Programmstart um ein Jahr verschieben und das Konzept überarbeiten.

Gleichzeitig machte aber vor allem BA Druck auf das Tempo. Am 3. Juli 1997 schrieb der Chef der Flottenplanung der Briten an Jürgen Thomas: »Wir sind besorgt wegen der gezeigten ziemlich entspannten Attitüde gegenüber dem Projektfahrplan.« Terminüberschreitungen etwa bei Windkanaltests sorgten für Beunruhigung »über die Robustheit eines Programms das auf eine Service-Einführung Ende 2003 abzielt. Behalten Sie im Blick dass sogar dieser Zeitpunkt zu spät für unseren eigentlichen Bedarf ist« hieß es unmissverständlich. Auf der zweiten Seite kritisiert der Briefschreiber dass »Airbus immer noch dazu neigt, Entscheidungen im Alleingang zu treffen ohne uns und andere Airlines zu konsultieren.« Und BA forderte klar Priorität für den 550-Sitzer A380-100 und sprach sich gegen eine verkürzte Version mit 480 Sitzen aus. Die wollten vor allem die deutschen Airbus-Partner. Die geforderte Dringlichkeit allerdings setzte Airbus nicht um.

Anfang 1998 wurde der Start nochmal um neun Monate verschoben, weil sich die Zielsetzung der Ingenieure, die angestrebten geringeren Kosten pro Sitzkilometer gegenüber der 747-400 zu erreichen, noch nicht hatte verwirklichen lassen. Die verheerende Wirtschaftskrise in Asien hatte ohnehin für einige Jahre den potenziellen Markt für ein Riesenflugzeug zum Erliegen gebracht. Ein großes Problem waren auch die internen Probleme und Machtkämpfe bei Airbus und die zersplitterte Struktur aus vier Einzelfirmen, Airbus Industrie war immer noch nur eine Art Marketing-Dachorganisation. Ein Wechsel an der Spitze von Airbus verzögerte die Dinge weiter, im April 1998 folgte Noël Forgeard auf Jean Pierson. »Diese Management-Umstände haben die A3XX nochmal zwei Jahre gekostet«, berichtet ein Airbus-Insider. Was auch daran lag, dass der neue Chef keine Ahnung von Verkehrsflugzeugen oder gar ein Faible für sie hatte. Forgeard kam vom französischen Rüstungskonzern Matra, »der war kein Flugzeugmann«, heißt es. Aber Forgeard sah das Projekt A3XX für sein eigenes Fortkommen als nützlich an. »Es war nicht sein Ziel, sondern wurde zum Zweck für ihn, um seine Karriere innerhalb des Airbus-Mutterkonzerns EADS voranzutreiben«, so der Insider. Und die Zeiten waren sowieso ungünstig.

Bei Boeing wurden Ende 1998 insgesamt 48.000 Mitarbeiter wegen des schwachen Marktes entlassen, auch Airbus kündigte abermals eine zeitliche Verschiebung des Programmstarts für die A3XX an und legte das selbstgesteckte Ziel nunmehr auf 60 Bestellungen von drei Airlines, um das Projekt umzusetzen. Boeing allerdings zog aus den wiederholten Verschiebungen des Airbus-Programms die falschen Schlüsse. Vorstandschef Phil Condit verkündete öffentlich seine Prognose, »Airbus wird die A3XX niemals starten« und verstieg sich gar zu der Aussage, »ich gebe Ihnen meine persönliche Garantie, dass Airbus dieses Mal keinen Erfolg haben wird«. Damit hatte die Arbeit an einem A3XX-Konkurrenten für Boeing keine Priorität mehr. Bald war Phil Condit ebenso Geschichte wie Boeings Marktführerschaft im zivilen Flugzeugbau, und beides hatte mit diesen und anderen Fehleinschätzungen zu tun. Ende 1998 allerdings musste Airbus zugeben dass die Entwicklungskosten für die A3XX-Familie nunmehr auf zehn Milliarden Dollar gestiegen seien, unabhängige Analysen gingen schon damals eher von 13 bis 17 Milliarden Dollar aus. Auf der Pariser Luftfahrtschau im Juni 1999 startete Boeing einen neuen Versuch dem immer konkreter werdenden europäischen

Riesen etwas entgegenzusetzen: Die 747X-Serie mit der 747-400X (416 Sitze, 14.200 km Reichweite), der 747X (430 Sitze, 16.550 km Reichweite) und der 747X Stretch (504 Sitze, 14.450 km Reichweite). Airbus hatte für die A3XX mit der Möglichkeit des Einbaus von Shops, Fitnessräumen oder sogar einer Bowlingbahn geworben, sprach von einem Bordkino mit Großleinwand und erwog sogar ein halbautomatisches Beladungssystem für die Bordverpflegung sowie die automatisierte Verteilung von Speisen und Getränken an Bord. »Da sind einige dumme Dinge gesagt worden wie gekachelte Bäder«, gab Jürgen Thomas bereits 2001 zu. Plötzlich betonte nun aber auch Boeing, dass die 747X Platz böte für »Konferenzräume, Duty Free Shops oder Duschen«. Doch die Anziehungskraft einer erneuten Überarbeitung dieses aus den späten 1960er-Jahren stammenden Flugzeugtyps bei den Airlines erwies sich als gering. Airbus hatte mit einer technologisch völlig neuen Flugzeug-Generation die besseren Verkaufsargumente.

Airbus bediente sich dabei einer Vermarktungsstrategie, die Boeing in den 1960er-Jahren ähnlich betrieben hatte: Man hielt sich an die Fluggesellschaften, die als die Innovationsführer in der Branche galten. Was für die 747 Pan American gewesen war, waren nun Emirates Airlines aus Dubai, SIA und die australische Qantas. In einer eindrucksvollen Übersicht wies Airbus nach, dass ein Verkauf an solche Premium-Gesellschaften den Druck auf andere erzeugt, ein solch führendes Flugzeug aus Wettbewerbserwägungen ebenfalls anzuschaffen. Dazu führte Airbus-Verkaufschef John Leahy das Beispiel der 747-Einführung an. Innerhalb von 15 Monaten nach der Premiere der 747 in New York im März 1970 durch Pan Am und TWA hatten Lufthansa, Air France, JAL und BOAC nachgezogen. Noch schneller ging es auf den Tokio-Routen, hier war Northwest Orient im Dezember 1971 Vorreiter, innerhalb von nur sechs weiteren Monaten landeten auch Pan Am, Lufthansa, JAL und Air France mit dem Jumbo in Japan. Emirates war deswegen für Airbus ein wichtiger potenzieller Kunde, weil die erst 1985 gegründete Fluggesellschaft mit dem Anspruch auf weltweite Dominanz auftrat, aber über keine Boeing 747-Flotte verfügte. In Toulouse musste man allerdings höchst sensibel vorgehen, um den kommerziellen Start des Riesenprojekts in die richtigen Bahnen zu lenken.

Jürgen Thomas erinnert sich: »Der Aufsichtsrat war gegen eine normale Launch Campaign [Start der Verkaufskampagne, d. Verf.] für die A3XX, da sie einen wahnsinnigen Imageverlust für Airbus fürchteten, wenn die Airlines, die so lange in Fokusgruppen mit uns an der Projektdefinition gearbeitet hatten, nicht hätten bestellen wollen. Umgekehrt wären wir zum Launch verpflichtet gewesen, wenn wir eine gewisse Zahl von Orders gekriegt hätten. Die Bedingungen für einen Launch waren vier verschiedene Qualitäts-Airlines und etwa 60 Bestellungen – jetzt darf man das sagen, vorher sagt man das nie, denn die letzte Airline weiß dann, dass sie den Ausschlag gibt. Und dann wären uns die Hände gebunden gewesen, selbst wenn wir im Zweifel gewesen wären, ob überhaupt noch viele andere Airlines mit Orders gefolgt wären. Da hatte der Aufsichtsrat eine Mordsangst davor, dass sie mit einer solchen Verkaufskampagne in ein Zehn- bis Zwölf-Milliarden-Dollar-Business hineinstürzen könnten. Da habe ich Anfang 2000 die Pre-Launch-Kampagne erfunden: Wir bieten verschiedenen Schlüssel-Airlines das Flugzeug mit allen Garantien, Preis und Konzessionen an und den Lieferzeiten. Dann sollte uns etwa SIA schriftlich geben, dass sie, wenn denn die richtige Kampagne käme, unterschreiben würde. Das lief gut, innerhalb eines Vierteljahres hat John Leahy die nötigen Unterschriften gehabt.« Gleichzeitig war sich Leahy, der als der beste Flugzeugverkäufer der Welt galt, der Tragweite der anstehenden Entscheidung bewusst. Ebenso wie Boeing und Pan Am über drei Jahrzehnte zuvor ihre Existenz mit der Entwicklung der 747 aufs Spiel setzten war es auch diesmal: »Wir verwetten mit der A3XX unsere Company«, bekannte Leahy öffentlich.

Im Mai 2000 kündigte Emirates die Absicht an, fünf A3XX zu bestellen und Optionen für weitere fünf einzugehen, auch SIA, Air France, die Leasingfirma ILFC, Virgin Atlantic Airways sowie zwei weitere, ungenannte Airlines gaben Vorab-Zusagen. Virgin-Chef Richard Branson schwärmte vom »Quantensprung im Passagier-Appeal« durch den Riesenflieger. Doch bevor der sogenannte Commercial Launch verkündet werden konnte, mussten Jürgen Thomas und seine Mitarbeiter erneut massiv Hand ans Design legen – die jetzt beinahe Schlange stehenden Kunden in spe hatten zum Teil spezielle Wünsche, ohne deren Verwirklichung mit ihren Aufträgen nicht zu rechnen war. Hatte Boeing bei der Entwicklung der 747 Mitte der 1960er-Jahre noch primär mit einer Airline –Pan American- über die Auslegung zu streiten, sah sich Airbus gleich mit den ganz unterschiedlichen Forderungen von einem halben Dutzend Erstkunden konfrontiert.

Jürgen Thomas blickt zurück: »Ungefähr ein Jahr vor dem Launch haben wir das Abfluggewicht von 540 auf 560 Tonnen erhöht, das war eine reine Reichweitenfrage. SIA hatte Zweifel an der ausreichenden Reichweite zwischen Singapur und London unter allen Bedingungen, das geht auf ihre schlechten Erfahrungen mit der 747 zurück. Auch Qantas hat leichten Druck gemacht wegen der Reichweite, was dann dazu führte, dass Qantas unerwartet zu einem der Erstkunden wurde. Wir haben das Abfluggewicht um 20% erhöht, was uns 15 Tonnen mehr Kraftstoff an Bord ermöglichte und plötzlich auch die Pazifik-Routen der Qantas möglich machte. Eine der schwersten Entscheidungen war nötig, um die Bedingung von SIA zu erfüllen in London nach der nachts neu gültigen Lärmverordnung QC2 landen zu können. Deswegen musste das Triebwerk sowohl von der Engine Alliance als auch von Rolls Royce geändert werden, von 2,80 Meter Fan-Durchmesser auf 2,94 Meter, um mehr Bypass, Umströmung kalter Luft, zu ermöglichen und damit den Lärm zu reduzieren. Das hatte erhebliche Folgen auch für die Installation der Triebwerke, durch den neuen Fan war auch eine veränderte Aufhängungs-Position nötig geworden. Das Triebwerk war auch um über drei Tonnen schwerer auf diese Weise. Aber letztlich war es richtig, wenn so ein Flugzeuge jetzt für 50 Jahre verkauft werden soll«, so Jürgen Thomas damals.

Der erste entscheidende Schritt auf dem Weg zur Marktreife geschah am 23. Juni 2000 – an diesem Tag erteilten die Airbus-Anteilseigner die Genehmigung, potenziellen Erstkunden verbindliche kommerzielle Angebote vorzulegen. Bereits auf der Farnborough Air Show im Juli

2000 unterschrieb Emirates eine Kaufzusage für das offiziell noch gar nicht gestartete Flugzeug, das immer noch A3XX hieß. Fünf Passagier- und zwei Frachtflugzeuge des neuen Typs wollten die Araber ab Frühjahr 2006 in ihrer Flotte haben, wie es damals hieß. Nun konnte auch SIA nicht länger warten und erteilte Ende September 2000 eine Kaufzusage für zehn Exemplare plus 15 Optionen. Schon damals sicherten sich die auf Prestige und Innovations-Führerschaft bedachten Asiaten das Recht, als erste Fluggesellschaft der Welt die A3XX einzuführen, was damals für das erste Quartal 2006 vereinbart wurde. Dann zeigten sich die Effekte des Wettbewerbs-Drucks und auch Qantas brach mit der Jahrzehnte durchgehaltenen reinen Boeing-Tradition und erteilte am 29. November 2000 sowohl eine Bestellung über sechs Boeing 747-400ER (vormals 747-400X) – die einzige von Boeing verwirklichte neue 747-Version, sowie die Kaufzusage für zwölf A3XX. Qantas-Chef Geoff Dixon gab sich begeistert: »Die speziellen Attribute, die die A3XX Qantas bringt, haben den Ausschlag gegeben. Wir haben die A3XX aus einer Reihe von Gründen gewählt, darunter ihre Zuladungskapazität, ihre operationellen und wirtschaftlichen Vorteile und ihr Entwicklungspotenzial als Start eines neuen Flugzeugtyps«. Selbst Jürgen Thomas war vom plötzlichen Erfolg überrollt: »Ich war überrascht, dass vor allem Qantas und Virgin so schnell unterschrieben haben«.

Am 19. Dezember 2000 dann war es endlich soweit – mit Vorverträgen für die Festbestellung von 50 Flugzeugen und Optionen für weitere 42 von sechs Airlines (Air France, Emirates, der Leasingfirma ILFC, Qantas, SIA und Virgin Atlantic) erteilte der Airbus-Aufsichtsrat grünes Licht für den Start des größten zivilen Luftfahrtprojekts der Geschichte. Jetzt wurde auch die endgültige Bezeichnung A380 bekanntgegeben – laut Airbus-Chef Noël Forgeard symbolisiert die Acht zum einen den Double Bubble-Rumpf des Flugzeugs, zum anderen sollte sie asiatische Kunden gewogen machen – vor allem in China gilt die Acht als Glückszahl. Zunächst war auch an A360 gedacht worden, um damit nach den 360 Grad auf einem Kompass einen Hinweis auf die weltumspannende Rolle des Riesenflugzeugs zu geben, während A370 nicht in Frage kam, weil die »7« im Flugzeugbau zu sehr von Boeing besetzt ist. »Airbus hat ein neues Flaggschiff‘«, jubelte der Aufsichtsratsvorsitzende Manfred Bischoff. Doch das war in seiner Auslegung immer noch nicht endgültig und bis ins Detail definiert, daran tüftelten die Ingenieure noch bis Ende 2003.

Ein immer wieder geänderter Bereich der A380 war die Rumpfnase – nicht weniger als 50 verschiedene Versionen gab es im Laufe der Design-Evolution allein für die Position des Cockpits, von knapp unterhalb des Hauptdecks bis auf einer Höhe mit dem Oberdeck wurde alles ausprobiert. Jürgen Thomas erklärt: »In diesem Bereich spielt die Strömungsverdrängung eine große Rolle, dort wo die Cockpitpartie in den Hauptrumpf übergeht findet man die größten Geschwindigkeitsspitzen der Luftströmung. Da herrscht manchmal Schallgeschwindigkeit und man muss aufpassen, dass dort kein Überschallknall Widerstand erzeugt – die Form ist von entscheidender Bedeutung. Wichtig ist auch ein bestimmter, von den Zulassungsbehörden vorgeschriebener Sichtwinkel nach unten und seitlich aus dem Cockpit, danach richtet sich auch die Anordnung der Fenster, außerdem spielt der Innenraum eine Rolle bei der Cockpitgestaltung. Schließlich sind die durch den Fahrtwind entstehenden Innengeräusche im Cockpit zu beachten, das ist schon bei einigen Flugzeugen schief gegangen«, weiß Thomas. Als alles schon aufs Beste abgestimmt und festgelegt schien stand plötzlich wieder die bestehende Form zur Disposition. Der wichtigste Kunde Emirates bestand nämlich auf einer siebten Palette im Frachtraum, wo bis dato nur sechseinhalb hineingepasst hätten. Emirates war schon lange mit dem Volumen der Frachträume der A380 unzufrieden gewesen. »Airbus hat ge-

Das Design der A3XX ist in vielen Teilen aufgrund der Vorgaben vieler Fluggesellschaften entstanden.

nügend Struktur geschaffen, aber nicht genügend Frachtvolumen gemessen an der Boeing 777-300«, kritisierte Emirates-Chef Sir Tim Clark. Nur sechs Standardcontainer hätten zunächst in den vorderen Unterflur-Frachtraum gepasst gegenüber acht in der Boeing 777-300. Nachdem Emirates eine Veränderung der Rumpfnase anregte passen nun sieben Container hinein. »Die A380 hat mit 550 Passagieren aber immer noch weniger Frachtraumvolumen als die Boeing 777-300 mit 350 Passagieren«, so Clark, »diese Restriktion kann die Wirtschaftlichkeit beeinträchtigen.« Auch Jürgen Thomas wusste: »Für Emirates hat die A380 ja zwei Funktionen – einmal als Arbeitspferd zwischen Dubai und London, wo sie ein unheimliches Frachtaufkommen haben, und die andere Mission ist Dubai-New York mit einem anderen Interieur«. Um die siebte Palette unterzubringen waren erhebliche Änderungen nötig – ein Teil der Avionik wanderte aus der Avionics Bay unter dem Cockpit nach ganz oben über das Cockpit. Das alles führte am Schluss noch zu einer Verdickung der Rumpfnase und macht den Airbus A380-800 optisch noch weniger attraktiv. »Die A380-800 ist recht gedrungen«, gibt auch Jürgen Thomas zu, »die gestreckte Version dagegen hätte optisch ausgeglichener gewirkt«.

KAPITEL 3

Die Logistik der A380-Montage

Europäisches Riesenpuzzle mit Tücken

Zu Wasser, zu Lande und in der Luft kamen die A380-Bauteile aus ganz Europa nach Toulouse. Die Komplexität hatte ihren Preis.

> *»Airbus hat sich mit der A380 im gegebenen Zeitplan zu viel zugemutet.«*
>
> *Gustav Humbert, früherer Werksleiter in Hamburg und Airbus CEO 2005-2006*

Endmontage in Toulouse 2006 – hier von MSN003, die am 25. Oktober 2007 den ersten A380-Linienflug durchführte.

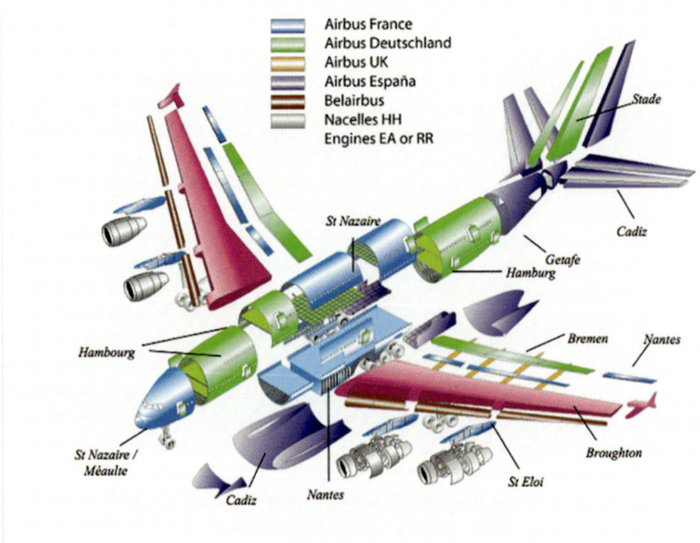

Die komplexe Bauaufteilung der A380 auf Partner in ganz Europa.

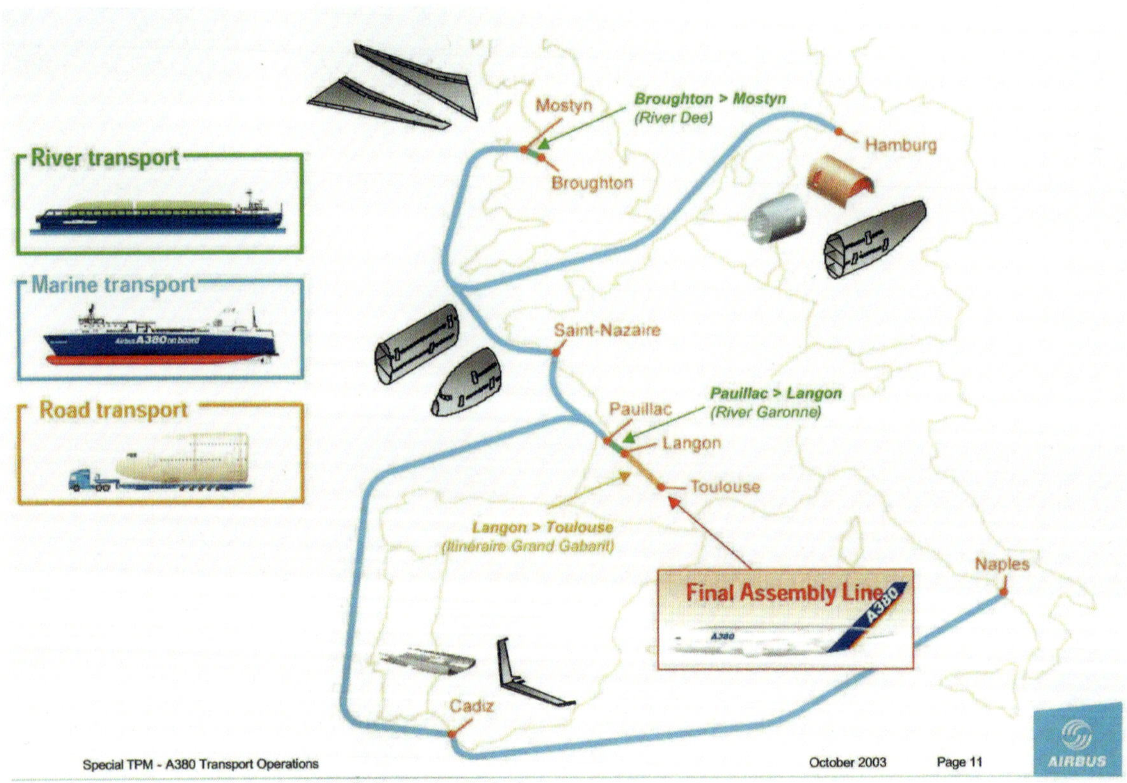

Früher Plan von 2003 über die Produktionswege zu Lande, zu Wasser und in der Luft.

Der Airbus A380 war noch mehr als alle vorherigen Airbus-Flugzeuge ein wirkliches Gemeinschaftswerk von Deutschen, Franzosen, Engländern und Spaniern, von rund 1500 weiteren Zulieferern in über einem Dutzend Länder weltweit gar nicht zu sprechen. Traditionell obliegen dabei den verschiedenen Airbus-Werken in unterschiedlichen Ländern feste Aufgaben im Produktionsprozess, ein Tribut an den Proporz unter den Airbus-Staaten. Die meisten Standorte haben ihre Anteile am Gesamtprodukt im Laufe der Jahrzehnte mit hoher Kompetenz beigetragen und sich stetig weiterentwickelt. Selbstverständlich griff man bei Airbus auch für die A380-Produktion auf dieses bewährte Netzwerk zurück, wobei die schieren Ausmaße des Riesenflugzeugs so gewaltig aufielen dass die entscheidende Frage immer war, wie alle Einzelelemente auf sinnvolle und wirtschaftliche Weise zusammengeführt werden können. Rund 50.000 Airbus-Mitarbeiter waren an 16 Standorten von Hamburg bis ins spanische Cádiz an der Fertigung von Einzelstücken dieses europäischen Riesenpuzzles beteiligt, es wäre in jeder Hinsicht unmöglich gewesen, die Produktion an einem Ort zu konzentrieren.

Umso dringlicher galt es zu entscheiden, an welchem Ort die Endmontage stattfinden sollte und wie die einzelnen Elemente an diesen Ort gelangen würden. Seit dem Planungsstart für die A3XX und dem offiziellen Beginn der Standortauswahl am 1. August 1997 brachten vor allem Lokalpolitiker in ganz Europa ständig neue mögliche Schauplätze für die lukrative und imageträchtige Endmontage ins Spiel. Als heiße Kandidaten neben den bekannten Airbus-Standorten galten zeitweise der ostdeutsche Flughafen Rostock/Laage, das französische Saint Nazaire sowie das spanische Sevilla. Das Bundesland Mecklenburg-Vorpommern stellte in der Hoffnung auf bis zu 4000 neue Arbeitsplätze und üppige Steuereinnahmen gleich 400 Millionen Euro an Fördermitteln für ein neues Endmontage-Werk in Aussicht. Am 23. Juni 2000 dann die Entscheidung: Airbus blieb auch mit der A380 an den bekannten Produktionsstätten, interne wirtschaftliche und politische Erwägungen gaben den Ausschlag, kein neues Werk zu errichten. Der Standort Toulouse erhielt die Endmontage zugesprochen, ebenso Tests, Flugerprobung und die Auslieferung der A380 an außereuropäische Fluggesellschaften. In Hamburg-Finkenwerder erfolgten Struktur- und Ausrüstungsmontage der vorderen und hinteren Rumpfsektionen, die Innenausstattung der fertigen Flugzeuge sowie Lackierung und die Auslieferung an Kunden in Europa und im Nahen Osten. »Durch diesen industriell sinnvollen Kompromiss können wir die vorhandenen Stärken, das technologische Know-How und die industriellen Fähigkeiten an den beiden Endmontage-Standorten des Airbus-Systems optimal nutzen«, kommentierte damals der Chef des deutschen Partners DASA, Gustav Humbert, die Entscheidung.

Doch ehe Hamburg und Toulouse überhaupt in der Lage waren ihre Aufgaben in der A380-Produktion zu übernehmen, standen sie vor erheblichen Anstrengungen. In Hamburg musste in der

Elbe das an die vorhandene Airbus-Werksfläche angrenzende Mühlenberger Loch zugeschüttet werden, um 165 Hektar Land für die neuen Produktionsanlagen zu gewinnen. 660 Millionen Euro kostete die Investition als Voraussetzung für 2000 neu zu schaffende Arbeitsplätze die Hamburger Steuerzahler, die Folgen für die Umwelt sollten mit umfangreichen Ausgleichsmaßnahmen begrenzt werden. Im Februar 2001 startete die Landgewinnung im Mühlenberger Loch, bereits im September 2002 war sie nach Aufschüttung von 10,6 Millionen Kubikmetern Sand innerhalb der im Wasser errichteten 1,2 Kilometer langen Stahlspundwand abgeschlossen. Die auf einer aufgespülten Teilfläche errichtete Major Component Assembly (MCA)-Halle nahm bereits am 25. August 2003 die Produktion von Rumpfsektionen für die A380 auf. Insgesamt investierte Airbus selbst für den Neubau des A380-Werks in Hamburg nochmal 650 Millionen Euro. Für die hier gefertigten Rumpfsektionen wiederum wurden Rumpfschalen aus dem Werk Nordenham in Spezialcontainern über Wesermündung, Nordsee und Elbe per Schiff nach Finkenwerder zugeliefert. Auch aus dem Werk Stade rollte sperrige Fracht nach Hamburg – die fast 15 Meter hohen Seitenleitwerke aus CFK-Verbundwerkstoff erreichten Finkenwerder per Tieflader auf der Straße, bevor sie hier lackiert wurden und dann als einzige wesentliche Komponente auf dem Luftweg per Beluga-Frachter in Toulouse landeten. Aus dem spanischen Getafe war zuvor das Rumpf-Endstück ebenfalls nach Finkenwerder geflogen worden, um hier zum 25 Meter langen hinteren Rumpfsegment mit dem angrenzenden Hamburger Bauteil verbunden zu werden.

In Toulouse-Blagnac wurde ebenfalls viel Erde bewegt, um zusätzlich zum bestehenden Airbus-Werk mit bisher allen Endmontage-Linien (mit Ausnahme der in Hamburg angesiedelten A318-, A319- und A321-Fertigung) die A380-Produktion zu ermöglichen. Innerhalb von nur zwei Jahren baute Airbus unter extremem Zeitdruck am nordöstlichen Rand des Flughafens auf 50 Hektar ungenutztem Land für 360 Millionen Euro das komplett neue Jean Luc Lagardère-Werk auf. In den riesigen Hallen mit 150.000 Quadratmetern Fläche waren ab 2008 rund 2000 Mitarbeiter damit beschäftigt, das gigantische Puzzle zusammenzufügen, aus dem sich schließlich die 72,7 Meter langen Rümpfe der A380 mit ihren fast 80 Metern Flügelspannweite ergaben. Doch mit der Weichenstellung zur Schaffung der Voraussetzungen am Boden war noch nicht die Frage geklärt, wie etwa die fast neun Meter hohen und bis zu 25 Meter langen Rumpfsegmente aus Hamburg oder die jeweils 45 Meter langen und 38 Tonnen

Die erste A380 für Lufthansa landet zur Lackierung in Finkenwerder, Oktober 2009. (AS)

Die erste A380 für Emirates (MSN011) in der Endmontage in Toulouse Anfang 2008. (AS)

schweren Tragflächen aus dem walisischen Broughton zur Endmontage nach Toulouse gelangen sollten.

Bei den kleineren Airbus-Typen erledigte diese Aufgaben die Flotte aus fünf firmeneigenen Transportflugzeugen des eigens entwickelten Typs A300-600ST Beluga – doch dessen ansonsten rekordverdächtiger Frachtraum fasst nur bis zu 7,10 Meter hohe und 37,7 Meter lange Ladeelemente. Solche Erwägungen spielten in der Designphase der A3XX bereits eine wichtige Rolle: »Die Tür-Integration im Oberdeck hat zum Beispiel die Blechgrößen bestimmt und das wieder die Größe der Sektionen«, erinnert sich Jürgen Thomas. »Davon hing dann der Transportmodus ab – ursprünglich sollte dafür die Beluga genutzt werden. Dann war sogar eine Super-Beluga im Gespräch, aber die hätte nochmal 800 Millionen Dollar gekostet«, so Thomas, und eine solche Investition war für das zu diesem Zeitpunkt mit etwa zwölf Milliarden Euro angesetzte Programm nicht auch noch möglich. Bereits am 24. Juni 2000 meldete das Hamburger Abendblatt: »Zeppeline für den Transport«. Airbus erwäge, das damals geplante Transport-Luftschiff Cargolifter für die Beförderung einzelner A380-Elemente nach Toulouse einzusetzen. Gut dass es dazu nicht kam, sonst wäre aufgrund des bald kläglich gescheiterten Cargolifter-Projekts womöglich auch noch das A380-Programm frühzeitig in Verzug geraten. Das allerdings geschah bald auch ohne Einsatzpläne für Luftschiffe.

Airbus entschied sich für eine bodenständigere und dennoch innovative Lösung: In China ließ man die 154 Meter lange Ville de Bordeaux bauen, ein Roll on/Roll off-Transportschiff, das in seinen riesigen leeren Bauch selbst größte A380-Bauteile wie die Tragflächen laden konnte, die über Laderampen von Spezialfahrzeugen direkt an Bord gefahren wurden. Maximal 120 Meter lang und 20 Meter breit ist der Frachtraum des Schiffs dank eines beweglichen Zwischendecks – genug für alle sechs Großteile auf einmal, die zum Zusammenbau eines A380 angeliefert werden mussten. Der blaue Riese mit den großen weißen Lettern »Airbus A380 on Board« auf den Seitenwänden war seit Sommer 2004 in Betrieb. Der Airbus-Seefrachter fuhr mit bis zu 16 Knoten Geschwindigkeit regelmäßig die Strecke von Hamburg-Finkenwerder nach Mostyn in Wales. Hier holte das bereits mit Rumpfsektionen aus Deutschland beladene Schiff jeweils zwei Tragflächen ab, die bei Airbus UK im nordwalisischen Broughton gefertigt werden, vom Seehafen Mostyn 35 Kilometer flussaufwärts auf dem River Dee. Ihr Transport bis zur Verladung nach Frankreich war eine delikate Angelegenheit, vor allem auf einem zehn Kilometer langen Teilstück südlich

Alle A380 erhielten ihr Farbkleid in der neuen Lackierhalle in Hamburg-Finkenwerder. (Airbus/Christian Brinkmann)

Rumpfschalen-Montage für die A380 in Hamburg-Finkenwerder. (AS)

Die Cockpitsektion einer A380 rollt durch eine französische Kleinstadt. (Airbus)

Die A380-Tragflächensegmente wurden halb aufrecht befördert. (Airbus)

Der Rumpfdurchmesser der A380 überragte manche Häuser der durchfahrenen Orte. (Airbus)

Verladung von A380-Rumpfsegmenten in Finkenwerder auf die »Ville de Bordeaux«. (Airbus)

von Broughton, wo bei Ebbe sehr wenig Spielraum beim Passieren zweier Brücken blieb. Eine ganze Woche dauerte es daher, bis zwei Tragflächen zur Abholung in Mostyn bereitlagen. Nächster Anlegeplatz der Ville de Bordeaux war dann Saint Nazaire an der Bucht von Biskaya bei Nantes. Hier wurde das aus Hamburg kommende vordere Rumpfsegment entladen und mit der im Werk Méaulte produzierten Rumpfspitze verbunden, bevor die nun 22 Meter lange Sektion beim nächsten Besuch des Schiffes gemeinsam mit dem hier produzierten 23 Meter langen Rumpf-Mittelteil wieder an Bord kam. Den Flügelkasten aus CFK-Verbundwerkstoff lieferte das Werk Nantes zuvor nach Saint Nazaire. Jetzt gelangte alles per Schiff zum kleinen Garonne-Flusshafen Pauillac kurz vor Bordeaux, etwa vier Tage dauerte die rund 1200 Kilometer lange Schiffsreise bis hier. Eine weitere regelmäßige Fahrt führte die Ville de Bordeaux vom südspanischen Cádiz nach Pauillac, wo unter anderem das bei der CASA im nahen Puerto Real produzierte mächtige Höhenruder (Spannweite 27 Meter) sowie Teile für die Rumpfunterseite abgeholt wurden. Die Hochsee-Schiffsverbindung stellte die wesentliche Lebensader der A380 Produktion dar.

Ferngesteuert werden die Tragflächenteile in der Endmontage in Toulouse in Position gebracht. (Airbus)

Doch in Pauillac begannen die Herausforderungen von neuem. Zunächst wurden hier die Teile vom großen Schiff auf einen in Polen gefertigten Stahlponton umgeladen der über Ballasttanks zur Stabilisierung verfügte. Dann standen zwei elektrisch betriebene Lastkähne aus Holland bereit, von denen jeder 2300 Tonnen wiegt. Die Lastkähne transportierten die Rumpfsektionen, die Tragflächen und das Höhenruder der insgesamt 95 Kilometer auf der Garonne durch Bordeaux bis nach Langon. Ein Computersystem überwachte mit Sensoren Tide, Strömungen und Wind und half dem Kapitän zu entscheiden, wie viel Wasser in den Ballasttanks nötig war um alle Brücken sicher zu unterqueren. Heikelster Punkt der Fahrt war die Pont de Pierre in Bordeaux, eine Steinbrücke von 1810, die nur eine geringe Durchfahrtshöhe gewährt. Auf vier solcher Fahrten beförderte man die Teile für ein einziges Flugzeug, jährlich wären bis zu 200 Fahrten möglich gewesen, doch selbst in der Hochzeit der Produktion zwischen 2012 und 2014 waren es maximal 120. In Langon stand eine spezielle Schleuse bereit, die schwierige Hebe-Prozeduren überflüssig machte und es Spezialfahrzeugen ermöglichte, die Teile von den Lastkähnen direkt an Land zu fahren. Nun waren es immer noch 240 Kilometer bis Toulouse – eine Distanz, die eine A380 in der Luft in 20 Minuten zurücklegen könnte. Noch in seine wesentlichen Einzelteile zerlegt dauerte das am Boden mit drei Nächten und manchmal Geschwindigkeiten von nur 5 km/h erheblich länger, denn der in Frankreich als Convoi Exceptionnel bezeichnete Schwertransport durfte nur nachts fahren, da er die ganze Breite der Straße benötigte.

Für Kosten von 170 Millionen Euro wurde für den Straßentransport eine Schneise durch Südwestfrankreich geschlagen, Bäume jahrhundertealter Alleen gefällt, Kreuzungen begradigt, Häuser abgerissen, Stromleitungen unter die Erde verlegt und Weinberge eingeebnet. Eine Gruppe aus sechs Tiefladern mit Zug-LKW sammelte sich zu Beginn einer Fahrt in einer eigenen Vorbereitungszone in Langon, jeder angeführt von einem 600 PS-starken, speziell lärmgedämpften Mercedes-Truck. Die schwersten Stücke waren die je 38 Tonnen wiegenden Tragflächen, sie benötigten einen zwölfachsigen Tieflader mit insgesamt 96 Rädern und mussten mit hydraulisch betriebenen Haltegestellen seitlich in vertikaler Stellung transportiert werden, damit die acht Meter Straßenbreite ausreichten. Manches Gespann aus Zug-LKW, Tieflader und Flugzeugsegment konnte insgesamt bis zu 250 Tonnen wiegen. Der Konvoi, der nur werktags zwischen 22 Uhr abends und sechs Uhr morgens unterwegs sein durfte, war ein beeindruckender Anblick – komplett mit Polizei-Eskorte, Überwachungsfahrzeugen und 60 Mann Personal, darunter einer mobilen Werkstatt für den Fall einer Panne. Um tagsüber abseits der Straße zu parken oder im Falle sehr schlechten Wetters zu pausieren standen vier spezielle Wartezonen entlang der Strecke zur Verfügung.

Die unendlich komplexen Kabelstränge in der A380 wären ihr zu Beginn fast zum Verhängnis geworden. (AS)

Zu den Zeiten der höchsten A380-Produktionsraten sollten sechs Komponenten für insgesamt drei Flugzeuge plus ein Satz Flügel gleichzeitig unterwegs sein: Ein Paar Tragflächen auf dem River Dee in Wales sowie jeweils eine volle Ladung auf See an Bord der Ville de Bordeaux, eine auf der Garonne und eine auf der Straße nach Toulouse. Das Riesenpuzzle erschien extrem kompliziert, machte aber nur 2% der Kosten einer A380 aus. Vier Flugzeuge pro Monat hätten mit diesem Verfahren fertiggestellt werden können, mit der Option, die Produktion auf acht Maschinen im Monat hochzufahren und dabei das komplizierte Logistiksystem nicht zu überfordern. Dazu kam es allerdings nicht, weil die Nachfrage nie auch nur annähernd das Ausnutzen der Produktionskapazität erforderte. Mit Rate vier wären 48 Flugzeuge im Jahr möglich gewesen, optional sogar bis zu 96. Tatsache ist, dass in den beiden besten Jahren, 2012 und 2014, jeweils 30 A380 ausgeliefert wurden, was einer Rate von gerade 2,5 Flugzeugen im Monat entspricht. Gegen Ende fuhr man die Kapazität sogar auf nur sechs Flugzeuge für ein ganzes Jahr zurück in dem Bemühen, trotz ausbleibender Bestellungen die Produktion irgendwie offen zu halten.

Ein erster Blick in die Hallen des Toulouser Werks im Oktober 2004 vermittelte eine Idee welch kühnes Unterfangen die Endmontage des größten Verkehrsflugzeugs der Welt war. Die Station 40, ein 25 Meter hohes, fünfstöckiges und 1200 Tonnen schweres Dock, war die wichtigste Station auf dem Weg zum fertigen Flugzeug, denn hier wurde aus den vielen Einzelteilen in sieben Tagen der größte Passagier-Jet der Welt zusammengesetzt. Bei den Tragflächen ging man auf Nummer sicher: Das Werk in Broughton hatte, wie in der Seefahrt bei Positionslichtern üblich, den linken Flügel in rote Planen und den rechten in grüne gehüllt – »damit wir die auch richtig herum anbauen und der Flieger nicht nachher rückwärts fliegt«, scherzte einer der anwesenden Ingenieure. »Im April 2004 hatte ich hier höchste Anspannung, als erstmals alle Teile zu einem Rumpf montiert wurden und ich für die Passgenauigkeit der Hamburger Teile verantwortlich war«, gestand er. Bei einem Rumpfdurchmesser von fast acht Metern kam es hier auf Zehntelmillimeter an. Schon damals traten erste Probleme dabei auf, die Verkabelungen der Hamburger Segmente mit denen der französischen Rumpfteile zu verbinden. An manchen Stellen wollten beim Zusammenfügen des Riesenpuzzles die Teile plötzlich nicht wie vorgesehen zueinander passen.

Sobald ein Rumpf dann tatsächlich zusammengebaut war entfernte man den hinteren Teil des Gerüsts, das Flugzeug wurde aus seiner hohen Position sieben Meter über dem Hallenboden heruntergelassen und dann von einem Schlepper auf eigenen Rädern hinten aus der Station 40 herausgezogen und aus der Halle gebracht. Einige Türen weiter erfolgte dann in dem Komplex, der wegen seiner äußeren Form The Arch – Triumphbogen – genannt wurde, das erneute Einparken in eine von drei Positionen an der Station 30. Hier wurden letzte Ausrüstungsarbeiten, die Installation der Triebwerke und akribische Tests durchgeführt. Die Ingenieure überprüften alle Bordsysteme wie Hydraulik, Elektronik, Flugsteuerung, Fahrwerk und Tankversiegelung – jedes Flugzeug blieb für drei Wochen an der Station 30. Obwohl von Gerüsten umgeben stachen an der Station 30 die bisher ungekannten Dimensionen der A380 sofort ins Auge, auch wenn sie durch die 46 Meter hohe und 490 Meter lange Werkshalle fast wieder relativiert wurden. Herausragend ist buchstäblich die vom Boden aus 24 Meter hohe und 120 Quadratmeter große Heckflosse des Seitenleitwerks, vor der die daran herumturnenden Arbeiter wie Ameisen wirkten.

Ein großer Teil des Mühlenberger Lochs in der Elbe wurde zugeschüttet um das Werk Hamburg-Finkenwerder für die A380-Produktion zu erweitern. (Airbus)

Nach Verlassen der Station 30 parkten die beinahe flugfertigen A380 dann vor der Halle auf insgesamt zehn Außenpositionen, wo nochmals wichtige Systeme wie Kabinendruck, Navigationsinstrumente, Radar und die Hilfsturbine getestet wurden, bevor der Erstflug und später der Transferflug nach Hamburg-Finkenwerder erfolgte für die nun folgenden Schritte der Innenausstattung und Lackierung. Auch die Testflüge der ablieferungsbereiten Riesen fanden stets an der Elbe statt. Airline-Kunden in Europa und dem Mittleren Osten übernahmen ihre werksneuen A380 in Hamburg, der Rest der Welt in Toulouse. In Finkenwerder war nämlich die einzige Start- und Landebahn zu kurz für Nonstop-Langstreckenflüge. Vor allem für den geplanten A380-Frachter und die größere A380-900 war die Piste des Werksflugplatzes deshalb gegen großen Widerstand der Bevölkerung von April 2006 bis Juli 2007 um 589 auf 3273 Meter verlängert und außerdem verbreitert worden. »Im heißen Kampf mit den Franzosen für den A380-Ausstattungsort Hamburg war das unabwendbare Bedingung – ohne die seinerzeit sinnvoll erscheinende Verlängerung und Verbreiterung der Bahn für die ja jener Zeit ernsthaft geplante A380-Flugzeugfamilie hätte Hamburg keinerlei Anteil der

Die Flightline in Finkenwerder zur Hochzeit der A380-Produktion. (Airbus/Michael Lindner)

des 27. Februar 2020 Toulouse. Allerdings wurde der Korridor zunächst weiter offengehalten, um auf diesem Wege auch Teile für die noch zu montierenden Transportflugzeuge des Typs Beluga XL nach Toulouse zu bringen.

So ausgefeilt die Produktionsabläufe für die A380 quer durch Europa waren, so viele Probleme schafften sie auch gerade in der Frühphase des Programms. Die Hauptursache lag darin dass Airbus noch kein integriertes Unternehmen war, sondern ein Verbund von vier einzelnen Partnern (Aérospatiale, DASA, British Aerospace und CASA) unter dem Dach von Airbus Industrie. Der gemeinsame Mutterkonzern EADS, heute schlicht Airbus, befand sich damals erst im Entstehen. »Es war klar, dass wir zunächst eine integrierte Airbus-Gesellschaft haben müssen, wenn wir so ein Projekt wie das größte Verkehrsflugzeug der Welt stemmen wollen. Deshalb erfolgte der Programmstart für die A3XX erst nach der Bildung der EADS«, sagt Gustav Humbert, zunächst Werksleiter in Hamburg-Finkenwerder, von 2000 bis 2005 Co-Chef der EADS hinter Noël Forgeard und ab Juni 2005 bis Juli 2006 erster deutscher Airbus-Chef, der dann auch über die A380 und ihre Auswirkungen stolperte.

Daher liefen in der A380-Produktion wichtige Vorgänge, die eigentlich exakt hätten koordiniert sein müssen, nicht nur nicht am Endmontage der A380 erhalten«, sagt ein früherer Airbus-Manager. Damals sei auch geplant gewesen, bei Auslieferungsflügen etwa zu Emirates nach Dubai kaum betankt und damit leichter und auf kürzerer Bahn in Finkenwerder zu starten und zunächst zum Auftanken für den Flug an den Persischen Golf am Hamburger Flughafen Fuhlsbüttel zu landen.

Dazu kam es am Ende nicht, auch Auslieferungen etwa an Qatar Airways oder Etihad fanden stets nonstop ab Finkenwerder statt. »Wir mussten damals kräftig hin und her verhandeln mit den Hamburger Behörden einerseits, die sagten die Bahn darf nur so lang werden wie unbedingt nötig um die Airbus-Nachbarn nicht unnötig zu belasten, und der französisch dominierten Airbus-Zentrale in Toulouse andererseits, die darauf bestand dass es ohne ‚sichere' Runway keinerlei A380-Endmontageaktivitäten in Hamburg geben würde«, erinnert sich der Zeitzeuge. Dem Einwand, eigentlich hätte man ohne Realisierung von Frachter und A380-900 im Nachhinein auf die Verlängerung ganz verzichten können entgegnet der damals Beteiligte heute: »Eigentlich hätte die Bahn noch länger werden müssen, um international üblichen Standards für Flugzeugauslieferungen zu entsprechen.«

Mit der beim Premieren-Flugzeug eines Kunden in Hamburg oder Toulouse stets groß gefeierten Erstauslieferung schloss sich jeweils einer der aufwändigsten Produktionskreisläufe der modernen Industriegeschichte. Der letzte vollständige A380-Konvoi jemals setzte sich am Abend des 24. Februar 2020 in Langon in Bewegung und erreichte mit einer Durchschnittsgeschwindigkeit von 18 km/h am Morgen

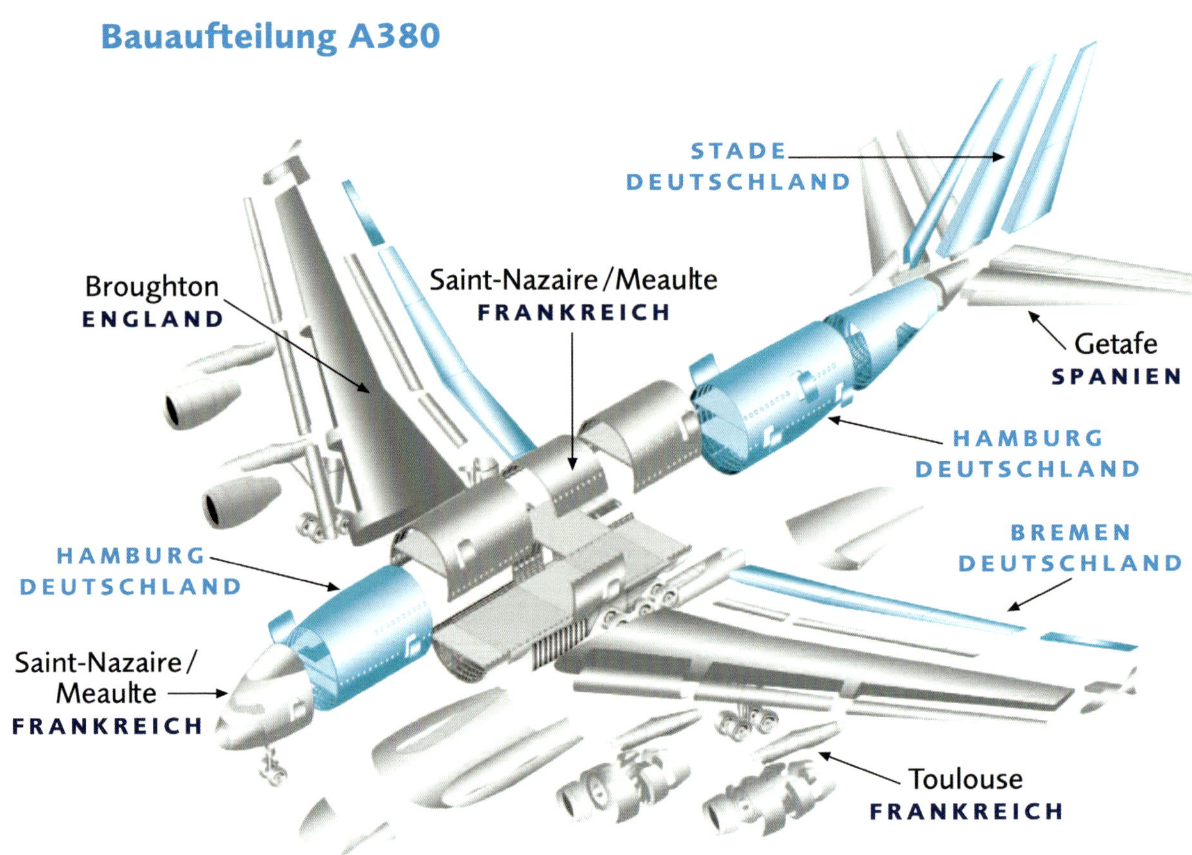

Die deutschen Bauanteile (hier in blau) verteilten sich auf Finkenwerder, Bremen und Stade. (Airbus)

gleichen Standort ab, sondern auch inkompatibel zu dem was in anderen Produktionsstätten geschah. Und das in einer Weise, wie es sich auch bei dem Flugzeugbauer selbst vorher niemand hatte vorstellen können. »Wir hatten ein Dilemma: Wir wussten bei der Beschlussfassung über den Bau der A3XX dass die Prozesse und IT-Systeme für die Flugzeugentwicklung in Deutschland, Frankreich, England und Spanien nicht kompatibel und damit nicht integriert waren«, sagt Gustav Humbert. »Wir hätten für dieses größte Projekt, das Airbus je gemacht hat, die durchgängige Integration aller Organisationen, Abläufe und Prozesse gebraucht. Die hatten wir nur formal in der Aufbauorganisation geschaffen. Aber damit waren die Prozesse und IT-Systeme noch nicht integriert. Es war klar dass das mindestens zwei oder drei Jahre dauern würde und zu spät kommt für die A380«, so Humberts Erinnerung.

Schon bei der Montage der ersten Prototypen 2004 in Toulouse zeigte sich, dass hintere Rumpfsektionen aus Hamburger Produktion nicht exakt zu denen passte, die für den mittleren Teil der A380 in Frankreich produziert worden waren. Vor allem die vorab in alle Hamburger Segmente installierte Verkabelung erwies sich oft als nicht kompatibel mit der Verkabelung in den französischen Bauteilen. In der A380 sind 90.000 einzelne Elektroleitungen verlegt, insgesamt etwa 540 Kilometer Kabel, die fast 1200 verschiedene Funktionen verrichten müssen und deren Stränge oft so dick sind wie ein Männerbein – die A340 zum Vergleich brauchte nur etwa 300 Kilometer Leitungen. Die Kabelbündel mit Isolierungen in verschiedenen Farben schlingen sich wie Baumwurzeln um Fenster, Bodenpanele und Strukturteile. Hinzu kam die Schwierigkeit, dass die Airlines in der A380 wegen ihrer teilweise üppigen Interieurs jeden verfügbaren Zentimeter in der Kabine für sich haben wollten, daher reduzierte sich der vor allem über der Kabinendecke und im Kabinenboden verfügbare Platz für Kabelstränge auf ein absolutes Minimum. Bei gleichzeitig erhöhtem Bedarf an Verkabelungen allein für die komplexen Systeme der Bordunterhaltung, die es in früheren Flugzeugprogrammen so noch nicht gegeben hatte. Außerdem verfügt jedes System in der A380 aus Sicherheitsgründen mindestens über zwei unabhängige Kabel, falls eins durchtrennt wird. Dazu war die millimetergenaue Verlegung gefragt, bei gleichzeitigem Einhalten nötiger Sicherheitsabstände der Kabel zueinander. So dürfen etwa Stromkabel nicht zu dicht an solchen verlegt werden, die Steuerimpulse weitergeben, es besteht die Gefahr von Interferenzen. Diese Adern des Flugzeugs bilden ein extrem komplexes und absolut entscheidendes Netzwerk – wenn sie denn miteinander verbunden werden können. Und die Kabel aus Hamburger Produktion waren oft zu kurz, um sie an jene aus Frankreich anschließen zu können wie vorgesehen.

Der Grund war simpel: In Hamburg arbeiteten die Ingenieure am dreidimensionalen Computermodell der A380 mit dem Programm CATIA V4 des französischen Flugzeugherstellers Dassault. In Toulouse dagegen kamen die modernere Version CATIA V5 sowie CADD S5 zum Einsatz, ebenso im britischen Filton. Nur die waren in der Lage, die tausendfachen Veränderungen bei der Konstruktion der riesigen Rumpfteile in Echtzeit einzupflegen. Es war Gustav Humbert selbst, zunächst Werksleiter in Hamburg und später Nummer 2 und dann CEO in Toulouse, der sich gegen die Aufrüstung der Hamburger mit einem integrierten digitalen System wehrte. Aus Kostengründen, aber auch weil er Störungen bei der Entwicklung der A380 befürchtete, sollte Hamburg schon wieder sein digitales Werkzeug wechseln müssen, nachdem die Einführung von CATIA V4 anstelle des vorher verwendeten US-Systems Computer Vision erst kurz zurücklag. Ein erneuter Wechsel würde Airbus Hamburg um zwei Jahre zurückwerfen, warnte Humbert. 2002 gelang es ihm schließlich, auch die EADS-Spitze davon zu überzeugen, obwohl Noël Forgeard zuvor angeordnet hatte dass auch Hamburg an der A380 mit CATIA V5 arbeiten müsse. »Das war der größte Fehler meiner Karriere dass ich da aufgegeben habe«, sagte Forgeard später, als das Desaster offensichtlich war. Humberts falsche Versprechungen, es auch mit dem älteren System zu schaffen, zementierten das Zerwürfnis zwischen beiden Führungsfiguren.

Feinarbeiten an einer der ersten A380 für Singapore Airlines in der Lackierhalle Finkenwerder. (Airbus/Michael Lindner)

Die ältere CATIA-Version der Hamburger war mit vielen Überarbeitungen des Designs überfordert, bei Zulieferern wurden daraufhin Kabelstränge geordert, die schon veraltet waren. Der Hintergrund für die ungleiche Ausstattung: Seit der Entwicklung des Airbus A340-500/-600-Programms, bei dem Aérospatiale und British Aerospace die Hauptarbeit leisteten, waren Toulouse und Filton in der Nutzung dreidimensionalen Computerdesigns wesentlich ver-

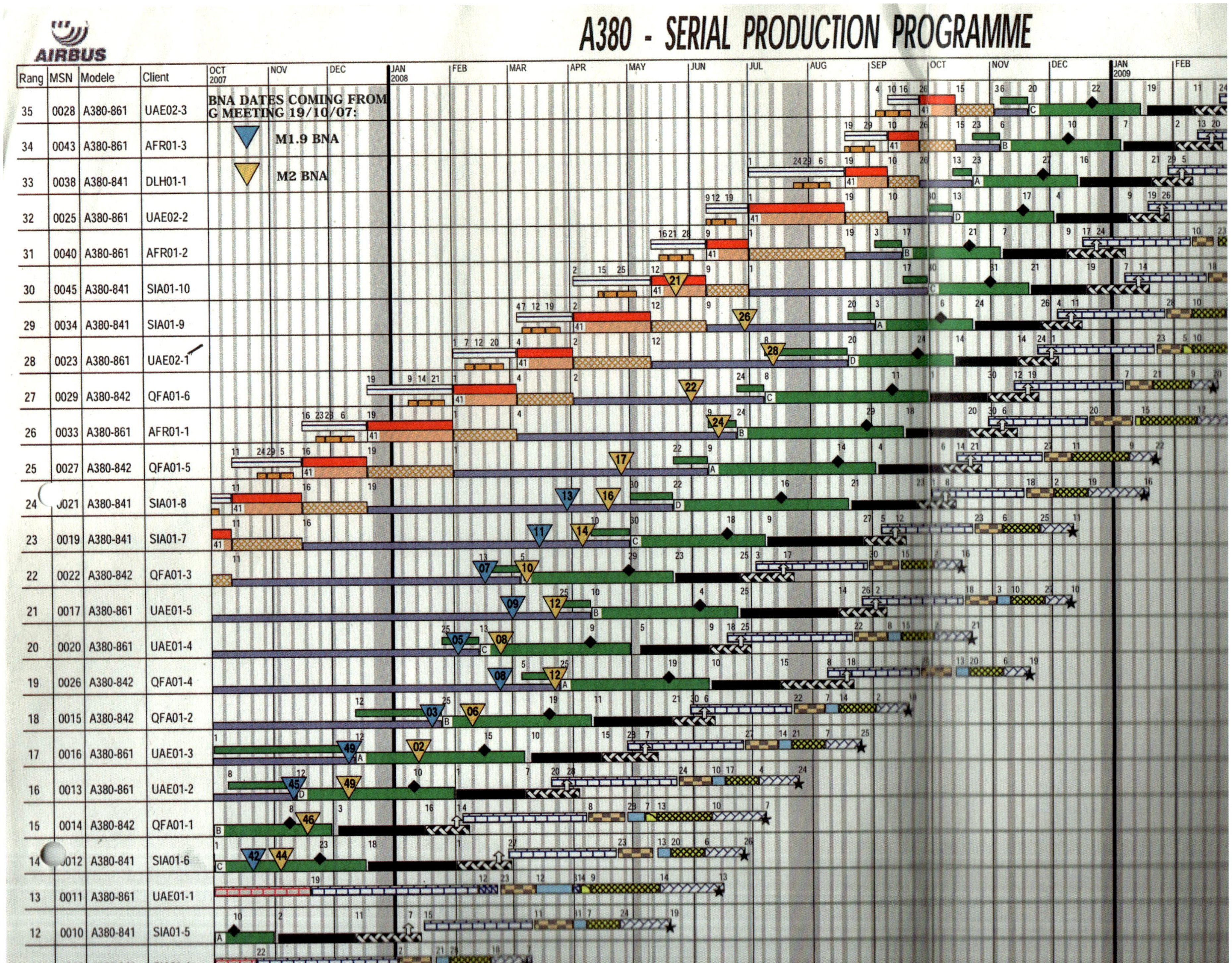

Interne Produktionspläne zeigen die extreme Komplexität der Fertigstellung jeder einzelnen A380. (AS)

sierter und fortgeschrittener als die Kollegen der DASA in Hamburg. Auf die Deutschen entfielen nur geringe Anteile der damaligen Systementwicklung. Mitte der 1990er-Jahre musste die DASA mit Dolores ein drastisches Sparprogramm durchführen, dem insgesamt 16.000 Stellen zum Opfer gefallen waren. «Dolores war auch der Grund dass dort nicht viel investiert wurde, weder in die Verbesserung der CATIA-Systeme noch in die Ausbildung neuer Ingenieure, nachdem die Erfahrenen wegen des Sparprogramms entlassen worden waren«, berichtet ein Airbus-Beteiligter. »Das war generell das Problem des losen Verbundes des Airbus-Konsortiums: Jeder Partner bastelte für sich allein und hatte nicht unbedingt Interesse daran, das gleiche System zu haben wie die anderen – aus Angst, man könnte ihm etwas von seinen Zuständigkeiten abnehmen, diese Einstellung herrschte vor allem in Hamburg«, so der Zeitzeuge.

Das Desaster nahm seinen Verlauf, erst kaum bemerkbar, später dramatisch. Für den Erstflug 2005 konnte man sich noch behelfen: »Dafür waren nur die für den Flug nötigen Kabel verlegt worden, und das zum Teil nur provisorisch«, erklärt der frühere Programmchef Jürgen Thomas. »Etwa 20-30% der Kabel sind aber kundenspezifisch bei jeder Fluggesellschaft, je nach deren individueller Kabineneinrichtung. Und als es soweit war hatten wir kein einheitliches, erprobtes Computersystem für ein digitales Mock-Up. Wir mussten es dann per Hand versuchen, auch verursacht durch totale Fehlurteile des Managements, das weniger in der Technik zu Hause war«, so der »Vater der A380« heute. »Die haben gedacht, wenn sie mehr Leute einstellen geht das, wir hatten dafür zeitweise bis zu tausend Elektriker in Toulouse. Die waren vorher teilweise Autoelektriker. Die Masse konnte es nie bringen«, weiß Thomas. »Das Kabelproblem war am größten auf der deutschen Seite, was niemand so richtig erkannt hat. Vor allem in der Sektion 13, direkt vor dem Flügel, wo alles zusammenlief. Man hätte die Franzosen zur Hilfe nach Hamburg holen müssen. Später zeigte sich, die konnten auch nicht ad hoc helfen. Dieser Ehrgeiz, das selbst in Ordnung bringen zu wollen, war meines Erachtens ein Riesenfehler«, lautet seine Bewertung heute. Ein anderer Insider berichtet: »Bei der A380 gab es damals überall Probleme. In England und Frankreich bewegten sie sich aber im normalen Rahmen für ein Programm dieser Größenordnung und waren beherrschbar. In Hamburg dagegen war man einfach überwältigt – mit IT, die nicht auf dem letzten Stand war, und Ingenieuren ohne Erfahrung. Und dann haben sie in Hamburg auch noch jede Hilfe aus Toulouse abgelehnt und gesagt: ‚Wir schaffen das schon'.«

Airbus-Chefverkäufer John Leahy zeigt sich über anderthalb Jahrzehnte später noch fassungslos: »Wie kann man ein Unternehmen managen, das so groß und hochentwickelt ist wie Airbus, wenn man Kabelstränge herstellt die ein paar Zentimeter zu kurz sind? Das erwartet einfach niemand von Airbus oder Boeing. Wie konnten die Deutschen in ihrer kleinen Welt in Hamburg sitzen, die Franzosen eingemauert in Toulouse, und einfach nicht miteinander sprechen? Wie konnten sie am Ende ihrer Designphase, die Flugzeuge waren fertig und die Kabelbäume auch, zum ersten Mal versuchen die zu verbinden und die Arbeiter dann sagen: ‚Hey Jungs, sie passen nicht?' Wie konnte das passieren? Das war einfach gestört.« Das Problem lag außerdem in der Management-Kultur von Airbus, dem sogenannten Green Lighting. Die Bosse wollten schlicht nichts hören von Problemen, Untergebene gewöhnten sich daher an, nach oben nur zu signalisieren dass alles im grünen Bereich sei – auch wenn das ganz offensichtlich nicht dem wahren Stand der Dinge entsprach. »Das Problem war nicht die Fertigung, das Problem lag in der Entwicklung. Am Ende sind die Hamburger Entwickler, die ja für die sehr kundenspezifische und damit variantenreiche Innenausstattung zuständig waren, erdrückt worden von den vielen Änderungen, die teilweise von den Airlines, teilweise von der Flugtestabteilung, der Endfertigung und teilweise von der Entwicklungsabteilung in Toulouse kamen«, resümiert Gustav Humbert. »Es lag vor allem daran, dass wir gerade in der Elektrik keine integrierten Systeme hatten, in dem die dabei führende französische Entwicklungsabteilung ihre Daten direkt nach Deutschland schickt und diese hier unmittelbar umgesetzt werden können; das musste teilweise von Hand geschehen und führte dazu, dass die Entwicklung in Hamburg nahezu erstickt ist.«

Nach dem triumphalen Erstflug, als die Serienproduktion mit diesem extrem komplexen Riesenpuzzle an Logistik anlaufen sollte, zeigte sich schnell, dass das vermeintlich fein austarierte, unter Einbeziehung so vieler Faktoren gestrickte Produktionsnetz unter den damals herrschenden Bedingungen nicht das erfüllen konnte was es sollte. Nachdem die A380 ohnehin schon spät dran war machten die jetzt entstehende weitere Verspätung des anfangs bejubelten Riesenflugzeugs und die unübersehbaren Produktionsschwierigkeiten den Superjumbo in den Augen der Öffentlichkeit und der Branche zum Problemflieger. Das allerdings gab es in der Luftfahrtgeschichte bei Premieren bahnbrechender neuer Riesenflugzeuge nicht zum ersten Mal. Der Anfang der Boeing 747 im Liniendienst 1971 war alles andere als glatt, das Flugzeug, vor allem seine Triebwerke, wiesen erhebliche Schwachstellen auf und der Verkauf stagnierte jahrelang. Trotzdem wurde der legendäre Jumbo Jet bald zum Welterfolg und die 747-Produktion endet sogar erst 2022, ein Jahr später als bei der kurzlebigen A380. Über 50 Jahren Jumbo-Bau in Everett bei Seattle stehen gerade mal 15 Jahren A380-Fertigung in Toulouse gegenüber. Die langwierige Planungsphase durch die schwierige politische Gemengelange der Airbus-Partner und ihrer jeweiligen Regierungen, die vielfältigen und sich teilweise widersprechenden Anforderungen der Airlines, auf die die Ingenieure eingehen mussten sowie die extrem komplexe Produktionslogistik samt daraus erwachsendem Kabelproblem belastete den Start der A380 als Zukunftshoffnung der Luftfahrtindustrie mit viel Ballast. »Dass das alles am Ende zu so einem Termin-Desaster führen würde war uns vorher nicht klar«, sagt Gustav Humbert heute. »Wir sollten ja eigentlich Ende 2006 die ersten A380 ausliefern, aber etwa im Mai 2006 stellte sich heraus, dass wir nochmals ungefähr ein Jahr würden verschieben müssen – trotz enormem Einsatz aller Beteiligten.« Kein gutes Omen für den Start in das buchstäblich größte Abenteuer der zivilen Passagierluftfahrt.

In der Luft nach Toulouse: Verladung des Leitwerks der ersten Lufthansa-A380 in Finkenwerder in die Beluga. (Airbus/Christian Brinkmann)

Im Anflug aus Toulouse: Die erste A380 landet zur Lackierung in Finkenwerder vor vielen Schaulustigen am 8. November 2005. (Airbus/Christian Brinkmann)

KAPITEL 4

Innovation Fehlanzeige?

Das Kompromissflugzeug

Größe allein genügte nicht. Aber fehlte bei Material, Struktur und Innovation der A380 der große Wurf?

» *Wenn ich nie ein Gewichtsproblem habe, dann habe ich das falsche Flugzeug.* «

Jürgen Thomas, ehemals Programmchef und »Vater der A380«.

Das virtuelle Modell des vorderen A380-Rumpfs zeigt die extreme Komplexität. (Airbus)

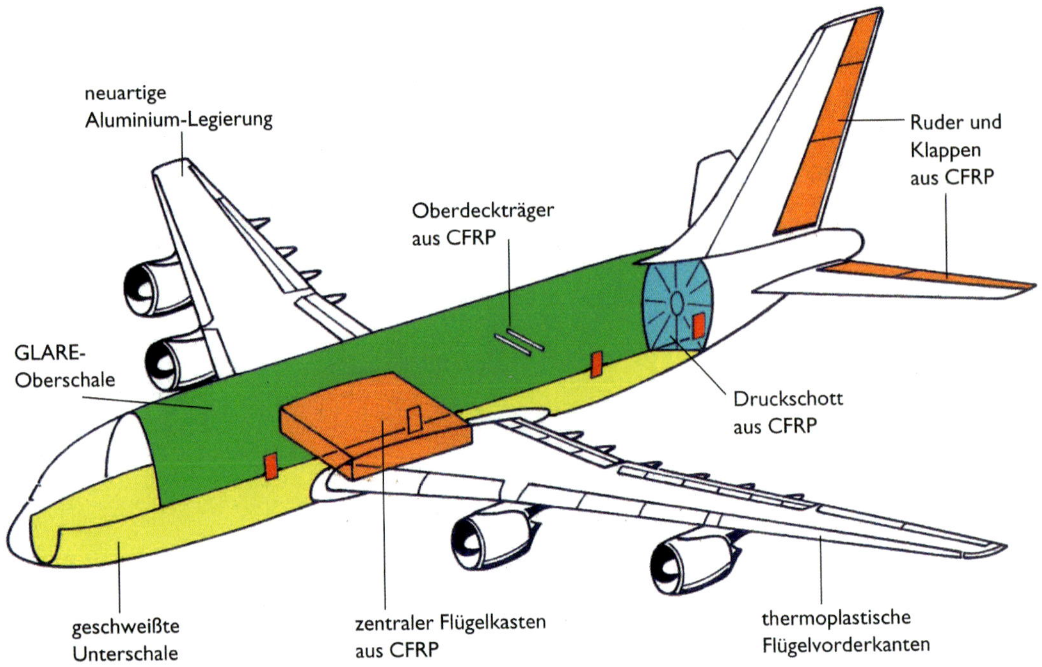

Aus Verbundwerkstoff (CFRP=CFK) besteht nur ein Fünftel der A380.

CFK besteht aus Kohlestofffasern und Epoxidharz und wird aus Erdöl gewonnen. (AS)

Auf den ersten Blick beeindruckte die A380 vor allem mit ihrem Größenzuwachs von etwa 30% gegenüber der Boeing 747-400. Aber wirklich revolutionäre technische Neuerungen und Innovationen bot sie für den flüchtigen Betrachter nicht. Wenn man dem Flugzeug unter die Haut ging und auch die Außenhülle selbst genauer unter die Lupe nahm konnte man allerdings erkennen, dass Airbus mit der A380 bei vielen Systemen und Werkstoffen versuchte, neue Wege zu gehen. Eine der wesentlichen Maximen bei der Planung des Riesen war die Minimierung des Gewichts, um damit den Flugbetrieb wirtschaftlicher machen zu können. Die A380 wiegt leer etwa 240 Tonnen – ganze 15 Tonnen weniger als ein vergleichbares Flugzeug mit herkömmlicher Technologie. Dies ist ein wesentlicher Faktor zur Reduzierung der Betriebskosten je Passagier und Sitzkilometer um etwa 13% gegenüber Vorgängerflugzeugen wie der 747-400, ein wesentliches Verkaufsargument von Airbus. Der Kampf gegen zu viel Gewicht zog sich wie ein roter Faden durch die Entwicklungsgeschichte der A380 – genau wie schon bei der Boeing 747 in den späten 1960er-Jahren. »Wenn ich nie ein Gewichtsproblem habe, dann habe ich das falsche Flugzeug«, kommentiert Jürgen Thomas das Thema trocken. Um Gewicht zu sparen ist vor allem der verstärkte Einsatz neuer, hochfester und gleichzeitig leichterer Werkstoffe nötig, und in diesem Bereich gehören die deutschen Airbus-Werke zu den führenden Herstellern. Trotzdem besteht die A380 in ihrer heutigen Form zunächst noch zu 61% aus herkömmlichen Aluminium-Bauteilen und zu 10% aus Titan und Stahl, während 22% auf Kohlefaserverbundwerkstoffe (CFK) entfallen und 3% auf eine damalige Neuheit im Verkehrsflugzeugbau namens Glare (glasfaserverstärktes Aluminium), der Rest auf unterschiedliche andere Materialien. Ein Besuch des Airbus-Werks Nordenham an der Weser bei Bremen zeigte damals wie Glare entstand. An einem großen Metallrahmen standen Mitarbeiter und brachten sorgfältig bräunliche Klebefolie aus Kunstharz auf eine Lage Aluminiumblech auf. Kaum lag die Folie richtig wurden die überstehenden Enden abgeschnitten und obendrauf kam wieder eine 0,38 Millimeter dünne Lage Blech. »So entstehen zwölf bis 16 Schichten, immer abwechselnd Blech und Folie. Die Klebefolie steckt voller haarfeiner, parallel gerichteter Glasfasern, in einem 30 Quadratzentimeter großen Stück sind 250 Glasfäden«, erklärte der Leiter der Klebtechnik in Nordenham. Je nachdem für welchen Bereich am Flugzeug ein Teil vorgesehen ist wurden entsprechend nötige Materialverstärkungen an bestimmten Stellen gleich mit in den Werkstoff eingebaut. »Dazu können wir die Glasfäden in der Folie je nach Bedarf

Nirgends ist die Rumpfstruktur so massiv wie im Segment des Flügelkastens. (Airbus)

Der Boden des Oberdecks besteht aus CFK (schwarz), der Rumpf ist aus Aluminium, in grün. (Airbus)

Die Flügelwurzel ist so dick dass ein Mensch locker drin stehen kann. (AS)

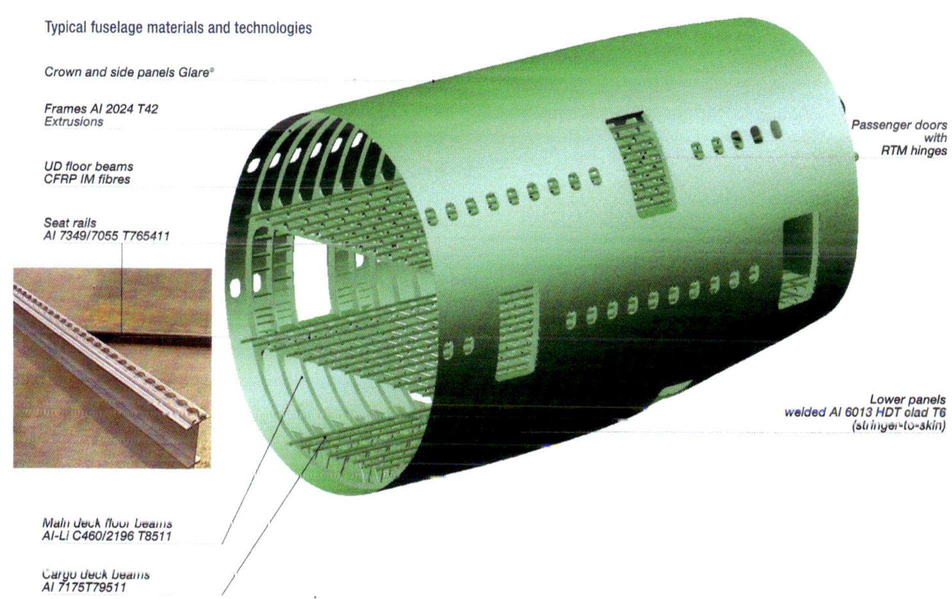

Für die Rumpfstrukturen werden verschiedene Aluminiumlegierungen verwendet.

Engine Alliance GP7000

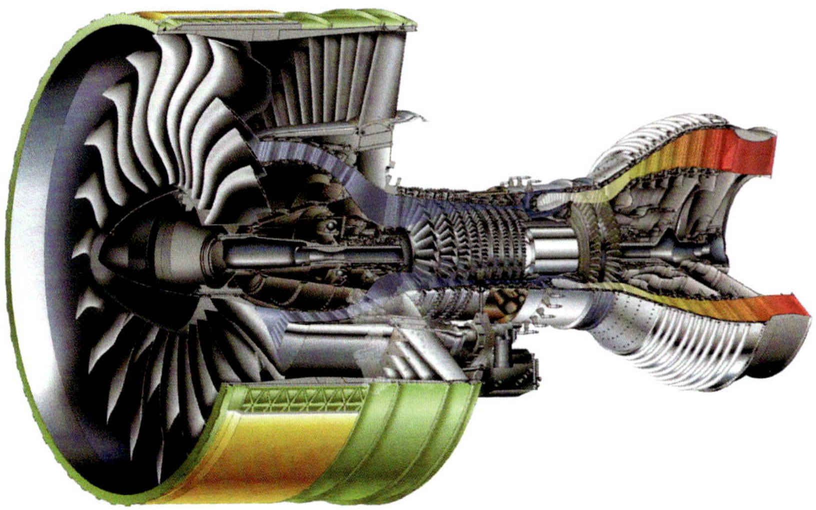

GP7000
Length: 187 in
Fan diameter: 116.7 in

Rolls-Royce Trent 900

Trent 900
Length: 179 in
Fan diameter: 116 in

in vier verschiedenen Richtungen um einen bestimmten Winkel versetzt anbringen«, so der Ingenieur. War das Werkstück derart genau vorbereitet, wanderte es in einen der riesigen Backöfen, die sogenannten Autoklaven. Fünf Stunden dauerte es, bis die Materialien bei 125 bis 175°C unter einem Druck von sechs bis zehn bar ausgehärtet waren und das Kunstharz in der Folie zwischen die Glasfäden gedrückt war.

Heraus kam ein metergroßes Flugzeug-Hautfeld aus Glare, eines von 27 sogenannten Panels, aus denen weite Teile des oberen Rumpfes des doppelstöckigen Airbus A380 außerhalb des Tragflächenbereichs bestehen, insgesamt sind 469 Quadratmeter Außenhaut aus Glare. Außerdem ist die Bodenfläche des Frachtraums aus Glare gefertigt. Der Werkstoff ist extrem korrosionsbeständig, rissfest und gleichzeitig sehr resistent gegen Vogelschlag, weswegen er auch für die besonders gefährdeten Vorderkanten von Tragflächen und Leitwerk verwendet werden sollte. Den Druckspannungen in zentralen Bereichen des Rumpfes allerdings war Glare noch nicht gewachsen, daher der anfangs begrenzte Einsatz. Im Anschnitt sieht das neue Material durch die verschiedenen Lagen ein wenig wie Sperrholz aus, ist aber natürlich viel fester und trotzdem so leicht zu reparieren wie Aluminium. Glare, das damals einem ersten Praxistest in einem Airbus A310 der Luftwaffe unterzogen wurde, wies eine um 10% geringere Materialdichte gegenüber Aluminium auf und ist erheblich leichter. »Durch Glare sparen wir 15 bis 20% jenes Gewichts ein, das wir bei traditioneller Aluminiumbauweise gehabt hätten«, sagte der Leiter der Klebetechnik, »ohne Glare wäre die A380 rund 800 Kilogramm schwerer geworden.« Das Patent für Glare hat Fokker in Holland, vertreten durch die Nachfolgefirma Stork Aerospace, wo 22 der Panels für die A380 hergestellt wurden. Fünf weitere Hautfelder entstanden in Nordenham, wo anschließend alle 27 Glare-Panels je Flugzeug zu neun sogenannten Rumpfschalen zusammengefügt und dann auf dem Seeweg nach Hamburg-Finkenwerder zur Endmontage der jeweiligen Sektion gebracht wurden. Galt Glare bei der Entstehung der A380 als Wundermaterial, so verlor es seinen Zauber schnell. Denn Glare war ein Kompromiss-Material und setzte sich nicht durch. Schon bei der nie gebauten Frachtversion der A380 wollte man darauf verzichten. Und für die um 2005 konzipierte Urform der A350 gar zu Aluminium zurückkehren, doch schnell zeigte sich dass die Zukunft des Flugzeugbaus einzig und allein beim CFK lag. Der Rumpf und die Tragflächen der heutigen A350XWB bestehen vollständig aus CFK, der Gesamtanteil des Verbundwerkstoffs an allen verwendeten Materialien liegt bei

Für Arbeiten am A380-Triebwerk können die Motorabdeckungen weit geöffnet werden. (AS)

Rolls-Royce Trent 900 treiben die A380 der Lufthansa an. (AS)

Das Trent 900 bei Tests im Rolls-Royce-Werk. (Rolls-Royce)

53%, ähnlich sieht es bei der Boeing 787 aus. von Glare redet niemand mehr. Bei der A380 betrug der Gesamtanteil aller Verbundwerkstoffe, inklusive Glare und CFK, gerade mal 22%.

Das Airbus-Kompetenzzentrum für den Leitwerksbau im Werk Stade an der Unterelbe bei Hamburg hatte sich über Jahre auch zum Zentrum für CFK-Nutzung innerhalb des Airbus-Systems entwickelt. Seit 1983 fertigen die Mitarbeiter hier Airbus-Teile aus CFK, zuerst Seitenruder für die A310. CFK, das aus Erdöl gewonnen wird und aus Kohlestofffasern sowie Epoxydharz besteht, ist ein hochwertiger, sehr gesuchter und vergleichsweise teurer Werkstoff, der auch in der Autoindustrie sowie im Schiffs – und Schienenfahrzeugbau häufig verwendet wird. »CFK ist 20% leichter als Aluminium, aber auch um 20% teurer«, erklärte damals ein Airbus-Ingenieur. Im Vergleich zu Stahl bringt CFK sogar bis zu 60% weniger Gewicht auf die Waage und ist auch noch sechsmal fester. »Stahl wird da eingesetzt, wo sehr extreme Kräfte einwirken wie beim Fahrwerk; Aluminium oder Glare dort, wo Druckspannungen auftreten und CFK für große monolithische Teile wie Ruder oder das ganze Leitwerk«, so der Ingenieur. »Ideal wäre es wenn 50% des A380 aus CFK bestünden, aber es gibt weltweit zu wenig Kapazitäten zur CFK-Fertigung« hieß damals die bedauernde Aussage. Auch CFK-Werkstücke werden bei zwölf bar Druck und 180°C Hitze zwölf Stunden im Autoklaven verbacken.

Das weitaus eindrucksvollste A380-Teil aus diesem Werkstoff ist das Seitenleitwerk, an dessen schierer Größe auch die Dimensionen des ganzen Flugzeugs sowie die enormen Kräfte deutlich werden, die an dieser exponierten Stelle auf die Flugzeugstruktur einwirken: Mit einer Höhe von 14,08 Meter, einer auf dem Rumpf aufliegenden Länge von 12,85 Meter und einer Fläche von 120 Quadratmetern ist es fünfmal größer als die Heckflossen der kleinen Airbus-Familie vom A319 bis zum A321. Auch die Dicke ist beeindruckend – 1,25 Meter liegen innen zwischen den beiden Außenwänden, doppelt soviel wie bei der A340. In der Stader Werkshalle bestiegen die Mitarbeiter damals einen Fahrstuhl, der sechs Stockwerke nach oben fuhr, ehe sie die Spitze des am Boden stehenden A380-Leitwerks erreicht hatten. »Wir müssen unsere Leute auf Höhenangst prüfen, bevor sie hier arbeiten dürfen«, so der Werkschef damals. Außer dem Seitenleitwerk wurden in Stade aus CFK auch noch Landeklappen sowie das Druckschott gefertigt, das die Druckkabine für die Passagiere nach hinten abschließt und extreme Belastungen aushalten muss. Weitere CFK-Elemente entstanden in Frankreich im Werk Nantes, vor allem der Flügel-

Blick aus dem noch unverkleideten Frachtraum unter den Kabinenboden. (Dirk Grothe)

Kabine einer Emirates-A380 vor dem Endausbau. (Dirk Grothe)

Das hintere Druckschott der A380-Kabine aus CFK wurde in Stade gefertigt. (AS)

Das gesamte Leitwerk besteht aus CFK und kam aus Stade. (AS)

Rumpfhalbschale aus Aluminium im Werk Finkenwerder. (AS)

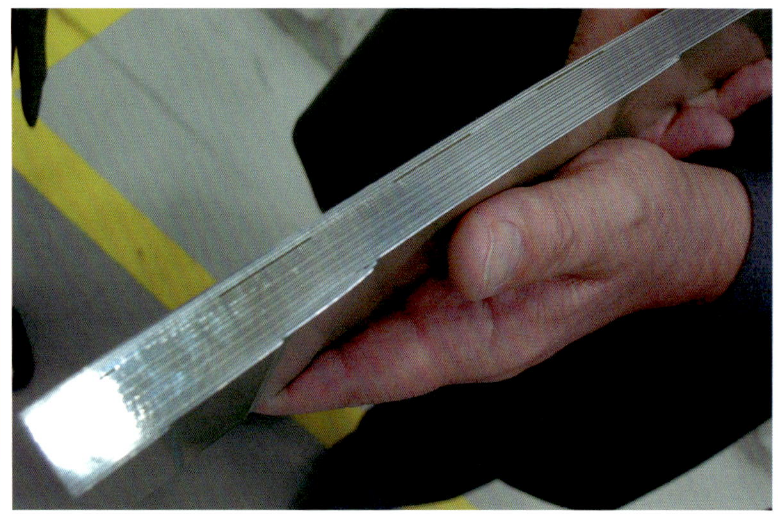

Das Laserschweißen (l., o. r., in Nordenham) sparte 10%, Glare (u. r.) sogar 15-20% Gewicht gegenüber herkömmlichem Material. (AS)

kasten, der in der A380 erstmals bei einem Verkehrsflugzeug aus CFK bestand. Dieses zentrale Teil muss die riesigen Kräfte der Tragflächen-Rumpf-Verbindung aufnehmen und fällt dank des neuen Werkstoffs um 1,5 Tonnen leichter aus als in herkömmlicher Bauweise selbst aus modernsten Alumi niumlegierungen.

Neben dem gesamten Seitenleitwerk, dem Leitwerkskasten und dem Höhenleitwerk inklusive aller jeweils beweglichen Teile, dem Druckschott und dem Flügelkasten sind auch das vordere Druckschott in der A380-Rumpfnase, die Querträger des Kabinenbodens im Oberdeck sowie vertikale Streben im Frachtraum aus CFK hergestellt. Für die Tragflächenbeplankungen kamen neue Aluminiumlegierungen zum Einsatz während die starren Flügelvorderkanten aus dem thermoplastischen Kunststoff Fortron bestehen. In der Flügelstruktur der A380 findet sich auch CFK – deren innere Rippen bestehen aus dem Verbundwerkstoff, damit wollte Airbus 300 Kilo Strukturgewicht einsparen. Allerdings traten damit schon nach wenigen Jahren ernste Probleme auf – erstmals 2012 und nochmal 2019 zeigten sich Haarrisse an den Rippenbefestigungen und mit zunehmender Einsatzzeit auch sogenannte Typ2-Risse. »Es ist kein Sicherheitsproblem, man kann damit sicher fliegen, aber es ist ein Wartungsproblem«, beeilte sich der für die Produktion zuständige Airbus-Vorstand Tom Williams zu versichern. »In jedem Flügelpaar stecken 4000 Befestigungen, davon sind unter 20 betroffen, die Problemzone liegt jeweils außerhalb der äußeren Triebwerksaufhängung.« Statt CFK wurden nun neu konstruierte Befestigungen wieder aus Aluminium eingebaut, die etwas dicker waren und insgesamt 89 Kilo Extragewicht brachten.

Der Kampf um Kilos in der A380-Struktur zeigte sich damals in Nordenham auch an anderer Stelle, dort war eigens eine neue Halle für das Laserschweißen entstanden. Während Glare als das ideale Material für obere Rumpfbereiche galt, in denen Zugkräfte auftreten, so erschienen geschweißte Teile als gut geeignet für unten liegende Zonen, in denen durch die bloße Schwerkraft und das Eigengewicht des Flugzeugs statische Druckkräfte auftreten. Bisher wurden im Flugzeugbau die Längsverstrebungen, sogenannte Stringer, mit der Außenhaut vernietet, dazu brauchten die Stringer einen eigenen Fußteil, hinzu kam das Gewicht der Niete und des nötigen Dichtmittels. Beim Laserschweißen kommt nur noch ein wenig Aluminium-Silizium-draht zum Einsatz, alles andere fällt weg – wieder 10% Gewicht gegenüber herkömmlichen Methoden eingespart. Die Laserschweiß-Automaten schafften bis zu 14 Meter pro Minute, damit ließen sich bei den Produktionskosten zwischen zehn und 17% gegenüber der alten Methode einsparen. Die A380 enthält acht lasergeschweißte Panels.

Die Tanks in den ausladenden Tragflächen und im Höhenleitwerk der A380 fassen die riesige Menge von 310.000 Liter Kerosin. Das Fuel Quantity and Management System (FQMS) erreicht durch Umpumpen von Treibstoff während des Fluges eine Schwerpunkt-Optimierung und sorgt so für geringeren Luftwiderstand und größere Treibstoffeinsparung. Dieses Verfahren stammt von der Concorde und wurde bei Airbus erstmals in der A310 angewandt. Da die Tragflächen in einer Leichtbau-Struktur gefertigt werden müssen die äußeren Tanks der Tragflügel am Boden leer bleiben. Nach dem Abheben biegen sich die Flügel um über vier Meter nach oben. Erst jetzt im Flug wird vom FQMS automatisch Kerosin in die Flügelspitzentanks gepumpt um die Biegebelastung der Tragflächen zu verringern. Die von der Flügelwurzel bis zur Spitze jeweils 36,60 Meter langen Tragflächen ermöglichen dank ihrer Fläche von insgesamt 845 Quadratmetern eine überraschend geringe Landgeschwindigkeit von 260 km/h, 30 km/h weniger als bei der Boeing 747. Allein die Flügelwurzel ist an jeder Rumpfseite 17,70 Meter lang, das sind 3,20 Meter mehr als die gesamte Länge einer Tragfläche der A320. Maximal 18,30 Meter hätte die Länge der Flügelwurzel nach FAA-Bestimmungen höchstens sein dürfen, um die geltenden Regeln für die erlaubten Abstände zwischen zwei Türen einzuhalten. Die Tragflächen weisen eine Pfeilung von 33,5° auf, eine große Differenz zu den 37,5° bei der Boeing 747-8, hier zeigt sich deutlich der Unterschied in der Flügeltechnologie zwischen den späten 1960er- und frühen 2000er-Jahren, in denen die jeweiligen Designs entstanden. Grund für die enormen Ausmaße der Tragflächen war auch die Vorgabe, die 80x80-Meter Box bei den Gesamtausmaßen einzuhalten – ansonsten hätten die Airbus-Ingenieure lieber die Spannweite erhöht. Im Laufe der Planung wurden bei 25 Windkanal-Testreihen elf verschiedene Hochgeschwindigkeits-Flügelentwürfe getestet und 17 verschiedene Grundformen überprüft. Die Untersuchungen führten schließlich zu einer Verbesserung des Verhältnisses aus Auftrieb und Widerstand von 8%.

Eine der wenigen radikalen Neuerungen an Bord war das Hydrauliksystem der A380, das einen auf 350 bar (5000 psi – pounds per square inch) erhöhten Druck aufweist, wie er sonst nur bei Militärflugzeugen wie der Boeing F-18 Super Hornet vorkommt. Alle früheren Airbus-Jets arbeiteten mit dem konventionelleren 210 bar (3000 psi) Hydraulikdruck, die Steigerung um 66% bei der A380 war wiederum vor allem eine gewichtseinsparende Maßnahme, die 1,2 Tonnen brachte. Grund dafür sind die dank des höheren Drucks kleineren Rohrleitungen und Komponenten, die außerdem wartungsfreundlicher sind. Etwa ein Kilometer Hydraulikleitungen verlaufen durch das Flugzeug, von denen ein Drittel 350 bar Druck aufweist. Die gesamte Steuerung des A380 erfolgt wie bei Airbus üblich über Fly-by-Wire. Die Signale der Piloten werden von deren Sidesticks über die Bordcomputer elektrisch an die Stellsysteme übermittelt. Im Gegensatz zu vorherigen Airbus-Jets mit drei Hydraulik-Systemen verfügt der Riese über zwei Hochdruck-Hydraulikkreisläufe und zusätzlich über zwei elektrische Systeme. Damit gibt es vier voneinander unabhängig arbeitende Systeme, von denen sich die A380 mit jedem steuern lässt. Die Doppelarchitektur der Flugkontrollsysteme mit vier unabhängig betriebenen primären Flugsteuerungssystemen war neu: Zwei Systeme nutzen Hochdruck-Hydraulikkreisläufe für die normale Steuerung, die beiden weiteren werden nur bei Bedarf aktiv und bewegen mit elektro hydraulischen Stellantrieben die Steuerflächen.

Das mit 4,40 Quadratmeter geräumige Cockpit der A380 (die 747 bietet nur 3,90 Quadratmeter) befindet sich drei Treppenstufen oberhalb des Hauptdecks auf einer Art Zwischenetage, womit die beiden Piloten niedriger sitzen als ihre Kollegen in der Boeing 747. Dafür haben sie den Vorteil eines kleineren »toten Winkels«, der bei der A380 einen Bereich von genau 19,80 Meter vor der Rumpfnase umfasst, während die Jumbo-Piloten eine Fläche von 26 Metern vor ihrem Flugzeug nicht einsehen können. Jedem Betrachter dürfte schon bei einem flüchtigen Blick auffallen dass es sich um ein Airbus-Cockpit handelt, die Parallelen zu den anderen Typen aus Toulouse sind unübersehbar und beabsichtigt. Innerhalb von nur elf bis 13 Tagen nämlich kann etwa ein A340-Pilot auf die A380 umschulen, diese Kompatibilität der Cockpits aller Airbus-Varianten untereinander ist ein wichtiges Verkaufsargument des Herstellers. »Obwohl alles so bekannt aussieht hat sich einiges getan und im Grunde ist nicht ein Teil oder System so wie in den Vorgängermodellen«, urteilte die deutsche Piloten-Vereinigung Cockpit bei der Einführung über den neuen Arbeitsplatz, an deren Gestaltung ihre Arbeitsgruppe intensiv mitgewirkt hatte.

Im A380-Cockpit gibt es sieben rechteckige LCD-Bildschirme neuester Generation im Format 15x20 cm, deren Anzeigefläche um fast 60% größer ist als bis dahin üblich. Auf der Unterseite des Navigationsdisplays wurde erstmals ein vertikales Geländeprofil des überflogenen Terrains dargestellt, was die Gefahr von kontrollierten Flügen in den Boden (Controlled Flight Into Terrain – CFIT) verringern soll. Ähnlich wie bei der A340-600 lassen sich auf dem Navigationsbildschirm auch die Bilder zweier Videokameras anzeigen, die oben im Seitenleitwerk und am Bugfahrwerk angebracht sind und Bilder der Umgebung liefern, um so das sichere Rollen zu erleichtern. Auf der Mittelkonsole gab es ebenfalls eine Neuerung – die Interaktion der Piloten mit dem Flugdatensystem (Flight Management System – FMS) hatte Airbus komplett verändert. Über zwei neue Handauflagen mit Computer-Trackballs kann die Cockpit-Besatzung kleine Mauszeiger (Cursor) auf drei interaktiven Bildschirmen dirigieren, um so neue Daten ins FMS einzugeben. Der Trend zum papierfreien Cockpit zeigt sich auch in der A380, je ein großer Bildschirm direkt vor dem Sidestick auf jeder Seite zeigt Streckenkarten des Luftraums und Rollkarten der Flughäfen für die Navigation am Boden an. Nichts geändert hatte sich daran, dass wie bei allen modernen Airbus-Cockpits die Steuerbefehle der Piloten nur innerhalb des zugelassenen Flight Envelope ausgeführt werden, also der im Computer programmierten maximalen Manöver, damit ein Überschreiten der Belastungsgrenzen oder das Erreichen eines Strömungsabrisses (Stall) nicht möglich ist. Diese vorgegebenen Grenzen zu ermitteln und festzulegen war eine der wichtigsten Missionen des um

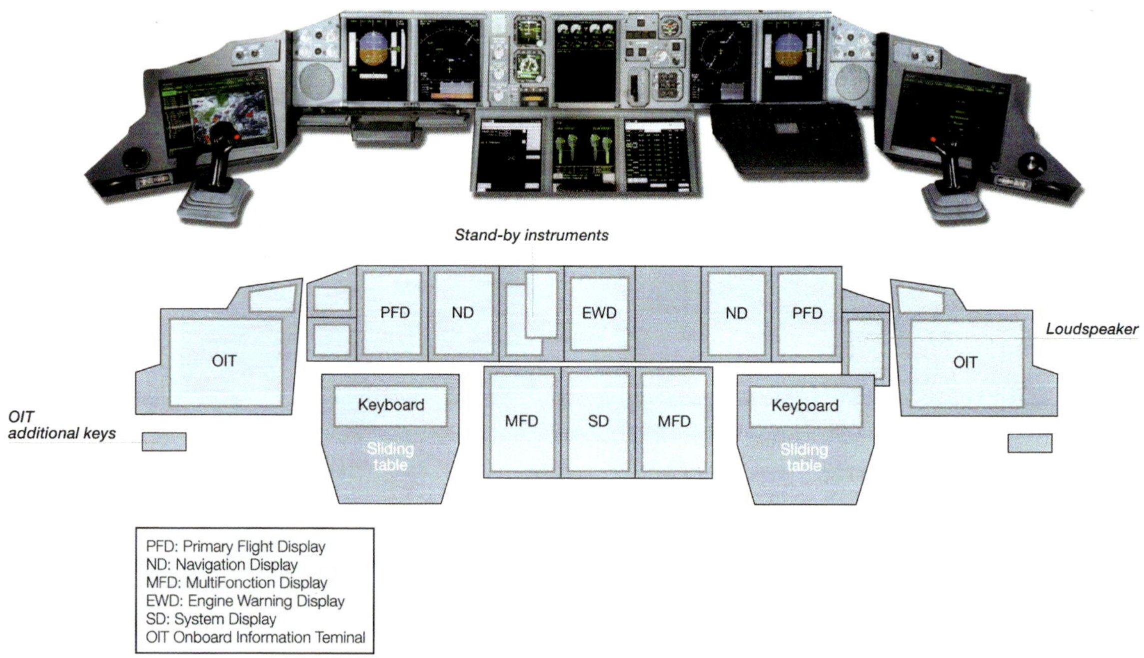

Eine Übersicht über die wichtigsten Cockpit-Displays.

Neu im A380-Cockpit waren u. a. der Trackball (Cursor) und das ausfaltbare Tischchen mit Tastatur. (Airbus)

fangreichen Flugtestprogramms vor der Verkehrszulassung.

Bei einem Flugzeug mit bis zu 575 Tonnen maximalem Startgewicht ist naturgemäß die Auslegung der Fahrwerke von besonderer Bedeutung. Jürgen Thomas erinnert sich an den langwierigen Design-Prozess: »Am Fahrwerk haben bei Airbus UK in Filton zwei konkurrierende Teams der Zulieferer Messier-Dowty und von BF Goodrich gearbeitet und wir hatten noch Russen dabei, die damit große Erfahrung hatten. Mindestens zwei bis drei Jahre wurde daran konstruiert. Sollte man eine 6-4-6- oder eine 4-6-6-4-Radanordung wählen und wie sollte man die anordnen, das war die Frage«, so der »Vater der A380«. Man entschied sich für ein Räderpaar am Bug und 20 Räder am Hauptfahrwerk, das Goodrich herstellte: Zwei Fahrgestelle mit je sechs Rädern unter dem Rumpf, das Body Landing Gear, wovon die hinteren beiden Räder jeweils steuerbar sind und für kleinere Wendekreise sorgen als etwa beim A340-600. Die A380 benötigt für eine Wende um 180 Grad nur 56,50 Meter Bahnbreite, kann also auf einer üblicherweise 60 Meter breit Standard-Runway umdrehen. Jedes sechsrädrige Fahrgestell unter dem Rumpf ist für eine maximale Belastung von 260 Tonnen ausgelegt, so viel wie 200 Volkswagen Golf auf die Waage bringen. Dazu kommen zwei weitere Gestelle mit je vier Rädern unter dem Flügelansatz, das Wing Landing Gear. Jedes dieser Gestelle ist in der Lage bis zu 167 Tonnen Gewicht zu tragen. Für mögliche spätere, bis zu 600 Tonnen Startgewicht bietende A380-Versionen war sogar ein fünftes Fahrwerkbein mit zwei weiteren Rädern unter dem Rumpfmittelteil vorgesehen. Jeweils fünf Meter hoch ragen die mächtigen Fahrwerksbeine vom Boden aus auf. Gerade beim Fahrwerk stellte sich sehr bald die Gewichtsfrage: Aus herkömmlichem Stahl gefertigt hätte das ganze Arrangement des Hauptfahrwerks rund 27 Tonnen gewogen, man entschied sich daher für den intensiven Einsatz von leichterem Titan, die Fahrwerksbeine werden aus einem einzigen Stück Titan herausgefräst. Auch beim Gewicht der Räder ließen sich nochmal 25% Gewicht einsparen durch die Nutzung von Metall-Matrix-Komposit-Material. Die Belastungen, die die Räder und Aufhängungen auszuhalten haben, sind extrem: Aus einer Aufsetzgeschwindigkeit von 322 km/h soll das bei Landungen noch bis zu 386 Tonnen schwere Flugzeug innerhalb von nur 32 Sekunden zum Stillstand kommen.

Bei den Triebwerken ging Airbus Mitte 1994 noch davon aus, dass das damals mit 480 Tonnen maximalem Startgewicht geplante Flugzeug von simplen Weiterentwicklungen bestehender Turbinen angetrieben würde. Dann wurde die A3XX immer größer und schwerer und die Hersteller bereiteten sich auf die Einführung

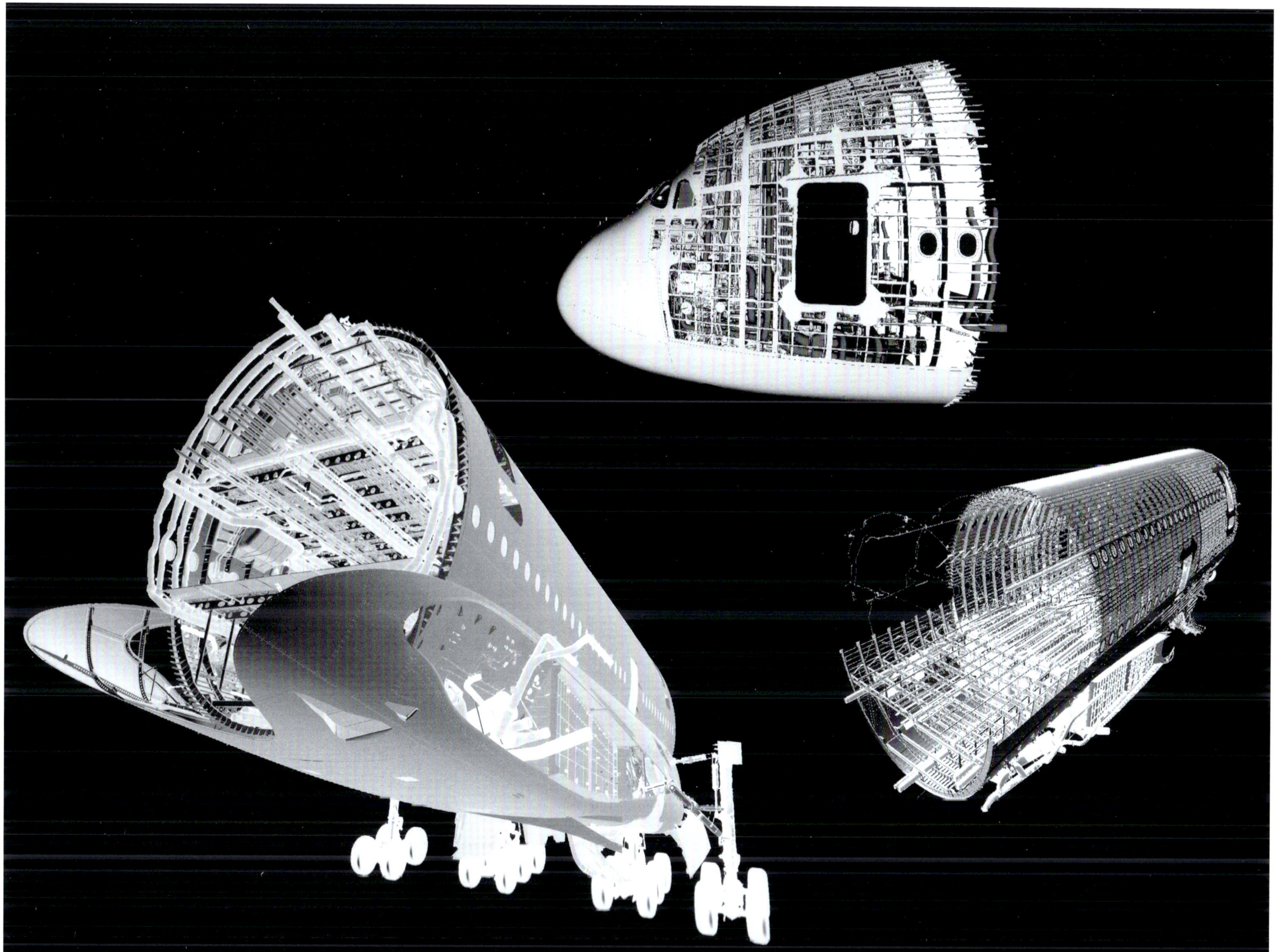

Das virtuelle Modell zeigt die Strukturen von Rumpfnase (oben) und den Rumpfquerschnitt am Flügelkasten. (unten – Airbus)

Das eindrucksvolle Hauptfahrwerk der A380 besteht aus 20 Rädern. (Dirk Grothe)

der Boeing 747-500X und –600X vor, für die etwa Rolls-Royce das Trent 900 plante. Die Neuentwicklung sollte das Trent 800 der Boeing 777 mit Elementen des Trent 500 der Airbus-Typen A340-500/-600 kombinieren. Als das Boeing-Projekt scheiterte und die A3XX zunehmend die endgültige Gestalt annahm entschied sich Rolls Royce, das dreiwellige Trent 900 exklusiv für den Airbus-Riesen zu liefern. Das Trent 900 hatte in der Entwicklung einen deutlichen Zeitvorsprung und lieferte schon 2003 auf einem Prüfstand einen Maximalschub von 88.000 Pfund (lbs), was 392 kN entspricht. Bereits im Februar 1996 hatten sich aus Kostengründen die beiden ansonsten konkurrierenden Hersteller Pratt & Whitney und General Electric in einer Engine Alliance genannten 50:50-Partnerschaft zusammengefunden, um ebenfalls für die neuen Boeing 747-Varianten gedachte Turbinen zu liefern. Beide Seiten wollten für den neuen, GP7200 genannten zweiwelligen Turbofan die Niederdrucktechnologie des PW4000 mit der Hochdrucktechnologie aus dem erfolgreichen GE90 kombinieren.

Die Anforderungen an den Antrieb der A380 waren enorm, sie müssen Insgesamt 280.000 lbs (1250 kN) Schub liefern – mehr als jedes andere kommerzielle Flugzeug zuvor und 100.000 lbs mehr als die Boeing 747 beim Erstflug 1969 benötigte. Der Startschub, den die vier Triebwerke der A380 liefern ist doppelt stark wie das, was die acht Motoren des strategischen Bombers Boeing B-52 produzieren, die allerdings aus den 1950er-Jahren stammen. Unter Hochleistung rotieren die Spitzen der Triebwerksschaufeln mit anderthalbfacher Schallgeschwindigkeit. Die mit rund 32 cm auffallend breiten und sichelförmigen Fan-Blätter aus Titan sind innen hohl und saugen beim Start pro Sekunde 1,25 Tonnen Luft an, die, wenn sie das Triebwerk wieder verlässt, auf fast 1600 km/h beschleunigt wurde. Die verbrauchte Luftmenge pro Sekunde entspricht dem Luftvolumen von fast drei Einfamilienhäusern. Trotz des stärkeren Schubs und ihrem höherem Gewicht muss die A380 leiser sein als die Boeing 747 und weniger Kerosin verbrauchen. Auf hundert Kilometer schluckt die A380 pro Passagier etwa 3,3 Liter, andere Quellen sprechen sogar von weniger als drei Litern, jedenfalls vergleichbar mit den Werten moderner, sparsamer Autos, im Durchschnitt benötigten Autos allerdings 2018 immer noch gut sieben Liter Benzin oder Diesel auf hundert Kilometer. Auf einer typischen Nordatlantikstrecke verbraucht eine A380 nach Analysten-Kalkulationen etwa 21 Kilo Treibstoff pro Meile, die Boeing 747-8 kommt auf 17,7 kg und die erst ab 2022 einsatzbereite Boeing 777-9 wird danach knapp unter 13 Kilo pro Meile bleiben. Das bedeutet dass die A380 etwa 12,5% günstiger im Verbrauch ist als die 747-8. Das modernste Großraumflugzeug 777-9 dagegen kommt auf 16% weniger Verbrauch als die A380, ein erneuter Quantensprung der eindrucksvoll belegt, warum die Ära der vierstrahligen Jets vorbei ist.

Die großen Tragflächen der A380 ermöglichen schnellere Starts und langsamere Landungen und sorgen damit für weniger Lärm am Boden, der weit unter den internationalen Grenzwerten wie Chapter 3 bleibt und teilweise noch die inoffizielle Kategorie 4 unterschreitet. Sowohl in der Kabine selbst, wo die A380 als unübertroffen leise selbst im Vergleich zu moderneren Flugzeugen empfunden wird, als auch beim Außenlärm gilt die A380 als sehr lärmarm. Nochmals verstärkt wurde das Augenmerk auf Lärmvermeidung spät in der A380-Entwicklung, als es galt, den Wünschen von SIA nachzukommen und die verschärften Auflagen in London-Heathrow zu erfüllen und damit Nachtflüge zu ermöglichen. Erreicht wurde dies zum einen durch absenkbare Vorflügel, die die Aerodynamik verbessern, zum anderen durch eine Vergrößerung des Triebwerksdurchmessers auf 2,96 Meter und damit eine Erhöhung des Nebenstromverhältnisses auf 1:8,15 (Trent 900) bzw 1:8,7 (GP7200).

Rolls-Royce lieferte das erste Trent 900 im Februar 2004 aus und es absolvierte seinen Premierenflug unter dem Flügel eines A340-300-Werksflugzeugs im

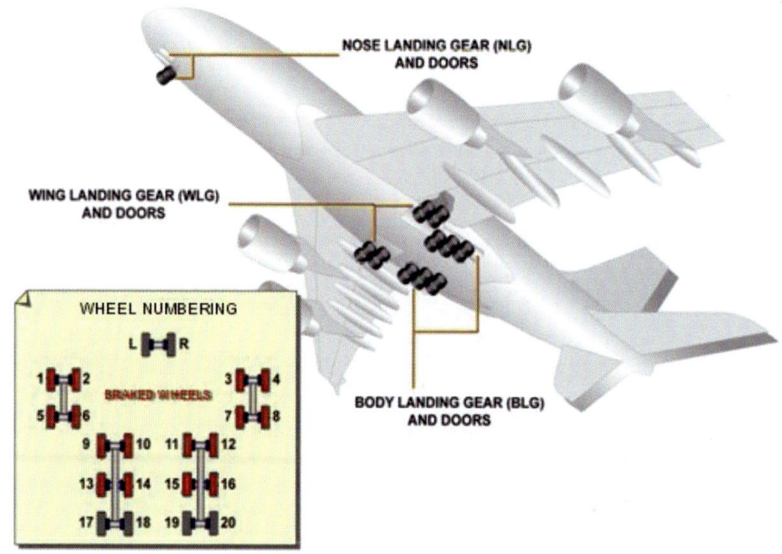

Das gesamte Fahrwerksdesign der A380 umfasst 22 Räder, die grau markierten sind steuerbar.

Mai 2004, die Zulassung erfolgte im November 2004. Das Trent 900, pro Stück 15 Millionen Dollar teuer, ist für 70.000 lbs (312 kN) Schub für die Passagierversion ausgelegt und auf bis zu 83.835 lbs (393 kN) im modifizierten Trent 977, das für die verworfene schwerere Frachtversion der A380 vorgesehen war. Für geplante spätere Anwendungen etwa in der gestreckten A380-900 hätte die Schubkraft auf 84.098 lbs (374 kN) gesteigert werden können. Für das Trent 900 hatten sich zehn A380-Betreiber entschieden.

Im Dezember 2004 flog auch das GP7200 zum ersten Mal am Testflugzeug von GE, einer Boeing 747-200, seine Zulassung erfolgte im Januar 2006. Ursprünglich waren diese Motoren für die dann gestrichene Boeing 747-500X/600X vorgesehen und wurden erst später für die A380 adaptiert. Das Niederdrucksystem auf der Basis des PW4000 etwa der Boeing 777 stammt von Pratt & Whitney, einschließlich des Niederdruckverdichters (Fan) aus Titan, erkennbar an seinen markant sichelförmig geschwungenen, innen hohlen Schaufeln, und der Niederdruckturbine. Das Hochdrucksystem aus Verdichter, Brennkammer und Hochdruckturbine besteht aus der Basis des GE90 von General Electric. Über 22% des GP7270 stammen vom deutschen Hersteller MTU Aero Engines in München,

Das virtuelle A380-Modell zeigt den Bereich der Flügelwurzel mit Fahrwerk und Triebwerk. (Airbus)

der unter anderem für die Niederdruckturbine und die Schaufeln der Hochdruckturbine zuständig war. Das pro Stück mit elf Millionen Dollar günstigere Basismodell GP7270 war zunächst für 70.000 lbs (312 kN) Schub zertifiziert, an der Frachtversion als GP7277 für 76.500 lbs (340 kN). Später war eine Schubsteigerung auf maximal 82.000 lbs (365 kN) vorgesehen. Da es keinen Frachter gab blieb es beim GP7270 bei einem Schub von 74.740 lbs (332 kN). Ab Mitte 2014 wurden modifizierte Hochdruckturbinen installiert, die die Leistung um 0,5% steigern und den Spritverbrauch im Steigflug um 1% senken sollten. Für das GP7270 entschieden sich nur fünf A380-Betreiber, wobei Emirates insgesamt 90 ihrer A380 mit dem Triebwerk der Engine Alliance ausgerüstet hat, 33 dagegen mit dem Trent 900 von Rolls-Royce.

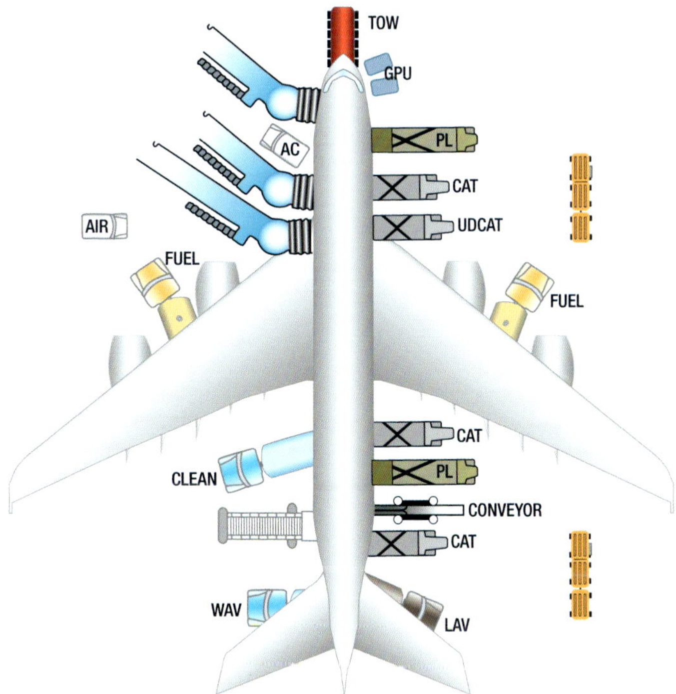

Das Ballett der Bodenfahrzeuge um die A380 und bis zu drei Fluggastbrücken ist hoch komplex. (Lufthansa)

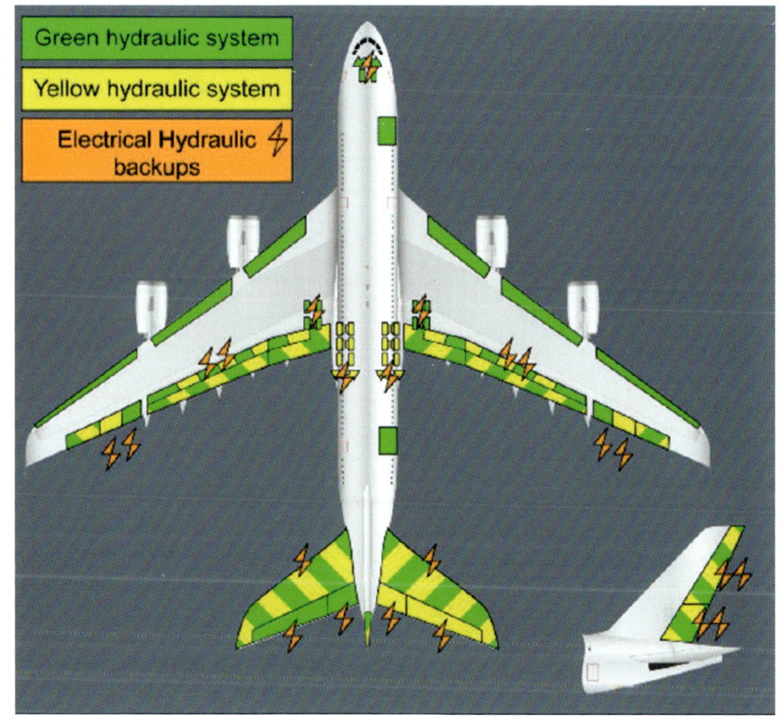

Die A380 verfügt über zwei unabhängige Hydrauliksysteme unter höherem Druck und eine Elektrohydraulik als Reserve.

Um den Wartungsaufwand zu halbieren verfügt die A380 nur auf den jeweils innen gelegenen beiden Triebwerken über ein Schubumkehrsystem, womit auch gewährleistet ist, dass sie auf nur 45 Meter breiten Start- und Landebahnen operieren kann, die nicht über die eigentlich benötigte insgesamt 60 Meter breite Freifäche verfügen um die Ansaugung von Fremdkörpern zu verhindern. Das Rollen am Boden ist ebenfalls mit nur zwei laufenden Triebwerken möglich, auch um Lärm zu vermeiden und Kerosin zu sparen. Die Triebwerke spielten eine zentrale Rolle in der kurzen Ära der A380 – weil sie die zentrale Stellschraube gewesen wären, die Leistungsfähigkeit und Effizienz vor allem in einer möglichen verlängerten Version entscheidend zu verbessern. Da sich die Antriebshersteller nie bereitfanden diese massiven Investitionen zu tätigen war das Schicksal der A380 irgendwann besiegelt. Die Tatsache, dass durch die wiederholten Verzögerungen bei der Einführung der A380 schon sehr kurz danach in den neuen Zweistrahlern, vor allem in der Boeing 787, wesentlich effizientere Antriebe verfügbar waren, brachte die A380 schon sehr bald ins Abseits. »Die Triebwerkshersteller hatten uns versichert, dass der spezifische Spritverbrauch derjenige von Triebwerken der neuen Generation sei und dass es zehn Jahre dauern würde bis zum nächsten Quantensprung mit spürbarer Verbesserung«, erinnert sich Airbus oberster Verkäufer John Leahy. Die Entwicklung verlief ganz anders. Die A380 war in technischer Hinsicht ein solides Flugzeug, aber kein großer Innovationsschritt.

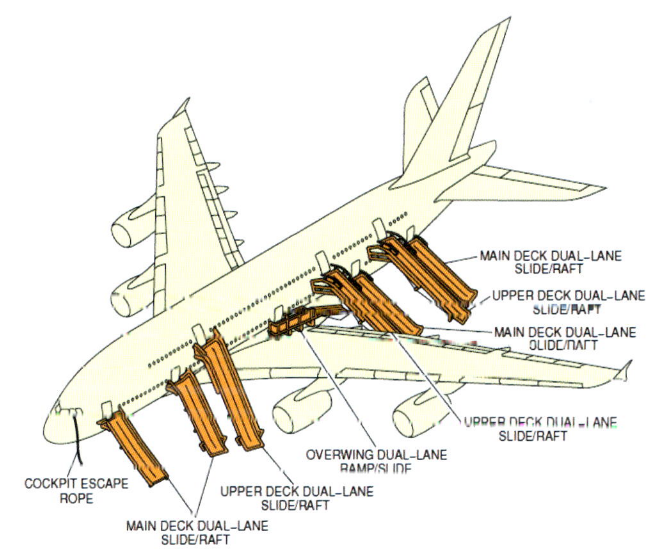

Alle acht Türen je Rumpfseite verfügen über eigene Notrutschen.

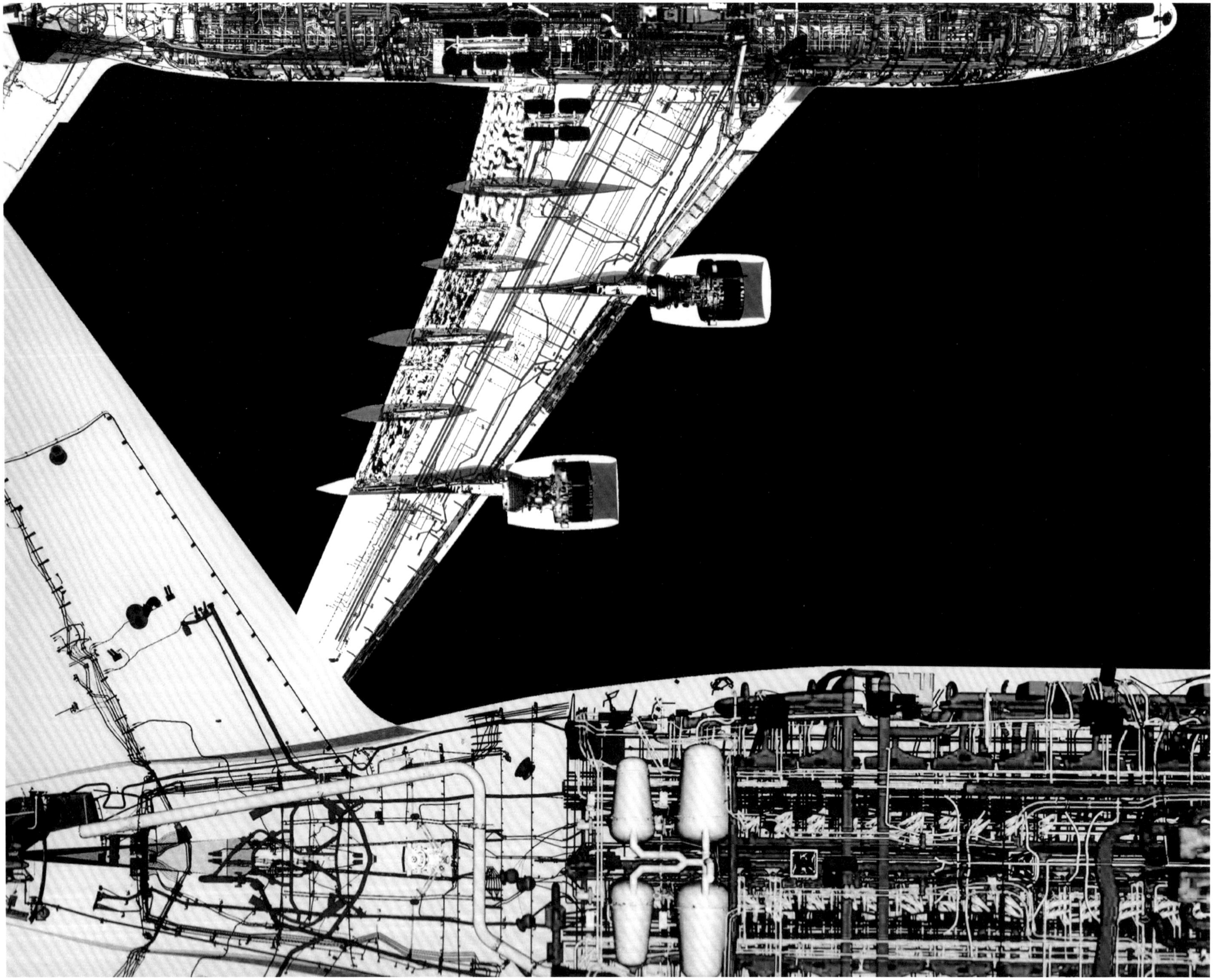

Das virtuelle Modell erlaubt tiefe Einblicke etwa in die komplizierten Kabelstränge der A380. (Airbus)

Tiefer Blick in ein A380-Triebwerk der Engine Alliance. (Michael Lindner)

KAPITEL 5

Kabinenkonzepte für die A380

Das Raumwunder bei der Arbeit

Die A380-Kabine bietet soviel Platz wie kein anderes Flugzeug. Das bedeutet aber nicht unbedingt Luxus für alle – die Airlines wollten damit vor allem Geld verdienen.

» *Meine Eltern haben den Stratocruiser bei Pan Am genossen mit Lounge und Restaurant. Warum können wir in der A380 nicht ein bisschen davon bieten?* «

Sir Tim Clark. Präsident Emirates Airlines

Erste Kabinenentwürfe für die A380 im Mockup von 2001. (Airbus)

Die Passagierdecks in einem Verkehrsflugzeug gehören zu den wertvollsten Nutzflächen auf dieser Welt. Bei Boeing hat man vor Jahren ausgerechnet, dass in einem Geschäftsreisehotel etwa 20 Euro pro Quadratmeter Zimmerfläche pro Tag an Umsatz erwirtschaftet werden müssen, um die Fläche rentabel zu nutzen, bei einem Fünf-Sterne-Hotel mit größeren Zimmern und höheren Preisen sind es immer noch 15 Euro je Quadratmeter. Bei einem Sitz in der Economy Class eines Flugzeugs, den dazugehörigen Anteil an Bordküche und Toiletten mitgerechnet, beträgt dieser Wert hingegen unglaubliche 1100 Euro! Je Flug muss nach dieser Berechnung ein Quadratmeter Economy Class für den Flugzeugbetreiber 550 Euro erwirtschaften, in Business Class sogar 600 Euro. Heute dürften diese Werte sogar noch erheblich höher liegen, aber auch die früheren Zahlen sind eindrucksvoll. Sie erklären, was für ein höchst kostbares Gut das riesige Platzangebot darstellt, das die A380 ihren Betreibern bietet. Dabei handelt es sich beim Airbus-Riesen von den Dimensionen her um eine Boeing 747, die obendrauf noch die Kabine einer A330 oder A340 mitschleppt. Im Vergleich zum Boeing-Jumbo (Kabinenfläche 332 Quadratmeter) ist der nutzbare Boden in der A380 um 50% größer und umfasst insgesamt 511 Quadratmeter in beiden Decks, die maximale Sitzzahl allerdings beträgt nur 35% mehr als jene in der 747.

In den Anfangstagen der A3XX allerdings berauschten sich die Marketingstrategen in Toulouse ein wenig zu stark an ihrem fliegenden Raumwunder und versprachen Einrichtungen an Bord wie Sitzungsräume für Geschäftsbesprechungen, Breitwand-Kino, Restaurants und Duty Free Shops. Sobald allerdings ernsthafte Verhandlungen mit potenziellen Kunden geführt wurden war schnell klar, dass dies überwiegend Luftschlösser waren. »Airbus hat damals Ideen vorgestellt und damit Erwartungen geweckt, die man in der Realität nicht halten kann«, so damals Burkhard Wigger als Projektleiter der Lufthansa für die Einführung der A380. »Da wurden einige dumme und unsinnige Sachen versprochen«, gesteht auch Jürgen Thomas ein. Tim Clark (damals noch nicht »Sir«), Chef von Emirates Airlines aus Dubai und einer der größten Unterstützer der A380, sagte: »Es war fast eine Art Mythos, dass sie das größte Flugzeug der Welt geschaffen hatten wo man alles machen konnte was man wollte, aber es gab irgendwie keine Verbindung zwischen den Produktdesignern, den Herstellern und den Marketingleuten. Die haben gesagt wir könnten Business Center, Fitnessräume, Jacuzzis oder Lounges einbauen, und dann haben sie selbst dieses Mock-Up gebaut mit all solchem Nonsens drin. Ich habe schon lange gesagt dass wir vor allem Sitze in unsere Flugzeuge einbauen werden, so viele wie möglich. Wir wollen mit unseren A380 Geld verdienen«, so der Emirates-Chef damals.

Tatsache ist aber auch, dass seit den glorreichen Zeiten der großen und luxuriösen Flugboote in den 1930er-Jahren Flugzeuge nie wieder rund um den Passagierkomfort entwickelt wurden, sondern immer nur auf Effizienz ausgelegt waren. Reisezeiten von 20 Stunden an Bord galten damals als normal und die privilegierten Passagiere schwelgten dabei im Luxus von Schlafkabinen, üppigen Menüs an weiß gedeckten Tischen und bequemen Salons als Aufenthaltsräumen. Heute sind Nonstop-Flüge beinahe so lang wie damals wieder möglich, etwa mit der A350-900ULR oder der Boeing 787, die auch fast 20 Stunden in der Luft bleiben können. »Vielleicht stehen wir vor einer neuen Revolution im Luftverkehr, wo wir möglicherweise

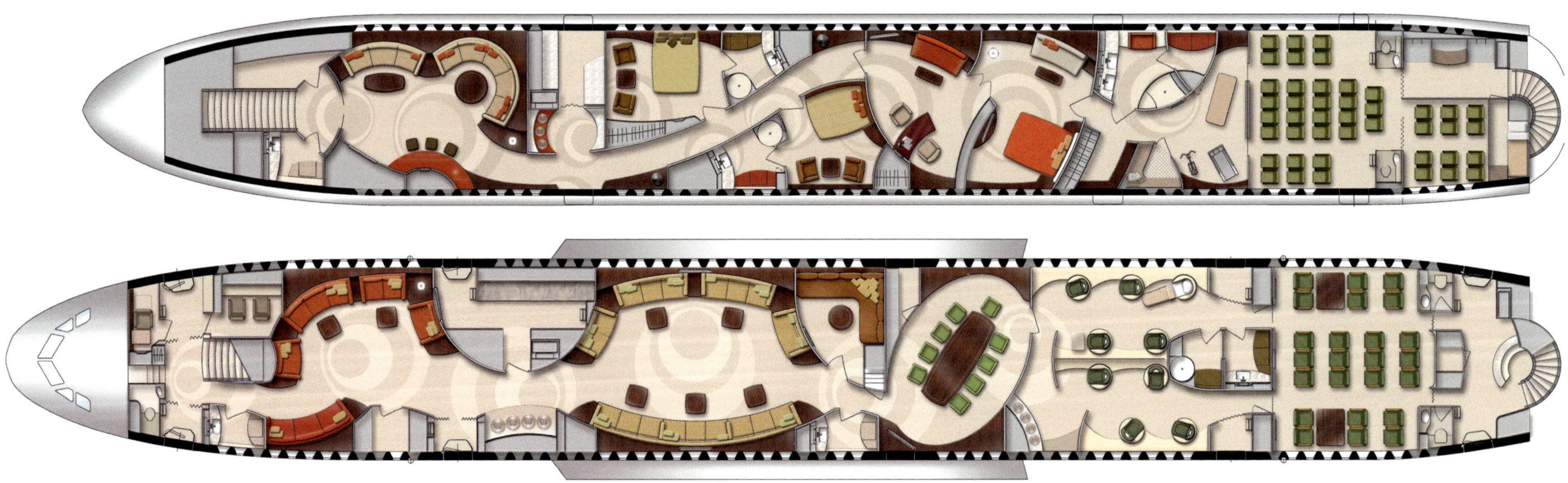

Fliegender Palast: Entwurf für eine VVIP-A380 von Lufthansa Technik. (LHT)

die Rückkehr des Passagierkomforts der alten Schule sehen werden«, prophezeite Anfang des Jahrtausends Eric Kaduce, damals leitender Ingenieur bei Boeing für die 747-Weiterentwicklung. Bei der Entwicklung der A380 spielte der Passagierkomfort von vornherein eine große Rolle. Noch nie in der Geschichte eines Verkehrsflugzeugs konnten so frühzeitig so viele Passagiere ihre Meinungen und Anregungen einbringen wie bei dem Airbus-Projekt. Bereits 1998 wurden verschiedenste Treppenformen auch in praktischen Tests mit Probanden untersucht, um die nutzerfreundlichste Variante zu finden. Zwischen April und Juli 1998 fand die bis dahin einmalige Befragung von 1200 Vielfliegern aller Klassen statt, in der sie zunächst abstrakt ihre Wünsche und Vorstellungen von einer Kabine der Zukunft zu Papier bringen sollten, später dann mit Pappe, Stoff und Aluminiumfolie Modelle von Sitz und Sitzumgebung in Originalgröße anfertigten. Unterstützung dafür fand Airbus bei fünf Fluggesellschaften, darunter dem frühen Kunden Singapore Airlines (SIA), die in acht Städten auf drei Kontinenten das Fluggast-Feedback einholten. Im August und September 2002 etwa lud SIA später jeweils 20 regelmäßige Fluggäste in London, New York und Singapur zu einem Wochenend-Konklave in große Hotels ein, insgesamt 2000 Stunden Passagier-Interviews wurden während

Alternativentwurf für eine A380 als Privatflugzeug. (LHT)

des aufwändigen Verfahrens im Laufe von drei Jahren geführt.

Anschließend machten sich Airbus-Ingenieure daran auszuwerten, welche Anregungen realistisch und umsetzbar waren. Ein Airbus-Team unternahm mit einem sogenannten Cabin Research Mock-up eine geheime Tournee durch Weltstädte wie Tokio, Hongkong und Singapur. Das Modell eines dort gezeigten Kabinensegments bestand aus beweglichen Wänden, Sitzen und Treppen und diente als Diskussionsgrundlage bei der Passagierbefragung. Ein wesentliches Ergebnis: Das geplante Oberdeck kam nicht gut an. Also wurde der obere Boden um fünf Zentimeter tiefer angebracht, um Raumgefühl und Blick aus den Fenstern zu verbessern. Aus drei verschiedenen Rundungen der Wände wurde die beliebteste ausgewählt. »Die Wahrnehmung des Oberdecks war nicht die Beste, also haben wir die Form des Innenraums geändert, das war reine Psychologie«, erklärte Robert Lafontan, einer der leitenden Ingenieure.

Insgesamt ist die A380-Kabine im Hauptdeck 48 Zentimeter breiter als die der Boeing 747, im Oberdeck beträgt die Differenz zugunsten des Airbus sogar satte 1,85 Meter. Airbus argumentierte daher in allen Verkaufskampagnen, dass der Komfort in jeder Klasse besser sei als beim Boeing-Vorgänger und selbst bei einer Bestuhlung mit zehn Plätzen pro Reihe in der Econo

First Class im A380-Mockup 2009. (Airbus)

Bar im Hauptdeck unter der Treppe im A380-Mockup 2001. (Airbus)

my Class jeder Sitz ein Zoll (2,54 cm) breiter. Im hinteren Teil des Haupt- und Oberdecks im Bereich der geschwungenen Treppe zwischen beiden Ebenen lassen sich keine Sitze unterbringen. »Es gibt große Bereiche, in denen man keinen Umsatz generieren kann, vor allem um die Türen herum und dort wo Toiletten hinpassen. Weil in der A380 die Türen so breit sind hat man viel Platz, mit dem herumspielen kann«, so Tim Clark. Daher war das Ziel, auch Economy-Passagieren Bereiche zu bieten, wo sie sich alternativ zu ihrem Sitzplatz während des Fluges aufhalten können. In einer reinen Economy Class-Charterversion sollte die A380 bis zu 853 Passagiere bei einem sehr engen Sitzabstand von 76,2 cm aufnehmen können, zunächst die legale Obergrenze, für die das Riesenflugzeug nach erfolgreichem Evakuierungstest mit eben dieser Anzahl von Testpersonen zugelassen wurde. Bis zu 523 Sitze konnten auf dem Hauptdeck und 330 auf dem Oberdeck untergebracht werden. Bis Ende 2015 genehmigten dann die Zulassungsbehörden FAA und EASA bis zu 538 Passagierplätze auf dem Hauptdeck, was die maximale Kapazität der A380 auf insgesamt 868 steigerte. In einer gestreckten Version, damals noch A3XX-200 genannt, wollte Airbus im Extremfall in reiner Economy-Auslegung und magerem Sitzabstand von 30 Zoll (76 cm) unglaubliche 966 Sitze unterbringen – 416 im Oberdeck in 2-4-2-Anordnung, und 550 im Hauptdeck in 3-4-3-Konfiguration pro Reihe. Dazu kam es nie. Airbus selbst rechnete aber schon damals damit, dass selbst in einer (nie georderten) japanischen Inlandsversion die A380 mit nicht mehr als 780 Plätzen ausgerüstet sein würde – damals flogen auf innerjapanischen Routen bei All Nippon Airways (ANA) Boeing 747-400-Jets mit bis zu 569 Sitzen. Die meisten A380-Kunden, so war absehbar, würden die Economy Class auf dem Hauptdeck einrichten und Business sowie First Class auf dem Oberdeck, das auf den meisten Flughäfen auch über einen separaten Zugang mit einer dritten Fluggastbrücke verfügen sollte, die zur vorderen linken Tür des Oberdecks führt.

Vor allem den Passagieren an den Fenstern des Hauptdecks würde schnell auffallen, dass die Fenster zum einen größer sind als vorher gewohnt und zum anderen nicht senkrecht stehen, sondern leicht nach außen gerichtet sind. Grund: Sie liegen noch unterhalb der Mittellinie des Rumpf-Ovals. Die Wände im Hauptdeck dagegen stehen beinahe senkrecht, ein Röhren-Gefühl kommt also nicht auf. Im Oberdeck griff man wegen der Wandkrümmung auf eine vom 747-Oberdeck bekannte Einrichtung zurück – zwischen Sitz und Wand befindet sich am Boden ein Staukasten, bei Passagieren zur Ablage von Handgepäck und anderen Dingen beliebt – und bei ausreichend Sitzabstand auch zum Hochlegen der Füße geeignet. Auf dem Oberdeck sollten nach Airbus-Standard-Bestuhlung vier Sitze pro Reihe in First Class (Anordnung 1-2-1) stehen, sechs pro Reihe in Business Class (2-2-2) und acht in Economy Class (2-4-2). Im Hauptdeck sah Airbus zehn Plätze in jeder Reihe in der Economy Class (3-4-3), sieben in Business (2-3-2) und sechs in First (2-2-2) vor.

Mitte 2000 bekam die A380-Kabine erstmals ein Gesicht, das anschließend jahrelang von allen Medien gezeigt wurde, obwohl es mit dem, was die Airlines tatsächlich an Bord nehmen würden, sehr wenig zu tun hatte. Damals stellte Airbus in Toulouse das von Tim Clark erwähnte Kabinenmodell (Mock-up) aus Holz in Originalgröße auf, um Kunden und Interessenten die Dimensionen des Riesen vor Augen zu führen. Vorn beim Einsteigen gelangte der eintretende Besucher zu einer großzügigen Bar unter der Treppe ins Oberdeck, eine Bibliothek und eine Dusche rundeten den luxuriösen Eindruck ab, während die komfortablen Sitze damals bereits veraltet waren. Auf dem Oberdeck zeigte Airbus, wie man sich im Jahr 2000 eine First Class der Zukunft vorstellte – mit viel Platz und Sofas, aber wenig Privatsphäre. Dann öffnet sich eine Tür aus Pressholz und man stand in einem leeren Raum von der Größe einer Turnhalle – hier würde sich im richtigen Flugzeug die Economy-Kabine befinden.

Hinten dann wieder ein kühner Entwurf – eine für Economy-Gäste gedachte Bar, die mit minimalistischer Einrichtung, Bänken aus Holzimitat (echtes Holz wäre nicht feuerfest) und Leder, Glas und Deckenprojektion eher an eine Lounge erinnerte. »Die Bänke die wir da eingebaut haben sind bewusst nicht so komfortabel wie die Sitze in der Kabine, damit die Passagiere auch einen Anreiz haben an ihren Platz zurückzukehren. Wir wollen ihnen aber auch eine Gelegenheit zum Aufstehen und Herumlaufen geben und so die Langeweile an Bord unterbrechen«, erklärte damals die Innenarchitektin vom Münchener Designstudio Egg and Dart, das für die Einrichtung in Toulouse zuständig war. Zwischen beiden Decks begleitete ein Miniatur-Wasserfall entlang der Treppe den Passagier nach unten, wo im hinteren Teil des Hauptdecks eine kühl gestylte Boutique auf Kundschaft warten sollte.

Die Kasseler Firma Trondesign hatte sich mit dem Konzept einer Bar für das Hauptdeck der A380 beschäftigt, in der sich die Gäste der Premium-Klassen treffen sollten. Das Konzept wirkte wesentlich schlichter als die später im Mock-up präsentierte Bar, daher aber auch realistischer. Auf insgesamt 28 Quadratmetern hätten die Passagiere auf Hockern an einem Tresen sitzen oder auf Stühlen und Bänken an Tischen Platz nehmen können, 48 Economy-Sitze hätten dafür geopfert werden müssen, aber die Kasseler Designer waren sich sicher, dass sich dies für die Airlines trotzdem hätte rechnen können. »Wir arbeiten eng mit Airbus zusammen und sind wegen unserer Ideen auch mit einer Reihe von Airlines in Kontakt, darunter der Lufthansa«, so damals Designer Andreas Kraechter. Auch die Hamburger Designfirma npk beschäftigte sich intensiv mit den Möglichkeiten, die die A380 für die First Class bieten würde. Auf den teuersten Plätzen waren die größten Innovationen zu erwarten und npk schlug verschiedene Konzepte vor. Eins davon war eine Abwendung von der herkömmlichen Sitzanordnung und die Einführung einer Art Lounge statt der üblichen Kabine, wo in der A380 auch bequeme Sofas als Sitze zur Verfügung stehen sollten. »In den Premiumklassen

Die Standardbestuhlung in Economy Class: Zehn Sitze je Reihe auf dem Hauptdeck. (Airbus)

Studien für die A380 Prestige-VVIP-Version: Schlafzimmer (oben), Aufenthaltsbereich (unten) im Hauptdeck. (ACA Design)

Entwurf für einen gläsernen Fahrtstuhl, der bis aufs Vorfeld fahren sollte.

müssen die Fluggesellschaften in der A380 etwas anbieten, das ein wirklicher Bruch mit allem ist was in den letzten 30 Jahren gemacht wurde, die Passagiere verlangen heute mehr«, sagte Richard Carcaillet, damals Direktor für das A380-Produktmarketing bei Airbus. Aber alles andere war zunächst ein großes Geheimnis. »Wir haben sehr strikte Geheimhaltungs-Abkommen mit den Airlines unterschrieben, die wissen auch untereinander nicht, was die Konkurrenz macht«, sagte Carcaillet, »das ist ein sehr wichtiges Marketing-Instrument für die Gesellschaften, da werden wir einige sehr interessante Dinge sehen«.

Einer der wesentlichen Innovations-Treiber im A380-Kabinendesign war Emirates-Chef Tim Clark, der wiederholt quasi Airbus zum Jagen tragen musste und dem Hersteller zeigte, dass Neuerungen an Bord die er wollte, entgegen der Behauptung von Airbus, eben doch machbar waren. »Ich habe gesagt: Warum können wir in der A380 nicht ein bisschen was davon bieten was es in alten Zeiten gab? Ich kann mich an Flüge in der Lockheed Super Constellation erinnern wo es im hinteren Teil der Kabine Betten gab, weit weg vom Motorenlärm. Als sie den Boeing Stratocruiser herausbrachten übertrugen sie einige der Annehmlichkeiten von Schiffen auf das Flugzeug, weil das die Leute kannten. Meine Eltern haben den Stratocruiser bei Pan Am genossen, mit der Lounge im unteren Bereich und dem Restaurant hinten«, erinnerte sich Tim Clark. Der Emirates-Präsident wusste sofort dass für das Kabinendesign der A380 ein Quantensprung an Innovation nötig sein würde. Und er stieß bald darauf, dass die Hersteller nicht annähernd gewillt waren, so weit außerhalb ihrer üblichen Maßstäbe zu denken wie er selbst. »Bei Airbus verharrte man in überkommener Denkweise. Bei Emirates dagegen wollen wir stets Innovationen voranbringen, und damit hatten sie bei Airbus immer Probleme«, so Clark. »Aber sie kannten uns seit den späten 80er-Jahren, und wir haben sie konstant dafür kritisiert dass sie in ihrem gesamten Design und ihrer Denkweise über Kabineneinrichtungen in den 1960er- und 1970er-Jahren stehengeblieben waren und Schwierigkeiten hatten, davon wegzukommen.« Es schien ihm ein branchenweites Problem zu sein. Eine neue Generation von Passagierflugzeugen herauszubringen heißt für den Emirates-Chef auch, für die Innengestaltung neue Konzepte zu entwickeln, nicht aus Bequemlichkeit an alten Designs festzuhalten. »McDonnell Douglas hat in der Mitte der 1980er-Jahre die MD-11 entworfen, dabei aber an den von 1972 stammenden Interieurs der DC-10 festgehalten. Mit der 777 hat Boeing es dagegen richtig hingekriegt. Mit der A330 und A340 wiederum hat Airbus wieder daneben gelegen. Das war innen im Prinzip wieder nichts anderes als die Original-A300B4 von 1972«, ärgerte sich Clark und begründete mit Beispielen dieser Art die Notwendigkeit, sich als Kunden-Airline aktiv an solchen Gestaltungsprozessen zu beteiligen.

Für die A380 war das ganz klar die Maxime bei Emirates. »Ich bin

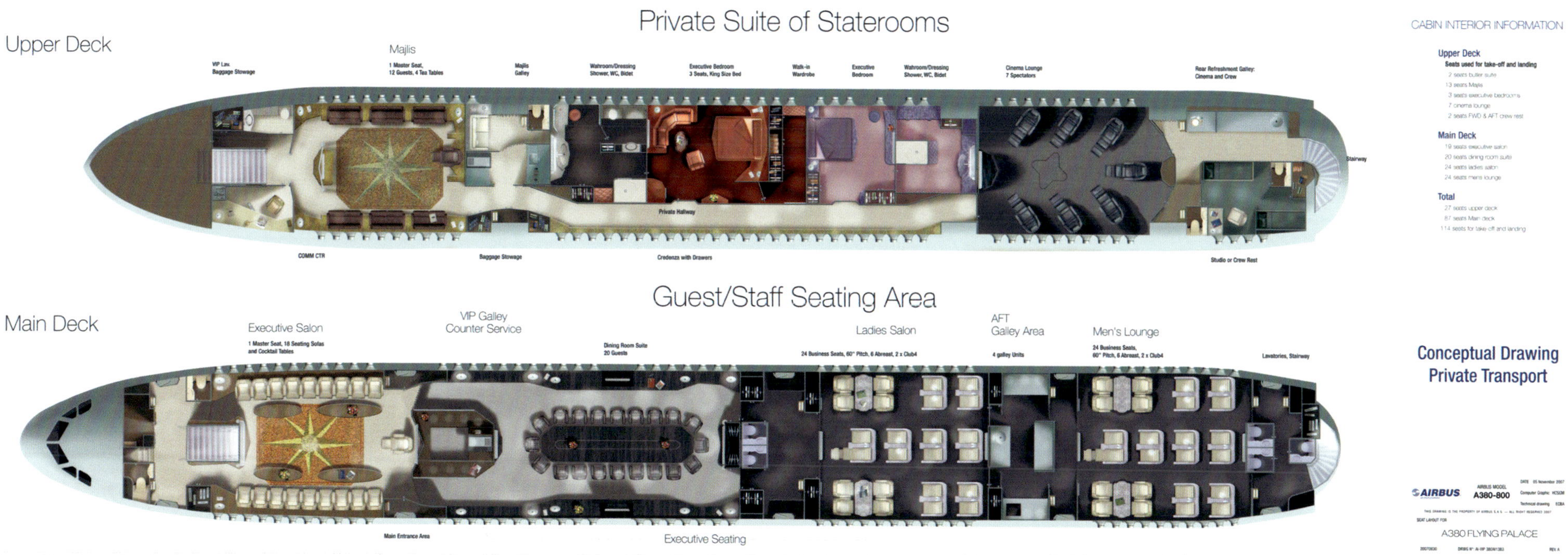

Airbus-Konzept für die A380 Prestige Flying Palace von 2008. (Airbus)

selbst zu Airbus gegangen und dann zu den Zulieferern und habe gesagt: ‚Gebt mir was besonderes.' Wir haben sie angetrieben selbst innovativ zu werden.« Und das war alles andere als einfach, sondern ein langer, steiniger Weg. »Es gibt kein ‚Das können wir nicht machen'«, musste Clark wieder und wieder Herstellern und Designern erklären. »Es gab immer eine Lösung. So sollten sie es betrachten. Sagt nicht erst mal ‚Nein', um dann erst danach drüber nachzudenken«, so sein Ratschlag damals, immer und immer wieder. »Auf jedem Schritt dieses Wegs, egal ob bei Sitzen, Teppichen, Toiletten, Duschen, Stimmungsbeleuchtung oder Video on Demand – wir mussten immer die Hersteller erst mitnehmen. Alles was wir versucht haben ist ein wenig dessen zu transportieren was es in der goldenen Ära der Luxus-Flugreisen schon mal gab, ohne aber die Wirtschaftlichkeit in Frage zu stellen. Und wir haben ehrlich geglaubt das könnten wir erreichen, wenn wir Designelemente aus Business Jets übernehmen, weil ich sah, dass deren Designer das bereits gemacht hatten«, erklärte Tim Clark. Kein Wunder dass Airbus CEO Tom Enders den Emirates-Chef bei der ersten A380-Auslieferung an die Araber in Hamburg im Juli 2008 so beschrieb: »Er ist einer der anspruchsvollsten Kabinendesigner mit denen wir je gearbeitet haben.«

Tim Clark war vermutlich einzigartig in seiner Rolle als Präsident einer der wichtigsten Airlines der Welt, die als Treiber bei der A380 etwa die gleiche Rolle spielte wie Pan American in den 1960er-Jahren bei der Konzeption der Boeing 747, indem er sich höchstpersönlich auch mit kleinsten Details akribisch beschäftigte. Der Brite an der Spitze der Airline aus Dubai nahm an hunderten von Meetings teil um seine Visionen mit allen Partnern zumindest teilweise in Realität umzusetzen. »Bis Oktober 2005 hatten wir alle Spezifikationen testgelegt, das war später als wir gewollt hatten. Wir haben etwa fünf Jahre daran mit Airbus gearbeitet, im Kern von Anfang 2001 bis Ende 2004«, erinnerte er sich. »Damals entwickelte Airbus widerwillig Respekt für das was Emirates tat, weil sie anfingen zu verstehen dass das helfen würde, ihre Flugzeuge zu verkaufen,« so Tim Clark später. »Vieles von dem was wir halfen zu entwickeln konnte nun ins allgemeine Angebot aufgenommen werden. Die Stimmungsbeleuchtung, der beleuchtbare Sternenhimmel an der Kabinendecke oder der Wegfall aller Gepäckfächer unter der Decke in First Class, außerdem die Wireless-Technologie -viele der Bedienungselemente in unserer First und Business Class funktionierten nun drahtlos-, das war jetzt alles im Katalog enthalten aus dem alle Airlines wählen konnten«, freute sich der Emirates-Chef. »Zentimeter für Zentimeter gestalteten wir das Flugzeug so wir wie es wollten. Sehr oft bin dabei sehr verärgert gewesen über Airbus, ich stieß oft auf eine Wand von Unnachgiebigkeit«, erklärte der Emirates-Chef. Manchmal floss sehr viel Schweiß und Mühe in bestimmte Dinge, die dem größten A380-Kunden besonders wichtig waren: »Zum Beispiel die Treppenaufgänge, mit denen wollte ich einen spezifischen Effekt erzielen«, sagte Clark. »Weil die an sehr prominenter Stelle platziert sind und im Blickfeld stehen wenn man einsteigt. Die sind groß genug um daraus ein charakteristisches Merkmal zu machen, denken sie an ein Kreuzfahrtschiff«, be

Die Haupttreppe der A380 lässt sich durch Illumination geschickt in Szene setzen. (AS)

Stehbar-/Lounge-Konzept für das Oberdeck im A380-Mockup, Toulouse 2001. (AS)

Die A380 in der Rolle des fliegenden Casinos hätte so aussehen können. (Air Jet Designs)

Entwurf für den Bereich oberhalb der Haupttreppe .(Airbus)

schrieb er seine Vorstellungen. Am Ende verbrachte Emirates mit Airbus fast ein Jahr mit der Arbeit am Design des Hauptaufgangs.

Natürlich waren Emirates und Tim Clark nicht die einzigen fordernden Kunden für Airbus, aber vermutlich die anstrengendsten. Vor allem gewährte kaum eine Airline so tiefe Einblicke in die internen Arbeitsprozesse wie Emirates dem Autor dieses Buchs, weder damals noch im Rückblick. Zunächst stand ohnehin Singapore Airlines (SIA) im Fokus, die ja der erste Betreiber der A380 sein sollte, auch wenn Emirates zuerst bestellt hatte. »Als Launch Customer der A380 werden wir neue Standards für Premium-Flugreisen setzen und die Romantik des Reisens zurückbringen«, erklärte der damalige SIA-Chef Chew Choon Seng vielsagend, auch er spielte damit eine Art Retro-Karte. Was genau er damit sagen wollte wurde erst 2007 klar, als SIA ihre Kabinenprodukt vorstellte. »Die Passagiere müssen auf langen Flügen ermutigt werden herumzulaufen«, forderte der Asiate, um ebenfalls die durch das Airbus-Marketing geschürten völlig überzogenen Erwartungen an die Kabinenausstattung zu dämpfen: »Nur wenige Airlines werden es sich allerdings leisten können, Bowling-Bahnen in die A380 einzubauen, selbst wenn es von den ingenieurtechnischen Herausforderungen und den Sicherheitsaspekten her möglich wäre«, sagte Chew, »das sind alles schöne Sachen, aber die generieren eben keinen Umsatz«. Schließlich sei die A380 kein billiges Flugzeug: »Wir werden mehr Leute brauchen um es zu betreiben und es wird teurer sein im Flugbetrieb, also macht es nur Sinn, wenn wir das Flugzeug mit Leuten füllen können die für ihre Reise bezahlen«, so der SIA-Chef. Da lag er genau auf der Linie von Emirates. Airbus hatte leichtsinnigerweise Erwartungen des Publikums erweckt, deren Erfüllung für die Airlines völlig unrealistisch war. So mussten die künftigen A380-Betreiber gleichzeitig auf der einen Seite die Vorfreude auf die Riesenflugzeuge schüren und auf der anderen utopische Phantasien zurückdrängen.

Um große Worte war auch der englische Multi-Unternehmer Sir Richard Branson nie verlegen.

Prinz Alwaleed bestellt in Dubai 2007 einen A380-Prototypen als Privatflugzeug.

Für seine relativ kleine Virgin Atlantic Airways orderte er sechs A380 – die am Ende nie abgenommen wurden. Aber 2005 waren sie Anlass für luftige Versprechungen: Virgins A380-Bordprodukt werde »das sich am radikalsten unterscheidende am Himmel« werden, tönte Branson. »Verglichen mit anderen Launch Customers sind wir nur eine kleine Fluggesellschaft und daher ist Innovation und ein besserer Service für unsere Passagiere noch wichtiger«, erklärte der Tycoon. Für alle über 500 Passagiere werde es ein Spielcasino sowie einen Fitnessbereich an Bord geben – damit hätte Branson zumindest einen Hauch dessen umgesetzt, was Airbus ursprünglich so großspurig als die neuen Standards der A380 verkündet hatte. »Mit dem Casino und noch mehr unserer Upper Class-Doppelbetten wird es an Bord der Virgin-A380 mindestens zwei Wege geben, sein Glück zu finden«, erklärte Branson grinsend mit genau kalkulierter Zweideutigkeit bei der Vorstellung des A380 im Januar 2005 in Toulouse. Da konnte natürlich auch Qatar Airways nicht zurückstehen mit Ankündigungen, auch wenn die aufstrebende Golf-Gesellschaft erst wesentlich später ihre erste A380 übernehmen würde. »Wir glauben an Luxus«, sagte ihr Chef Akbar Al Baker, »und wir planen Innovationen an Bord, über die andere Airlines bisher noch nicht einmal nachgedacht haben«. So etwas sagt sich erst mal gut und bringt ein paar schöne Erwähnungen in den Medien. Zeigte aber einmal mehr, welche riesige Projektionsfläche die 511 Quadratmeter Kabinenboden in der A380 für Hybris und Großspurigkeit so manches egozentrischen Airline-Chefs boten – die sich am Ende oft als heiße Luft entpuppten, wenn dann die eher durchschnittlichen tatsächlichen Kabinenprodukte vorgestellt wurden – oder gar die gesamte A380-Order storniert. Die ultimative Projektionsfläche für die ultimative Hybris wäre die Nutzung der A380 als VIP-Flugzeug gewesen. Airbus hat wie die gesamte Produktpalette auch die A380 stets als potenziellen Privatjet angeboten, zuletzt mit der Bezeichnung A380 ACJ (Airbus Corporate Jet). Dabei schien auf dem Markt kein Interesse an einem solchen fliegenden Palast zu herrschen. Einzige Ausnahme: Der saudische Prinz Alwaleed bin Talal, ein mit seiner Kingdom Holding weltweit agierender Investor und reichster Araber (geschätztes Vermögen Ende 2020: gut 16 Milliarden US-Dollar). Der Prinz fliegt bisher mit einer privaten Flotte bestehend aus einer Boeing 747-400 inklusive goldenem Thron und einem Airbus A321. Auf der Dubai Air Show 2007 holte er dann zum ultimativen Einkauf aus und bestellte eine A380 als Privatjet. Allerdings kein fabrikneues Flugzeug, sondern MSN 002, den zweiten Protopyen mit dem Kennzeichen F-WWXL. Vermutlich war der Kaufpreis für diese A380 ein Schnäppchen, Meldungen sprachen von nur 130 Millionen US-Dollar, weniger als die Hälfte des Listenpreises. Airbus jubilierte: »Diese Bestellung heißt, dass sich der Airbus-Verkaufserfolg im Markt der Privatflugzeuge nun vom kleinsten Flugzeug, der A318 Elite, bis zum größten spannt, der A380 Flying Palace«, ließ sich Verkaufschef John Leahy in einer Pressemitteilung zitieren. Allerdings kamen bald Zweifel an dem Deal auf, offenbar hatte der Prinz das ganze nur als Investment zum Weiterverkauf betrachtet und bat wiederholt um Aufschub der Lieferung, 2008 erschütterte die globale Finanzkrise die Märkte. Unabhängig davon kümmerte sich die britische Firma Design Q schon mal um extravagante Ideen für die Ausstattung. Wie viel davon realistisch und vom Auftraggeber gewollt war lässt sich nicht nachprüfen. Allerdings tauchten in britischen Medien 2012 unglaubliche Detailkonzepte für die Kabinen der VVIP-A380 von Prinz Alwaleed auf – für 2013, so hieß es damals, sei die Lieferung geplant.

In jedem Fall war dies das ausgefallenste Interieur das jemals für ein Flugzeug geplant worden ist. Zu den Einrichtungen sollte eine große Wendeltreppe zwischen der zweiten und dritten Tür des Hauptdecks gehören, die über drei Ebenen vom Unterflurbereich, normalerweise der Frachtraum, bis ins Oberdeck führen sollte. Das spektakulärste wäre ein kreisrunder, transparenter Lift gewesen, der sich unter dem Flugzeug auf das Vorfeld hätte absenken lassen als »Privateingang« des Prinzen. Hinten am Flugzeug sollte es eine ausfahrbare Rampe ermöglichen, einen Rolls-Royce in die »Garage« an Bord zu fahren, normalerweise der hintere Frachtraum. Ein Konzertsaal fand sich auch in dem Konzept, inklusive Bühne mit kleinem Flügel und zehn Plätzen. Außerdem ein Dampfbad, ausgekleidet mit zwei Millimeter dünnem Marmor sowie jede Menge High Tech – ein »Wohlfühlraum« mit »magischem Teppich«, einem riesigen begehbaren Bildschirm auf dem Boden, auf dem eine Projektion des überflogenen Erdbodens gezeigt würde und eine Belüftung sollte spezielle Duftstoffe in den Raum leiten. Außerdem gab es in dem Konzept einen Gebetsraum mit virtuellen Gebetsmatten, die sich automatisch nach Mekka ausrichten, vier großzügige Familien- und VIP-Suiten und noch vieles mehr. Zumindest die Designer dürften sich wie im Schlaraffenland gefühlt haben, als sie ihrer Phantasie mal freien Lauf lassen konnten. Prinz Alwaleed schien eher desinteressiert, im Oktober 2008 erklärte er, er habe das Flugzeug nur gekauft um es weiterzuverkaufen und damit Geld zu verdienen. Lange blieb das Schicksal von MSN 002 unklar, das Flugzeug stand fast immer in Toulouse. Anfang 2013 bestätigte Alwaleed, es verkauft zu haben. Wie auch immer, aus allen VIP-Träumen wurde nichts, der zweite Prototyp verließ Toulouse nicht mehr und steht inzwischen als Prunkstück im lokalen Luftfahrtmuseum Aéroscopia.

Ähnlich kläglich verliefen die Pläne, einen A380-Frachter zu bauen. Im August 2008 sollte nach ursprünglicher Planung FedEx als erste reine Fracht-Gesellschaft die erste von zehn bestellten A380-800F erhalten. FedEx war die einzige Gesellschaft, die 2005 bereits einen Blick in ihre Passagierkabine gestattete, denn die sollte es in dem 150-Tonnen-Frachter tatsächlich geben. »Wir richten im vorderen Teil des Oberdecks eine Kabine mit zehn Business Class-Liegesitzen inklusive Galley und Toilette für unsere Angestellten und Kuriere ein«, erklärte damals David Sutton, bei FedEx für Flugzeugbeschaffung zuständig. Damit die Frachtbegleiter nicht im dunklen sitzen würden waren jeweils vier Fenster pro Seite in diesem Bereich der Außenwände eingeplant. Auch im vorderen Bereich des Unterdecks dachte FedEx über einige weitere Sitze nach, hier war zumindest noch ein Fenster pro Seite vorgesehen. Auch FedEx rühmte sich der aktiven Mitwirkung am Design des A380-Frachters: »Durch unseren Input ist es ein besseres Flugzeug geworden«, sagte David Sutton. Genau wie die Fluggäste in der Passagierversion sollte auch die Fracht auf drei Decks innerhalb von 90 Minuten aus- und eingeladen werden können. »Zunächst hatten wir einen Fahrstuhl für die Container in der A380 erwogen, der war aber zu schwer und wurde verworfen«, so Sutton. Stattdessen sollte die Fracht von außen direkt auf Haupt- und Oberdeck geladen werden. Auch dazu kam es nie.

In jedem Fall war die überbordende Komplexität des für jede Airline individuellen Kabinendesigns, vor allem die spätere Integration dieser stets unterschiedlichen Bauteile in die Flugzeugstruktur, eines der zentralen Probleme bei der A380-Einführung, verantwortlich für erhebliche Verzögerungen. »Es war im Nachhinein wirklich dumm dass wir zum ersten Mal gesagt haben: ‚Jede Airline wird ihre A380-Kabinen ohnehin so stark modifizieren, da verzichten wir auf die Festlegung einer Standard-Spezifikation und jeder macht was er will'«, gesteht der langjährige oberste Airbus-Verkäufer John Leahy heute. Stattdessen gab es jeweils pro Airline eine eigene Spezifikation. »Das war industriell und vom Designprozess her ein schlimmer Fehler«, konstatiert Leahy rückblickend. »Hätte es ein A380-800-Standardflugzeug gegeben, dann hätte Emirates das einfach modifiziert um ihre Duschen einzubauen. Aber weil es das nicht gab starteten sie völlig neu mit einem weißen Blatt um ihre Duschen zu gestalten. Jeder Kunde hatte komplett einzigartige Flugzeuge und ein vollständig anderes Flugzeug als alle anderen. Mit einer Reihe von Abwandlungen vom Standard-Designs ergab das jedes mal quasi eine von Grund auf neue Version.«

Interessant ist ein Blick auf die wechselnden Sitzkapazitäten, mit denen Airbus die A380 im Laufe des Programms angeboten hat. Viermal passte der Hersteller das typische Fassungsvermögen des Flugzeugs in einer Mehrklassen-Bestuhlung an – jeweils die aktuelle Stimmung in der Branche widerspiegelnd. Als die A380 entwickelt wurde, um das Jahr 2000 herum, sollte der Riese laut Airbus bis zu 555 Passagiere in drei Klassen befördern »mit mehr Komfort als je zuvor.« Im Mai 2007, noch vor dem ersten Linienflug, senkte der Hersteller seine Angabe auf 525 Sitze, zur Begründung hieß es, die Sitze in den Premiumklassen hätten sich seit dem Design der A380 in den 1990er-Jahren weiterentwickelt um mit den Ansprüchen der Passagiere Schritt zu halten. Im Sommer 2013, dem Branchentrend zu engerer Bestuhlung nach der Rezession aufgreifend, schwenkte das Airbus-Produktmarketing auf 558 Sitze (10 First, 84 Business sowie auf dem Hauptdeck 464 in Economy mit zehn Sitzen pro Reihe). Anfang 2015 schließlich passte man sich dem evident werden Streben der Airlines nach der neuen Zwischenklasse Premium Economy an. Daher sank die Zahl der werksseitig vorgeschlagenen A380-Bestuhlung wieder leicht auf nun 544 Sitze in jetzt vier Klassen mit Premium Economy, dazu ausgestattet mit elf Sitzen in Economy Class pro Reihe in der von Kunden wenig geschätzten 3-5-3-Anordnung je Reihe. Um allerdings den elften Sitz (der von keinem Betreiber eingebaut wurde) zu ermöglichen wäre eine wichtige strukturelle Änderung nötig gewesen: Der gesamte Boden des Hauptdecks hätte um etwa fünf Zentimeter angehoben werden müssen, um den ausladendsten Teil des Sitzes mit der weitesten Stelle des Rumpfes in Einklang zu bringen.

Leere A380-Mockup-Hülle vor dem Innenausbau, Toulouse 2000. (AS)

Lounge mit Stehbar im Oberdeck des A380-Mockup in Toulouse, 2001. (AS)

Neues Konzept einer First Class-Lounge im A380 Mockup, Toulouse 2009. (Airbus)

KAPITEL 6

Erstflug und Testprogramm der A380

Die Mutter aller Starts

Der Erstflug und ein rigoroes Testprogramm beweisen die Alltagstauglichkeit der A380, doch die Produktion gerät bald an den Rand des Zusammenbruchs.

> *»Das Flugzeug war in ziemlich gutem Zustand, aber noch nicht ausgereift, absolut nicht. Es gab eine ganze Reihe von Problemen.«*
>
> *Fernando Alonso, 2020, Flugtestingenieur an Bord des A380 Erstflugs 2005.*

Abheben zum Erstflug der A380 am 27. April 2005 in Toulouse. (Airbus)

AIRBUS A380
A380

Airbus-Chef Forgeard mit den europäischen Staatschefs beim Reveal. (Airbus)

A380-Entüllungszeremonie am 18. Januar 2005 in Toulouse. (Airbus)

Ein Wintersturm rüttelte an diesem 18. Januar 2005 hörbar an den Metallwänden des riesigen Hangars der neu errichteten A380-Endmontage am Flughafen Toulouse-Blagnac. Draußen herrschte Chaos – endlose Staus, in denen viele der 5000 geladenen Gäste lange festsaßen. Aus ganz Frankreich waren Busse angemietet und Tausende von Gendarmen geschickt worden, von denen sich vor Ort niemand auskannte. Absurde, einander widersprechende Sicherheitsmaßnahmen vergrößerten das Durcheinander nochmals erheblich. Wer es irgendwann in die Halle schaffte wurde Zeuge eines über dreistündigen Spektakels in Anwesenheit von vier europäischen Staats- und Regierungschefs, dem deutschen Bundeskanzler Gerhard Schröder und seinen Kollegen aus Frankreich (Jacques Chirac), Großbritannien (Tony Blair) und Spanien (José Luis Zapatero). »Weihestunde für den Airbus A380« schrieb anderentags die Süddeutsche Zeitung, »Hochamt der europäischen Industrie« die Financial Times. Es war der Reveal, die Enthüllung des Prototyps der A380. Traditionell heißt diese wichtige Wegmarke Rollout, ein neues Flugzeug wird erstmals aus der Montagehalle gerollt und erblickt das Tageslicht. Heutzutage passiert das eher selten, denn sorgfältig choreographierte Zeremonien lassen sich besser innerhalb eines Hangars abhalten, unabhängig von den Unbilden des Wetters, was sich besonders an diesem denkwürdigen Januartag als ein Segen entpuppte. Artistik, Feuerwerk, Wasserspiele – Airbus zog alle Register des Showgeschäfts für die Inszenierung des größten Projekts in der Geschichte des europäischen Konsortiums, das gerade erst dabei war, zu einem wirklichen Unternehmen zu verschmelzen. Erst nach einer knappen Stunde tauchte der A380-Prototyp erstmals schemenhaft hinter einem Vorhang auf, in violettes Licht getaucht und von sphärischen Klängen untermalt. Aus den Fenstern des Flugzeugs, die wie Augen wirkten, leuchtete geheimnisvoll türkisfarbenes Licht. »Die Veranstaltung atmet ein wenig Geist der Gründerzeit des ausgehenden 19. Jahrhunderts«, befand die Financial Times anschließend über die pompöse Inszenierung. Sie sollte den Aufbruch und die Einheit Europas darin signalisieren, eine der symbolträchtigsten Bastionen der USA und Boeings zu knacken, die Vormachtstellung der Boeing 747, die nun von der Alten Welt endlich mit ihrem überlegenen Produkt A380 abgelöst werden sollte. »Die A380 zeigt, dass Europa alles kann, wenn es wirklich will«, erklärte EU-Industriekommissar Günther Verheugen in seiner Rede. »Europa ist immer noch in der Lage, großartige Impulse für die Moderne des 21. Jahrhunderts zu geben«, beschwor Bundeskanzler Schröder

Großes Kino – A380-Reveal vor 5000 geladenen Gästen im Januar 2005. (Airbus)

mit Blick auf das Riesenflugzeug. »Europa hat mit der A380 die schönste Seite seiner Geschichte geschrieben«, befand an diesem Tag auch Airbus-Chef Noël Forgeard, der sich mit äußerster Ruppigkeit und harten Bandagen den Chefposten des neuen Gesamtkonzerns EADS verschafft hatte, auf den er bald wechseln sollte. Und genau in dieser Personalie lag eines der vielen Probleme des A380-Projekts. »Noël Forgeard kam vom Rüstungskonzern Matra und war kein Flugzeugmann«, erzählt ein Airbus-Insider. Bereits der Machtwechsel 1998 von Jean Pierson zu Forgeard als neuem Airbus-Chef hatte zu Verzögerungen bei der Entwicklung der damaligen A3XX von rund zwei Jahren geführt. »Die A3XX/A380 war bald nicht mehr ein Ziel, sie wurde schnell Mittel zum Zweck von Noël Forgeard, um seine Karriere innerhalb von EADS voranzutreiben«, berichtet die Quelle. »Das wurde unter Kontrolle gehalten solange EADS-Großaktionär Jean Luc Lagardère bis März 1993 noch gelebt hat.« Weder inhaltlich noch emotional hatte der Airbus-Chef demnach ein Interesse am Projekt A380. »Forgeard ist nie in die Endmontage gegangen, aber er hat die A380 zum Aushängeschild seiner Karriere gemacht. Höhepunkt war der Reveal am 18. Januar 2005, wir Mitarbeiter haben das gehasst«, berichtet die Airbus-Quelle. »Das war die Krönungsfeier von Forgeard mit vier Staatschefs. Die A380 war das Vehikel für Forgeard um sich als größten aller Größten darzustellen.« Das wirkte auch über Forgeards Amtszeit nach, die im Juli 2006 wegen der massiven Probleme mit der A380-Produktion vorzeitig endete. »Auch seine Nachfolger Tom Enders an der Konzern- und Fabrice Brégier an der Airbus-Spitze mochten die A380 nie, weil sie intern weiter den Hauch von Forgeards Glorie verströmte«, heißt es von dem Insider. Nach dem Brimborium im Januar 2005 musste Airbus nun aber schnell Fakten schaffen und den Riesen in die Luft bringen.

Die Erstflug-Besatzung am 27. April 2005 unter dem Kommando von Claude Lelaie und Jacques Rosay. (Airbus)

Am Montag, dem 25. April 2005 war in Toulouse die Entscheidung gefallen: Zwei Tage später sollte der lang erwartete, ursprünglich schon für Ende März geplante Erstflug der A380 stattfinden. Seit dem Reveal war viel Zeit vergangen, die Ungeduld der Öffentlichkeit gewachsen und immer neue Falschmeldungen von Problemen mit Fahrwerk oder der Heckpartie in die Presse geraten. Erstaunlicherweise gab es ähnliche Verzögerungen und ein vergleichbar negatives Presseecho fast im Detail identisch schon 36 Jahre zuvor, als die Boeing 747 erst am 9. Februar 1969, vier Monate nach dem Rollout, auf dem Flugplatz Everett bei Seattle zum Erstflug startete. Nach der öffentlichen Vorstellung des Riesen Mitte Januar 2005 hatten die Airbus-Ingenieure viele weitere Checks, vor allem sogenannte Flattertests, durchgeführt. Damit wollten sie sicherstellen dass die durch Schwingungen ausgelösten Eigenfrequenzen des Rumpfes durch die Konstruktion selbst gedämpft werden und sich nicht weiter verstärken, was schlimmstenfalls zur Selbstzerstörung der Zelle führen kann. Schon fast zwei Wochen lang hatte der Riesenvogel bei Rolltests bis fast zur Abhebegeschwindigkeit am Boden für Aufsehen gesorgt. Dabei wurden Fahrwerk, Bodensteuerung, Triebwerksschub und Bremskraft getestet.

Entscheidend für den Erfolg des Erstflugs würde sein, dass das Wetter mitspielte und die richtigen Winde wehten, sodass ein Kurs Richtung Norden möglich war und nicht die Stadt Toulouse auf dem Flugweg passiert werden musste. Noch am Vorabend regnete es in der südfranzösischen Luftfahrtmetropole, doch wie durch ein Wunder war der Morgen des Mittwoch, 27. April 2005, wie geschaffen für das wichtigste Ereignis der zivilen Luftfahrt seit dem Erstflug der Concorde am 2. März 1969. Die A380 sollte genau von jener Piste 32 Links erstmals abheben, auf der damals auch der Überschall-Passagierjet in Toulouse zum Premierenflug aufgestiegen war – es ist die längste Startbahn in Toulouse. Schon seit Monaten war bekannt wer die ersten sechs Menschen waren, die den Riesen in die Luft bringen sollten – drei Franzosen und je ein Deutscher, ein Engländer und ein Spanier. Im Cockpit auf dem Pilotensitz Claude Lelaie, Chef der Airbus Flight Division, und sein Kollege, Cheftestpilot Jacques Rosay. In der Kabine flog

Tests mit überfluteter Startbahn Anfang 2005. (Airbus)

Treppe ins Oberdeck des Prototypen. (Airbus)

Erste Kältetests im kanadischen Iqaluit Anfang 2006. (Airbus)

Chef-Testflugingenieur Fernando Alonso, der Testflugingenieur Gérard Debois sowie die beiden Flugversuchsingenieure Jackie Joye und Manfred Birnfeld, drei von ihnen auf dem Oberdeck und drei auf dem Hauptdeck. »Jeder Erstflug ist relativ einfach aus technischer Sicht«, erläutert Fernando Alonso heute. »Sie müssen in der Lage sein zu entscheiden wann die Systeme ausgereift genug sind, nicht nur für den ersten, sondern gleich für eine ganze Anzahl von Flügen. Es ist eine Frage des Vertrauens – der Crew untereinander und der Crew zu ihrem Flugzeug.«

Die beiden riesigen Decks der A380 mit der Werksnummer (Manufacturer Serial Number – MSN) 001 und der Registration F-WWOW, auf denen in Serienmaschinen später bis zu 644 Passagiere (bei Emirates) sitzen würden, waren beim Erstflug nahezu leer. Die Haupttreppe zwischen beiden Decks fehlte noch, im Notfall sollte die Besatzung über einen speziellen Schacht durch die aufsprengbare vordere rechte Frachtraumtür aussteigen. »Solche Fluchtmöglichkeiten sind mehr den Vorgaben der Versicherungen geschuldet«, erklärt Fernando Alonso. Seit ein deutscher Flugversuchsingenieur 1972 mit dem Fallschirm einem abstürzendem Prototypen des Regionaljets VFW 614 entkommen war und später zu Airbus wechselte, gab es dort bei allen Flugzeugtypen in der ersten Testphase einen Fluchtweg. »Das war teuer in der Entwicklung und schwierig zu installieren, außerdem braucht es viel Wartung, aber die Firma musste das einbauen«, so Alonso. Auch in der A350-900, der A350-1000 und zuletzt der Beluga XL gab es anfangs ähnliche Vorrichtungen. »Das behalten wir an Bord bis wir den gesamten Umfang an Flugmanövern, den sogenannten Flight Envelope, bei hoher und niedriger Geschwindigkeit getestet haben und wir überzeugt von der Sicherheit sind, dann bauen wir das nach zwei oder drei Monaten wieder aus«, erklärt der spanische Flugtestingenieur.

Beim A380-Erstflug gab es

A380-Testflotte aus vier Flugzeugen gemeinsam unterwegs. (Airbus)

Zweite Kältetests mit den Engine Alliance-Triebwerken in Kanada Anfang 2007. (Airbus)

nur Sitze für die vier Ingenieure auf beiden Decks, dafür war das Flugzeug vollgestopft mit 20 Tonnen Testgeräten und 335 Kilometer Kabeln, die die Daten von 6000 verschiedenen Parametern pro Flug verarbeiten. »Das ist wie bei einem EKG«, erklärte ein Airbus-Ingenieur. Das Gewicht von Passagieren und Ladung wird mit fassgroßen Wassertanks simuliert, die anstelle von Sitzen in der Kabine eingebaut sind. Mit Umpumpen, Ablassen oder Hinzugeben von Wasser lässt sich auch kurzfristig der Schwerpunkt des Flugzeugs verlagern. Der schnauzbärtige deutsche Triebwerksspezialist Manfred Birnfeld hatte im Januar 2002 bereits den Erstflug des kleinsten Airbus A318 in Hamburg mitgemacht »Die sind mit Sicherheit alle furchtbar nervös vorher«, wusste Airbus-Flugversuchsingenieur Hermann Schmoeckel, ein Hamburger Kollege von Birnfeld und ebenfalls beim A318-Erstflug an Bord. Das bestreitet aber stets jedes befragte Mitglied der Erstflug-Besatzung nach erfolgreicher Mission. Wie auf allen Erstflügen und später wieder bei besonders heiklen Test trug die A380-Erstflugbesatzung am 27. April Fallschirme über ihren orangeroten Overalls und auch Helme. Für den Fall der Fälle haben sie in einjähriger knochenharter Spezialausbildung an der Testpilotenschule Istres in Südfrankreich trainiert. »So ein Erstflug ist immer ein Risiko, da die Praxiserfahrung der Besatzung gleich null ist und zum allerersten Mal komplett alle Systeme im Flugzeug zusammenarbeiten müssen«, beschrieb es Schmoeckel. »Der Erstflug der A380 war für Airbus eine der größten Herausforderungen, sowas ist immer beeindruckend und aufregend.« Das wussten auch viele Schaulustige, die sich seit dem Vorabend rund um den Flughafenzaun versammelt hatten. Rund 50.000 insgesamt, schätzte die Gendarmerie, wollten sich den Erstflug des teuersten, größten und schwersten Verkehrsflugzeugs der Luftfahrtgeschichte nicht entgehen lassen.

Bereits am frühen Morgen gegen sieben Uhr bestieg die Crew ihr Flugzeug, gegen 9.20 Uhr endlich schob ein Schlepper den Riesen aufs Vorfeld. Tausende von Airbus-Mitarbeitern drängten sich an den eigens dafür auf dem Werksgelände errichteten Absperrungen. Fast eine Stunde dauerten die letzten Systemchecks bis der blauweiße Riese um 10.17 Uhr zur Startbahn einbiegen konnte. Zunächst startete ein Fotoflugzeug vom Typ Corvette, drehte eine Schleife, um die A380 nach dem Start zu begleiten, zu filmen und von außen zu überprüfen, ob sich Teile lösen, Klappen öffnen oder etwa Hydraulikflüssigkeit austritt. Um 10.29 Uhr löste Claude Lelaie die Parkbremsen und bewegte die Schubhebel für die vier mächtigen Rolls-Royce-Triebwerke nach vorn. Das Erstaunen war groß: Der Start verlief unspektakulär, obwohl sich noch nie ein 421 Tonnen schweres Passagierflugzeug in die Luft erhoben hatte. Mit diesem Gewicht war das Testflugzeug, das bis 2017 weiterhin bei Airbus für Erprobungszwecke eingesetzt wurde und auch 2020 geparkt, aber noch nicht ausgemustert war, schwerer als jemals eine Boeing 747. Gleichzeitig lag seine Masse noch um 154 Tonnen unter dem maximalen Startgewicht, das die A380 später erreichen sollte. Nur 1800 Meter Rollstrecke und 34 Sekunden brauchte die F-WWOW an diesem strahlenden Frühlingsmorgen, bis sie sich mit einem tiefen, gedämpften Grollen ihrer Triebwerke bei 270 km//h ungeahnt leise in die Luft erhob. Die über allem fliegende kleine Corvette war in diesem Moment am Boden deutlicher zu hören als der riesige Airbus. Beifall und Jubel brandeten auf, bald war der Riese kaum noch als Punkt am Himmel auszumachen. »Ich bin überrascht, wie leise der Start war«, sagte Airbus-Chef Noël Forgeard. »Die Mutter aller Starts«, wie ein enthusiastischer CNN-Reporter es nannte, war reibungslos verlaufen.

Zunächst ließ die Besatzung das Fahrwerk ausgefahren und flog in Richtung Pyrenäen. Später zogen die Piloten die 22 Räder ein, die in ihren Schächten verschwanden, die Corvette-Crew beobachtete den Einziehvorgang. Wie sinnvoll ein Begleitflugzeug ist zeigte sich jetzt. »Unser einziges Problem während des Erstflugs war eine Fahrwerksklappe, die die Systeme als nicht eingefahren und verriegelt registrierten«, erklärte später Manfred Birnfeld. Doch die Aufnahmen aus der Corvette belegten, dass die riesigen Tore in Wirklichkeit alle wie vorgesehen die Fahrwerksschächte verschlossen. Nach Erreichen der Reiseflughöhe untersuchte die Besatzung die Steuerungseigenschaften unter verschiedenen Bedingungen, mit eingefahrenem und ausgefahrenem Fahrwerk und bei allen Klappen- und Vorflügelstellungen. Obwohl in der Kabine selbst noch nichts vom späteren Passagierkomfort zu sehen war merkten die Piloten und Ingenieure, wie gut die Geräuschdämmung bereits funktionierte und wie ruhig ihr Flug selbst bei hoher Geschwindigkeit blieb. Der gesamte Erstflug spielte sich in einem Radius von etwa 160 Kilometern um den

Flughafen Toulouse im Gebiet der Pyrenäen und Südwestfrankreich ab, die Bilder der A380 über den Berggipfeln wurden aus der Corvette heraus live in alle Welt ausgestrahlt. »Schon beim Erstflug tastete sich die Besatzung vorsichtig in unbekannte technische Bereiche vor, ganz langsam, um schnell wieder in die Ausgangsposition zurückkehren zu können«, erklärte Hermann Schmoeckel. »Bei dieser ersten Mission stimmen tatsächliche Erfahrung und Simulation meist noch zu 90% überein, sonst aber können Theorie und Praxis oft weit auseinanderliegen«, so der erfahrene Flugversuchsingenieur.

Auch die Landung wurde zu einem Symbol des Triumphs: 300 Meter über dem Boden leitete Claude Lelaie ein Durchstartmanöver ein, flog in niedriger Höhe an den applaudierenden Ehrengästen und Journalisten vorbei, zog das Flugzeug am Ende der Bahn in eine weite Kurve und eine Schleife über Toulouse, wo sich auf der zentralen Place du Capitole Tausende zu einem Volksfest versammelt hatten um den epochalen Erstflug zu feiern. Nach genau drei Stunden und 54 Minuten in der Luft setzte die A380 zu ihrer ersten Landung an, rollte zügig aus und kam schließlich vor der Ehrentribüne zum Stehen. Ähnlich wie nach einer gelungenen Weltraummission zeigte sich kurz darauf die stolze Crew an der offenen Tür und auf einer eigens errichteten Bühne. »Die A380 ist ein ausgezeichnetes Flugzeug, das sich wie ein Fahrrad lenken lässt«, erklärte Jacques Rosay, »schon während der ersten Minuten des Fluges waren wir beeindruckt davon, wie leicht dieses Flugzeug zu fliegen ist.« Sein Kollege Claude Lelaie resümierte: »Dies war ein überaus erfolgreicher Erstflug, und wir haben jede Minute davon genossen. Natürlich gibt es noch viel zu tun, doch nach dieser ersten Erfahrung können wir das Potenzial dieser großartigen Maschine nun so richtig spüren«. Doch gemessen an dem, was jetzt noch komme, sei dieser Premierenflug nur »Peanuts« gewesen, so Lelaie. Damit sollte er in vielerlei Weise Recht behalten.

Flugtestingenieur Fernando Alonso an der Telemetrie im A380-Testflugzeug. (Airbus)

»Das Flugzeug war in ziemlich gutem Zustand, aber noch nicht ausgereift, absolut nicht. Bei den ersten Flügen gab es eine ganze Reihe von Problemen, mit denen wir uns herumzuschlagen hatten«, erinnert sich Fernando Alonso heute. »Zum Beispiel mussten wir beim Ein- oder Ausfahren des Fahrwerks etliche Checks machen um sicherzustellen, dass es jeweils verriegelt war,« so der Ingenieur. »Später in der Flugtestkampagne mussten wir uns mit einer Reihe von unerwarteten technischen Problemen befassen: Teile der Struktur mussten modifiziert werden und brauchten Verstarkung, einige Systeme gingen durch eine Anzahl von Überarbeitungen bis sie ausgereift waren.« Auch die aerodynamischen Auswirkungen der A380 bedurften der sorgfältigen Untersuchung: »Die Verwirbelungen, die die A380 auslöste, bedeuteten eine Menge Arbeit und

Die Erstflugbesatzung beim Einsteigen ins Flugzeug, 27. April 2005. (Airbus)

Flugstunden um zu ermitteln, in welchem Abstand dazu andere Flugzeuge sicher fliegen konnten. Außerdem mussten wir beweisen dass es sicher war, mit der A380 nur 45 Meter breite Pisten zu nutzen. Alles das brachte höllisch viel Extra-Arbeit mit sich, die nicht eingeplant war.« Trotzdem ist Fernando Alonso immer noch voller Lob für die A380 damals: »Sie war beim Erstflug so ausgereift wie die A330/A340 und die A321 bei ihren Jungfernflügen, vermutlich weiter in ihrer Entwicklung als die A320 beim ersten Start – nur die A350 war später bereits beim Erstflug schon bedeutend ausgereifter als die A380.«

Fest geplant waren für die A380-Zulassung 2100 Flugstunden im Testprogramm für fünf Flugzeuge. Das ist mehr als üblich, andere Flugzeuge erreichen in 1600 bis 2000 Flugstunden die Musterzulassung durch die Behörden. Schließlich wurden sogar genau 2666 Stunden in der Luft absolviert und 1846 Starts mit der A380-Testflotte gemacht, ehe am 12. Dezember 2006 die Verkehrszulassung für die mit Rolls Royce Trent 900-Triebwerken angetriebene A380-Version gleichzeitig durch die europäische Agentur für Flugsicherheit EASA und die amerikanische FAA erteilt wurde. Der Zulassungsprozess begann bereits 1998 bei der französischen Luftfahrtbehörde und wurde ab 2003 durch die neu gegründete EASA mit Sitz in Köln

Der A380-Erstflug über den Pyrenäen, aufgenommen aus dem Begleitflugzeug. (Airbus)

fortgesetzt, ein 42köpfiges EASA-Team war für die Überprüfungen der A380 zuständig. Fast genau ein Jahr später erfolgte die Zulassung der Variante mit Engine Alliance-Triebwerken am 14. Dezember 2007. Dazu startete am 24. August 2006 die A380-Testmaschine mit der Baunummer MSN 009 und den erstmals installierten GP7200-Triebwerken zum Premierenflug, bis Mitte September 2007 absolvierte diese A380 bereits 594 Flugstunden und 380 Starts, am Ende waren fast 800 Flugstunden bis zur Erteilung der Zulassung nötig.

Nach dem Erstflug des Prototypen startete aber am 18. Oktober 2005 als zweites Testflugzeug zunächst MSN 004, die in den folgenden 14 Monaten bis zur Zertifizierung genau 846 Flugstunden mit großer Testausrüstung absolvierte. Manche fanden unter extremsten äußeren Bedingungen statt, denn an die Limits der Belastbarkeit zu gehen ist das Hauptziel solcher Testreihen. Eine davon führte MSN 004 Ende Juli 2006 in einem siebenstündigen Flug von Toulouse aus in die Wüste der Vereinigten Arabischen Emirate. »Als wir abends in Al Ain landeten zeigte das Thermometer noch 42°C«, sagte Jacky Joye. Der damals 62-jährige Franzose war bereits seit 23 Jahren Flugtestingenieur bei Airbus und hatte alle gängigen Flugzeugtypen erprobt. In der glühenden Wüstenhitze galt es die Bordsysteme des Riesenfliegers auf ihre Hitzetauglichkeit zu überprüfen und vor allem die Triebwerke unter extremsten Bedingungen zu testen. Jacky Joye hatte so etwas schon oft mitgemacht – er war auch auf dem Erstflug des A380 mit an Bord und kannte die komplizierten Abläufe wie kaum ein anderer.

A380-Erstflug nach dem Start in Toulouse. (Airbus)

Stippvisite in San Francisco während der Testkampagne. (Airbus)

Triumphale Rückkehr der Erstflugbesatzung am 27. April 2005. (Airbus)

»Schon als wir auf Al Ain anflogen haben wir einen typischen Effekt erlebt«, erzählte der deutsche Testpilot Wolfgang Absmeier, der zusammen mit seinem englischen Kollegen Dan Griffith während der Tests für insgesamt 17 geplante Flugstunden über der Wüste im Cockpit saß. »Über der glühend heißen Betonbahn fällt man plötzlich wie in ein Loch, durch die heiße Luft verliert man zwei bis drei Knoten der angezeigten Geschwindigkeit – aber durch die riesigen Flügel der A380 ist das kein Problem«, so Absmeier.

Abhebetest mit auf der Bahn schleifendem Heck. (Airbus)

gebrochen und die Schubumkehr reagierte im Leerlauf sehr langsam, das mussten wir untersuchen«, erklärte Fernando Alonso.

Ein anderes Problem bei extremen Temperaturen war der Treibstoff. »Bei Hitze können sich Blasen bilden und die Treibstoffpumpen leerlaufen lassen«, erläuterte Wolfgang Absmeier, »wir testen ob die Motoren dann weiterlaufen und das Kerosin durch die Schwerkraft trotzdem weiter fließt«. Bei großer Kälte dagegen kann der Sprit ausflocken und ebenfalls die Pumpen beeinträchtigen, »unter minus 45°C Bodentemperatur benutzen wir spezielle Additive«, so Absmeier. Doch angesichts der A380-Kundenstruktur mit vielen Airlines aus warmen Gefilden waren die Tests unter extrem heißen Bedingungen in der Praxis wohl wesentlich bedeutsamer. Das wusste damals auch Jacky Joye, der seinen Arbeitsplatz in der riesigen Kabine hatte, die mit vielen Ballast-Wassertanks, wenigen Sitzen und vielen Instrumenten gefüllt war. »Die Klimaanlage spuckt im Moment immer Eisbrocken aus, größer als Hagelkörner, das liegt an der hohen Luftfeuchtigkeit hier am Golf«, sagte der Ingenieur. Seinen Telemetrie-Teststand voller empfindlicher Instrumente kann er in solchen Fällen mit an der Decke hängenden Zeltplanen schnell in eine Art schützendes Iglo einhüllen: »In Kanada mussten wir die Geräte da drinnen immer wärmen, hier in der Wüste dagegen alles kühlen«, so Joye. Die großen Testkampagnen für die A380-

Das wichtigste Manöver, das die Piloten unter den aufmerksamen Augen der Behördenvertreter fliegen mussten heißt Lapse Rate Take off. Wolfgang Absmeier erklärte das so: »Mit allen vier Motoren auf maximaler Leistung heben wir ab, unmittelbar danach stellen wir zwei Motoren auf Leerlauf zurück und lassen das Fahrwerk draußen, das bleibt für zehn Minuten so und wir ermitteln damit die minimale Steiggeschwindigkeit«. Entscheidend ist, dass die beiden aktiven Motoren den nötigen Schub liefern ohne ihre Limits zu überschreiten.

Dieselbe Prozedur hatte im gleichen Jahr genau dieses Flugzeug, ausgerüstet mit lediglich sehr spartanischer Kabinenausstattung, schon mehrfach in höchst unterschiedlicher Umgebung erlebt: Etwa im kolumbianischen Medellin, das auf 2130 Meter über Meereshöhe liegt. Hier wurden im Januar bei 30°C die sogenannten Hot and High-Tests durchgeführt, ebenfalls ein Klassiker der Flugerprobung. Darin muss das Flugzeug nachweisen, dass es auch bei dünner Höhenluft und Hitze mit der halben Triebwerksleistung noch starten kann. Ganz andere Extreme überstand die Baunummer 004 dann im Februar 2006 im nordkanadischen Iqaluit: Vier Tage lang war sie am Boden Tiefsttemperaturen von bis zu minus 29°C ausgesetzt. Hier ging es darum zu ermitteln wie gut sich die Systeme nach einer klirrend kalten Nacht wieder hochfahren lassen, ob die Triebwerke anspringen und die Klimaanlage ausreichend Wärme liefert. »Die Motoren schafften das gut, aber eine Ölpumpe ist

Seitenwind-Tests auf Island bringen die A380 ins Schwanken. (Airbus)

Bei Hitzetests in Abu Dhabi im Sommer 2006 rollen die Scheichs der A380 den roten Teppich aus. (AS)

Zu Beginn der Tests im Prototypen installierte Griffe, die aus dem Cockpit zum Notausstiegsschacht führen. (AS)

Basisversion mit Rolls Royce Trent 900-Triebwerken waren mit dem Besuch in der Wüste zunächst abgeschlossen. Insgesamt 52 Einzeltests der Motoren wurden bei Temperaturen von bis zu 47°C abgehalten, und dabei kam sogar der Maximalschub von 80.000 lbs zur Anwendung, für den das Triebwerk zertifiziert ist. Und bald sollte das ganze wieder von vorn losgehen: »Sowohl mit voller Kabinenausstattung als auch mit den neuen GP7200-Triebwerken müssen wir alles nochmal testen, in Kälte und Hitze«, freute sich schon damals Jacky Joye.

Unterdessen erforschte der Prototyp MSN 001 die grundsätzlichen Handling-Qualitäten und das Verhalten des Flugzeugs bei verschiedenen Schwerpunktlagen sowie den sogenannten Flight Envelope, musste also jene Grenzwerte erfliegen, innerhalb derer kommerzielle Flüge künftig sicher durchgeführt werden sollten. Die gemessenen Daten wurden mit Telemetrie-Einrichtungen direkt zu einer Bodenstation gesendet. Außerdem diente das Testprogramm der MSN 001 der Entwicklung und Zertifizierung von Struktur und Systemen und wurde nach der Zulassung weiterhin vom Hersteller genutzt. Mitte 2006 begann auch die Flugerprobung mit Kabinenausstattung. Zuvor war MSN 002 (Erstflug 3. November 2005) erstmals in Hamburg-Finkenwerder gelandet, um hier einen Teil der später üblichen Kabineneinrichtung eingebaut zu bekommen, zusammen mit einer kleineren Menge an Testausrüstung als bei MSN 001 und 004. Insgesamt 402 Flugstunden dauerte die Erprobung der Kabinenausstattung und der Kabinensysteme, dazu gehörte auch die Lärmentwicklung an Bord. Die ist so gering, dass es Testpersonen regelmäßig kaum glauben konnten sich tatsächlich in einem fliegenden Flugzeug zu befinden.

Zu ihnen gehörten die Airbus-Mitarbeiter auf den sogenannten Early Long Range Flights von und nach Toulouse. Am 4. September 2006 startete mit 474 Passagieren an Bord die erste von vier dieser Nonstop-Missionen, die jeweils sieben, zehn, zwölf bzw. 15 Stunden in der Luft waren, darunter auf einem Nachtflug. Dabei wurden über Mitteleuropa und auf den längeren Flügen auch bis nach Norwegen und auf die Kanaren Schleifen geflogen, ohne zu landen. Anschließend folgte das sogenannte Technical Route Proving, für das MSN 002 in 18 Tagen insgesamt 127.788 Kilometer in 152 Flugstunden zurücklegte, an Bord befand sich ein etwa 80köpfiges Airbus-Team. Auf ihrer Reise stellte die Testmaschine in Johannesburg einen Rekord auf, mit 555 Tonnen Startgewicht war sie das schwerste je auf dem 1680 Meter hoch gelegenen Flughafen gestartete Flugzeug. Von dort ging es nonstop in 16 Stunden über 13.512 Kilometer via Südpol nach Sydney. Der letzte Flug der Mammut-Tour überquerte dann auf der Route von Vancouver nach Toulouse auch noch den Nordpol. »Der Flug ist außerordentlich gut verlaufen«, sagte Testpilot Hugues van der Stichel nach der Landung, »das Flugzeug hat sich als sehr schöne, komfortable und leise Maschine erwiesen.«

Prominenz beim Reveal im Januar 2005 (v. l. n. r.): Niki Lauda, Bundeskanzler Gerhard Schröder und Lufthansa-Chef Jürgen Weber. (AS)

Trotzdem ist die Erprobungsphase auch immer eine Zeit der unliebsamen Entdeckungen. Gerüchte über solche Ereignisse machen schnell die Runde in der Presse. Oft steckt absolut nichts dahinter, manchmal aber gibt es tatsächlich Probleme. Mal brach der A380-Flügel in einem Strukturtest bereits nach einer Biegung von 7,40 Metern, wenige Zentimeter eher als gefordert, Nachbesserungen waren nötig. Dasselbe galt für die Sektion 19, den Teil des Rumpfs auf dem das Leitwerk angebracht ist. All dies offenbarte aber keine grundlegenden Schwächen des A380-Designs. Jürgen Thomas, Chefingenieur der A380, war sich schon vorher über die Unwägbarkeiten der Testphase im Klaren: »Keine Flugerprobung ohne Überraschungen, darauf ist man eingestellt. Hauptsache man hat das richtige Team bereit, das schnell Änderungen durchführen kann, mit denen man schon am nächsten Tag wieder fliegen kann. Nach jedem Flug gibt es ein Review-Meeting, wo man darüber redet woran es lag, dass das ein oder andere Problem aufgetaucht ist. Dann muss schnell eine Lösung gefunden werden und dann ist die Frage, wie bringt man das in die Serienmodelle ein. Es wird sein wie immer – 95% der Probleme werden im Systembereich liegen. Fliegen wird die A380 können, da habe ich keine Bedenken, aber wie gut sie fliegt, das ist die Frage«, so Thomas vor

Falltür zum Notausstieg per Fallschirm aus der vorderen rechten Frachtraumluke des Prototyps. (AS)

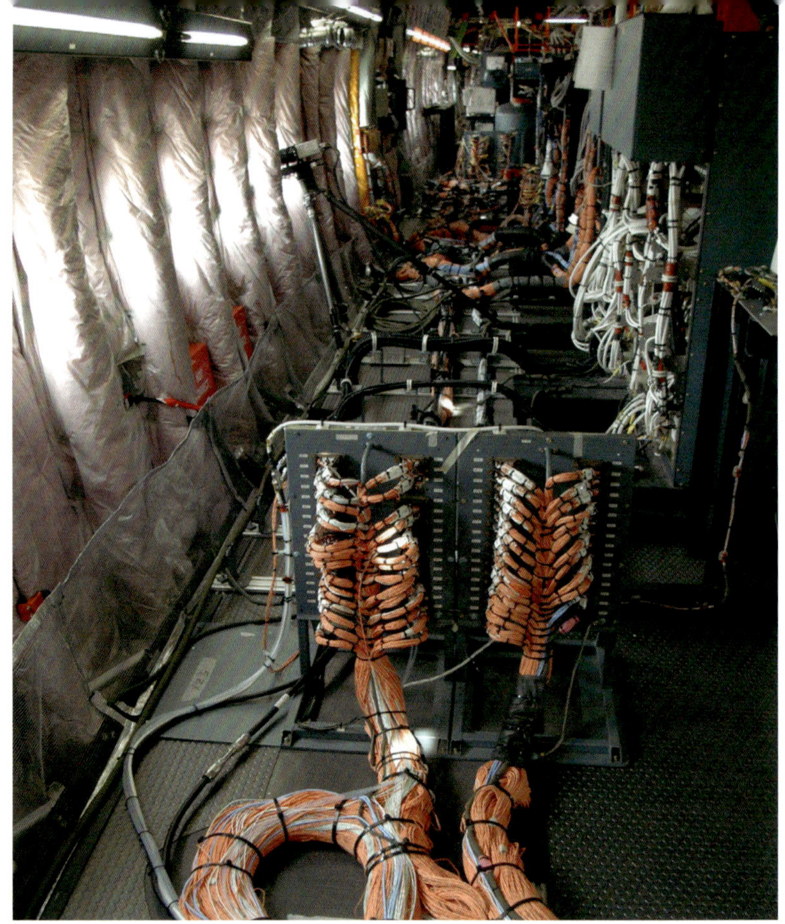

Insgesamt 335 Kilometer Kabel sind durch den Prototypen verlegt um die Testparameter zu verarbeiten. (AS)

dem Beginn der Tests. Heikel ist immer vorrangig die Frage, wie genau die den Kunden gegebenen Garantien eingehalten werden können, die lange vor dem Erstflug ausgesprochen wurden. So musste Airbus bei der A380 nicht nur Zusagen für den Kraftstoff-Verbrauch bei Indienststellung machen, sondern auch für vier Jahre nach dem Ersteinsatz. »Bei unseren letzten Flugzeugen lagen wir in der Performance nicht weit daneben. Früher hatten wir oft Probleme mit dem Triebwerks-Verbrauch, etwa bei den Rolls Royce-Motoren der A330, aber so schlimm wird das nicht werden. Vom Verbrauch her liegt Rolls-Royce diesmal ganz gut«, wusste Jürgen Thomas. Hauptsache für den »Vater der A380« und seine Leute war aber, dass es keine so genannten Showstopper gab, also Erkenntnisse, die das Programm insgesamt in Frage gestellt hätten.

Ein entscheidender und besonders riskanter Test stand der A380 mit der Baunummer 007 (Erstflug 19. Februar 2006) am 26. März 2006 bevor. In der neuen Lackierhalle im Werk Hamburg-Finkenwerder musste sich zeigen, ob es gelingen konnte, 873 Menschen in nur 90 Sekunden durch die Hälfte aller Türen, also durch fünf Ausstiege aus dem Hauptdeck und drei im Oberdeck zu evakuieren. Die Erfüllung dieser Bedingung ist Grundvoraussetzung für die Verkehrszulassung jedes Flugzeugs. Airbus verfolgte das ehrgeizige Ziel, die A380 für eine maximale Passagierzahl von 853 zertifizieren lassen. Dazu wurde MSN 007 mit einer extrem engen Charterbestuhlung im Sitzabstand von 30 Zoll (76,2 cm) versehen – 538 Passagiere plus elf Flugbegleiter sollten im Hauptdeck sitzen, 315 Passagiere plus sieben Flugbegleiter auf dem Oberdeck, hinzu kamen die beiden Piloten. »Wir hätten auch nur für 650 Plätze die Zulassung versuchen können, weil kein Kunde mehr Plätze an Bord einbauen will, das wäre einfacher, aber in Hinsicht auf künftige Nutzungen dumm gewesen«, sagte Hans-Georg Schrader, damals bei Airbus in Hamburg zuständig für den Evakuierungstest.

Die Entwicklung der Notrutschen für eine so große Zahl von zu evakuierenden Menschen war eine der frühesten Herausforderungen in der A380-Entwicklung. »Auf einem derart kritischen Gebiet wie der Evakuierung haben wir bereits 1996 mit der Arbeit Wettbewerb gegeneinander zu uns geholt«, erinnert sich Jürgen Thomas. »Die Firmen Aircruises und BF Goodrich haben beide Rutschen gebaut und die acht Meter von Gebäuden heruntergelassen und mit Windmaschinen angeblasen. Obere und untere Rutschen dürfen sich nicht ineinander verhaken wenn Wind kommt, und dann muss man davon ausgehen, dass das Flugzeug schief steht, da braucht man variable Rutschenlängen.«

Aus diesem Grund sind die Rutschen für die vorderen beiden Hauptdeck-Türen der A380 automatisch um ein Drittel verlänger-

Im März 2006 fand in Finkenwerder der erfolgreiche Evakuierungstest statt. (Airbus)

Premieren-Piloten: Airbus-A380-Erstflieger Claude Lelaie und Singapore Airlines-Kapitän Robert Ting auf dem ersten Linienflug im Oktober 2007. (AS)

bar, sollte ein Sensor nach dem Ausfahren melden dass das Rutschenende aufgrund des auf dem Heck aufliegenden Flugzeugs in der Luft hängt. Alle Rutschen sind mit jeweils zwei Bahnen nebeneinander ausgestattet, in den seitlichen Begrenzungen befinden sich Lampen. Die Rutschen vom Oberdeck sind mit Sichtblenden versehen, die von der Tür in acht Metern Höhe aus keinen Blick auf den Erdboden zulassen, um den Passagieren die Höhenangst zu nehmen und eventuelle Verzögerungen zu vermeiden. Für den Test wurden inklusive Ersatzkandidaten insgesamt 1100 Freiwillige benötigt, die vorher in Sportvereinen in der Nähe des Hamburger Airbus-Werks rekrutiert wurden. Lufthansa als Airline-Partner stellte Airbus 40 Personen Kabinenpersonal und Piloten für den Test zur Verfügung. Bei den Insassen waren genaue demographische Vorgaben zu erfüllen: Mindestens 40% der an Bord befindlichen Testpersonen mussten Frauen sein, mindestens 35% über 50 Jahre alt und mehr als 15% Frauen über 50 sein. Der Test fand in Bedingungen wie bei einem Nachtflug statt, damit sich die Augen besser an die spärliche Beleuchtung gewöhnen konnten. Die »Passagiere« schauten an Bord im schummrigen Licht der Notbeleuchtung Videoprogramme an. Auch der Hangar war dunkel, mit Ausnahme einer Minimalbeleuchtung, um Chaos nach dem Aussteigen zu verhindern. Am Boden standen 90 Helfer einer Stunt-Crew aus den Filmstudios Potsdam-Babelsberg bereit, genau acht pro Rutsche, um die »Passagiere« schnell aus dem Weg der nachkommenden Personen zu ziehen. Die Film-Leute hatten für diesen Spezialeinsatz über ein Jahr trainiert.

Im Inneren der eng bestuhlten Kabine waren Verschläge aus Sperrholz installiert wo sich sonst Toiletten und Bordküchen befinden, innen drin saßen schlecht getarnte Beobachter. »Wir waren fast eine Stunde an Bord gewesen als das Licht gedimmt wurde wie zu einem Nachtstart, und wir warteten vielleicht nochmal 20 Minuten«, erinnerte sich der britische Journalist Kieran Daly, der als einziger Berichterstatter am Evakuierungstest teilnehmen durfte. »Ohne Vorwarnung wurde es auf einmal dunkel in der Kabine, ein Moment war Ruhe, dann hörte ich die Flugbegleiter schreien.« Die Kabinenbesatzung führte jetzt die vorgeschriebenen Prozeduren aus und versuchte, die »Fluggäste« so schnell wie möglich auf die Rutschen zu bekommen – was im Eifer des Gefechts bei den Teilnehmern leicht zu Verletzungen führen kann. Nach neuesten Bestimmungen durfte Airbus einige Rutschen schon vorher ausfahren, die Insassen an Bord allerdings wussten natürlich nicht, welche Ausgänge tatsächlich zur Verfügung standen – es waren alle auf der rechten Flugzeugseite. An Bord verlief alles relativ geordnet – und angemessen zügig. Durch die Dunkelheit drinnen und draußen, sichtbar war nur der matte Schein der LED-Leuchten an den Rändern der Rutschen, kam es nicht zu den befürchteten Verzögerungen durch Menschen mit Höhenangst, die sich sonst möglicherweise nicht getraut hätten aus dieser Höhe auf die Rutsche zu springen. »Ich glaube diese Angst ist übertrieben«, resümierte Kieran Daly. Und das Wunder geschah – alle 873 Menschen hatten nach gerade mal 78 Sekunden die Kabine verlassen. Es gab nur drei Verletzte, lediglich einer musste mit einem Beinbruch ins Krankenhaus. »Wir haben damit einen wichtigen Meilenstein auf dem Weg zur Zulassung zurückgelegt«, strahlte der damalige Programmchef Charles Champion, der Nachfolger von Jürgen Thomas.

Doch das Unheil nahm bald seinen Lauf, denn kaum war der Jubel über den gelungenen Evakuierungstest verklungen bahnte sich ein Desaster ungeahnten Ausmaßes bei der A380-Produktion an. Darüber verlor auch Charles Champion schon wenige Monate später seinen Job. »Die A380 war ein Programm das helfen sollte, die EADS als integriertes Unternehmen der Airbus-Partner zu etablieren, und das verlief alles andere als glatt«, erinnert sich Fernando Alonso. »Und es führte auch dazu, dass wir viele Dinge an der A380 entdeckten, die geändert werden mussten, deshalb dauerte die Flugtestphase länger als geplant.« Auch weil den jeweiligen Vorgesetzten, die klar signalisiert hatten dass sie es nicht anders wollten, immer positive Rückmeldungen gegeben wurden – auch wenn in Wirklichkeit in der Produktion bald wenig klappte. »Als Fernando Alonso und Claude Lelaie schon vor dem Erstflug zur damaligen Nummer 2 bei Airbus gegangen sind, zu Gustav Humbert, und gesagt haben sie können den Zeitplan für das vorgesehene Flugerprobungsprogramm nicht einhalten, hat er sie angeschrien: , Ich will so etwas nicht hören und wenn Ihr mit damit nochmal kommt dann seid Ihr draußen', hat Humbert gesagt«, erzählt ein Airbus-Insider. Fernando Alonso sagt heute: »Egal wie viel Druck sie uns aussetzten, in meiner Rolle als Chef der Flugtests haben ich und mein Boss Claude Lelaie uns widersetzt um sicherzustellen, dass unsere Teams, die Jungs die wirklich den Job erledigt haben, nicht unter diesem Druck leiden mussten.« Zeitdruck und Verzögerungen wohnten dem A380-Programm von Beginn an inne – denn Airlines wie British Airways hatten von Anfang an gesagt das Flugzeug käme für sie zu spät – selbst wenn der ursprüngliche Zeitplan hätte eingehalten werden können. Inzwischen waren alle A380-Kunden verstimmt – vor allem Singapore Airlines (SIA), die erster Betreiber sein sollte und bereits eine umfangreiche Werbekampagne unter dem Motto »A380 – First to Fly in 2006« gestartet hatte. Es sollte anders kommen.

»Unsere Bosse wollten das Flugzeug unbedingt im Juni 2006 lieferfertig haben, aber es war absolut unmöglich das zu schaffen«, erinnert sich Fernando Alonso. »Ich hätte meine Unterschrift drunter setzen mussen, aber ich habe nicht unterschreiben, weil das Flugzeug nicht fertig war. Die Vertrauenswürdigkeit der Firma hätte gelitten wenn ich etwas abgezeichnet hätte, das nicht bereit für die Zulassung war«, so der Chef des Flugtestprogramms. Und die jüngere Luftfahrtgeschichte über ein Jahrzehnt später gibt ihm Recht. »Der Fall der Boeing 737 MAX zeigt jetzt, wie wichtig grundlegende Flugtests sind«, betont der Spanier. Denn Boeing hatte in der Eile, Airbus einen Konkurrenten für die A320neo entgegenzusetzen, die neuen Systeme der 737 MAX eben nicht sorgfältig getestet und die Piloten nicht darauf vorbereitet. Die Folge: Zwei Abstürze 2018 und 2019 mit insgesamt 346 Toten und ein fast zweijähriges weltweites Flugverbot für diesen Flugzeugtyp. Das Beben bei Airbus um die A380-Verzögerung erreichte seinen ersten Höhepunkt am 13. Juni 2006 als EADS erneute Verzögerungen bekanntgab. Binnen weniger Stunden verlor die EADS-Aktie an der Pariser Börse rund sechs Milliarden Euro an Wert – einer der größten Verluste für ein Einzelunternehmen in der Geschichte des Pariser Wertpapierhandels. Der zweite Höhepunkt der Krise kam am 2. Juli 2006 – EADS-Chef Noël Forgeard und sein Nachfolger als Airbus-Chef, Gustav Humbert, mussten wegen der Probleme zurücktreten. Am 3. Oktober 2006 gab Airbus den weiteren Aufschub der A380-Auslieferungen um ein Jahr bekannt, damit lag die nun für Herbst 2007 vorgesehene Erstauslieferung an SIA zwei Jahre hinter Plan. Und für Airbus stiegen die ins Haus stehenden Vertragsstrafen für die Verspätung auf ein Niveau im Bereich von hundert Millionen Euro. Insgesamt kosteten die Probleme mit dem Riesenflugzeug den Hersteller 2006 rund zweieinhalb Milliarden Euro, innerhalb von vier Jahren betrug die ungeplante Extrabelastung durch die A380 rund fünf Milliarden Euro. Dazu kamen 2006/2007 die ersten Abbestellungen – die beiden Frachtdienste FedEx und UPS stornierten ihre Aufträge für A380-Frachter, Airbus strich daher im März 2007 den Frachter komplett aus der geplanten Modellpalette.

Am 13. November 2006 begannen die Streckenerprobungsflüge, das sogenannte technische Route Proving, mit einem Flug von MSN 002 von Toulouse nach Singapur. Schon am 30. November 2006 endete die Testflugserie mit dem Rückflug von Vancouver über den Nordpol nach Toulouse. Insgesamt 127.768 Kilometer in 18 Tagen mit 152 Flugstunden hatte MSN 002 dabei zurückgelegt und auch den Südpol überflogen. Das Route Proving unter wirklich realistischen Bedingungen, mit Kabinen voller Passagiere, begann am 28. März 2007. Dafür war MSN 007 nun in gänzlich anderer Kabinenausstattung als beim Evakuierungstest unterwegs und vielfältig in den Medien präsent. Als einzige A380 mit vollwertigem Interieur und insgesamt 519 Plätzen, zwölf in First Class vorn auf dem Hauptdeck, dahinter 307 in Economy sowie 64 in Business Class auf dem Oberdeck und dahinter weitere 136 in Economy plus einer Stehbar hinter der First-Kabine auf dem Hauptdeck. Obwohl zu diesem Zeitpunkt die Zulassung bereits erteilt war konnte auf die bei neuen Flugzeugtypen übliche Streckenerprobung nicht verzichtet werden. Dabei werden unter realistischen Bedingungen Passagierflüge auf Langstrecken durchgeführt, vom Flugzeughersteller gemeinsam mit einem oder mehreren Airline-Partnern. Mit Basis auf dem Frankfurter Flughafen absolvierte MSN 007 in diesem Rahmen zwölf Flüge nach New York, Chicago, Hongkong sowie Washington DC und München. Insgesamt wurden so in 65 Flugstunden 60.000 Kilometer zurückgelegt und 3750 Passagiere befördert. Eine der wichtigsten Erkenntnisse: Egal ob ein Flughafen zur A380-Abfertigung zwei Fluggastbrücken ins Hauptdeck bietet oder sogar eine dritte mit zusätzlich direktem Einstieg ins Oberdeck: Die Abfertigungszeiten auch für über 500 Passagiere auf zwei Decks entsprachen denen der Boeing 747-400 oder lagen sogar darunter. Eine weitere wichtige Hürde für den reibungslosen Start in den Passagierdienst war genommen – wenn er denn endlich beginnen würde.

Ein Umlauf beim Route Proving führte eine A380 mit Lufthansa-Bordservice von Frankfurt nach Washington DC.

KAPITEL 7

Erst auf Linie gebracht, dann zur Strecke

Die A380 im Liniendienst

Seite Beginn der Liniendienste lieben Passagiere die A380. Aber effizientere neue Zweistrahler machen ihr zu schaffen.

» *Es ist ein wunderbares Flugzeug, alle wollen damit fliegen. Es war nicht immer einfach, aber drei Jahre nach dem Erstflug ist die Nachfrage größer denn je.* «

Sir Tim Clark, Präsident Emirates Airlines, 2011

Eine Ehrenrunde über ihrem Herkunftsort Hamburg drehte 2018 diese A380 von Emirates. (Airbus/Michael Lindner)

Emirates

Der kommerzielle Erstflug eines neuen Flugzeugtyps ist immer eine ganz besondere Veranstaltung. Ein spezieller Personenkreis von zumeist wohlhabenden Luftfahrtfanatikern ist ganz versessen darauf, möglichst auf dem allerersten Flug für den Tickets verkauft werden selbst dabei zu sein. Bei der Boeing 747 und der Concorde, den beiden letzten für die Luftfahrtgeschichte wirklich bemerkenswerten Erstflügen in den Jahren 1970 und 1976, gab es die ersten Anmeldungen schon bis zu zwölf Jahre im voraus. Auch Singapore Airlines (SIA) hatte das Interesse bereits seit langem geschürt, nicht zuletzt durch damals modernste Kommunikations- und Werbemethoden wie spezielle Websites und den Versand von Newslettern per e-mail. Die Erwartungshaltung des Publikums mußte jedoch immer wieder enttäuscht werden und die Enthusiasten vertröstet, weil sich die Auslieferung der ersten A380 immer weiter verzögerte. Als der Übergabetermin 15. Oktober 2007 im Sommer endlich feststand wurde gleichzeitig das Datum des Erstflugs festgelegt, als dessen Ziel Sydney schon lange bekannt war: Der 25. Oktober 2007. Ende August begann dann eine bisher einmalige Aktion, um 375 der 471 Plätze an Bord zu verkaufen: Eine Online-Versteigerung im Internet-Auktionshaus eBay. Der Flug SQ380 von Singapur nach Sydney sowie der Rückflug einen Tag später wurde als Sonderflug zugunsten karitativer Zwecke in Singapur und Sydney sowie »Ärzte ohne Grenzen« durchgeführt. Der gesamte Erlös der bis dahin vermutlich größten Online-Auktion der Geschichte sollte an die ausgewählten Einrichtungen fließen, dies war möglich weil auch andere beteiligte Firmen, etwa die Lieferanten des Flugbenzins, ihre Leistungen als Spende erbrachten. Rund 900.000 Euro kamen so zusammen.

Und eine große Anzahl enthusiastischer Fluggäste, die sich am frühen Morgen des 25. Oktober 2007 am Flughafen Singapur-Changi versammelten. Menschen wie Thomas Lee, so etwas wie ein Profi-Erstflieger, und das schon um kurz vor fünf Uhr morgens, drei Stunden vor dem geplanten Start. Wie aus dem Ei gepellt stand der damals 54-jährige Kalifornier mit jungenhaftem Grinsen in seinem eierschalenfarbigen Maßanzug hinter einem vollen Gepäckwagen, gab Interviews und teilte an Journalisten sogar eine Pressemappe aus. »Ein Passagier mit eigener Pressemappe, sowas habe ich noch nie erlebt«, murmelte ein Korrespondent fassungslos. Aber der smarte Geschäftsmann hatte allen anderen hier wirklich etwas voraus, und das nutzte er für die Eigenwerbung: Er war schon mal dabei als Luftfahrthistorie gemacht wurde. Das war am 21. Januar 1970, als die Boeing 747 zum Erstflug von New York nach London startete. »Damals war ich 17 und das war für mich das größte Ereignis meines Lebens«, erinnerte sich Lee, während er in der Warteschlange vor dem Economy Class-Schalter langsam vorankam, »der erste 747-Linienflug hat mich so beeindruckt dass ich in die Luftfahrtbranche gegangen bin.«

Über ihm spannte sich ein riesiges Banner unter der Terminal-Decke, das den »World's First A380 Flight« ankündigte. Neben ihm grinsten seine perfekt ondulierte Frau Sally, seit fast 40 Jahren Flugbegleiterin und Ausbilderin, und die stämmige Tochter Briana in die Kameras. Briana, die lieber Krankenschwester geworden war, gab später zu dass ihr der Wirbel, den ihre Eltern entfachten, etwas unangenehm war. Aber Wirbel gab es hier sowieso genug – trotz der frühen Morgenstunde war in der Abflughalle des Flughafens Singapur-Changi scheinbar die halbe Welt auf den Beinen. Insgesamt 455 Menschen aus 35 Nationen gehörten zu den Glücklichen, vom zehn Monate alten Jungen bis hin zum 91-Jährigen, rund 80 geladene Gäste und Journalisten, darunter der Autor dieses Buchs, sowie jene, die bei der Online-Auktion einen Platz für den Flug SQ380 nach Sydney ergattert hatten und jetzt hier eincheckten. Die günstigsten »Schnäppchen« hatte so mancher nerven-

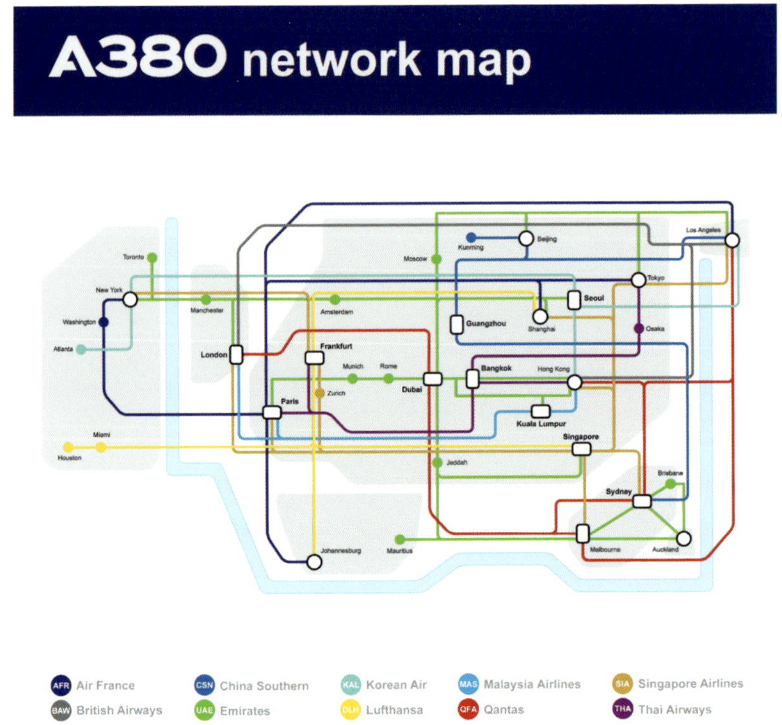

Weltweites A380-Streckennetz um 2010. (Airbus)

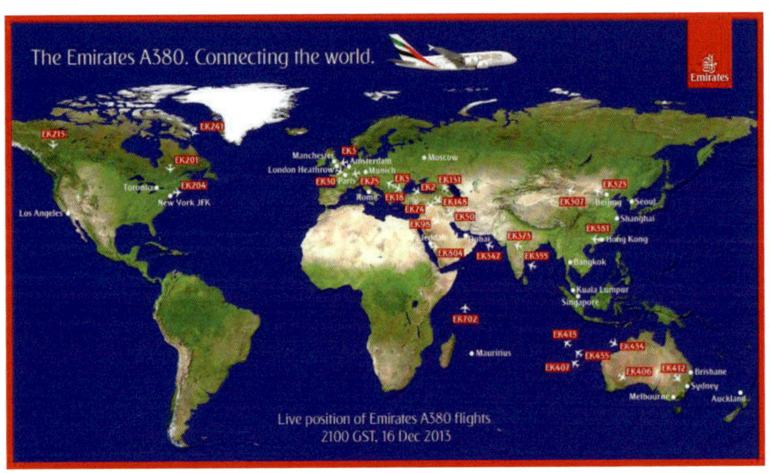

Von Alaska bis Auckland – Momentaufnahme aller fliegenden Emirates A380.

starke Economy-Gast mit einer späten Buchung gemacht und weniger als 400 Euro bezahlt, bei der Mehrheit war es wesentlich teurer. Am meisten hatte Julian Hayward hingeblättert, genau 100.380 US-Dollar für zwei Suiten für sich und einen Freund auf dem Weg nach Sydney. Der damals 38-jährige Londoner lebte in der austalischen Metropole, er hatte rechtzeitig Anfang 2001 seine 1996 gegründete Internet-Firma verkauft und damit Millionen verdient. »Für eine Spende ist das doch gar nicht soviel, und die ‚Ärzte ohne Grenzen' liegen mir sehr am Herzen«, sagte der Luftfahrtbegeisterte.

Der A380-Erstflug sollte »eines der größten Ereignisse der Luftfahrtgeschichte« werden, hatte SIA ganz und gar nicht bescheiden angekündigt. Lange hatte die Welt darauf warten müssen und jetzt hatte SIA gerade mal ein einziges Flugzeug, erst Anfang 2008 sollten die nächsten eintreffen. Eigentlich ist eine Maschine nicht genug um damit verläßlich interkontinentalen Linienverkehr zu betreiben – aber jetzt standen eigens 30 extra abgestellte Airbus-Experten bereit, die am Boden per ständiger Datenübertragung die Funktionsfähigkeit aller Systeme überwachten und notfalls sofort hätten eingreifen können. »Wir sind in jeder Schicht zwei Leute, die hier in Singapur sitzen und die unablässig eingehenden Daten vom Flugzeug analysieren, Tausende von Parametern verschiedenster Systeme«, erklärte Gunter Emmerich, einer der Leiter des Airbus-Teams. Wären irgendwelche Auffälligkeiten aufgetreten hätten die Mitarbeiter sofort aktiv werden und dank einer komplexen Logistik dafür sorgen können dass eine mögliche Störung nicht zu Verzögerungen der Flüge geführt hätte. Ein ehrgeiziges Ziel, war die erste SIA-A380 planmäßig doch zunächst nur jeweils 90 Minuten in Sydney am Boden und zwischen zwei Umläufen sechs Stunden in Singapur.

Auch Hannelore und Ulrich Dziergwa aus Berlin standen an diesem noch dunklen Tropenmorgen in Singapur am Schalter und präsentierten stolz ihre Bordkarten für zwei Economy-Sitze im Oberdeck. Eigentlich wollten sie nach Hongkong reisen und ihre Tochter besuchen, aber seit die mal kurz in der Luftfahrtbranche arbeitete waren auch die Eltern flugbegeistert und machten jetzt eben einen Umweg über Singapur und Sydney. Die damals 56-jährige Hausfrau trug stolz einen goldenen A380-Anstecker am Revers, ihr 58-jähriger Gatte aus der Computerbranche eine Schirmmütze des Airbus-Konzerns EADS auf dem Kopf. »Ich bin technikbegeistert und wollte das unbedingt miterleben«, sagte Herr Dziergwa, und seine Frau schwärmte: »Die Premiere eines so großen Flugzeugs können wir uns nicht entgehen lassen.« Genau 4060 US-Dollar hatten

Emirates A380 an einem Föhntag 2019 in Zürich. (Emirates)

beide One Way-Tickets für den A380-Erstflug bei eBay gekostet, rund das Zehnfache einer normalen Economy-Passage, alle anderen Reisekosten kamen dazu, »aber das Geld für den Erstflug ist ja eine Spende für einen guten Zweck,« wußte Hannelore Dziergwa. In der unbefangenen Begeisterung der enthusiastischen Laien wirkten die beiden wie ein beinahe rührender Kontrast zur geölten PR-Maschine des Thomas Lee. Der zeigte ein besonderes Artefakt herum: Die »Stern«-Ausgabe vom 1. Februar 1970. In der Heftmitte ein doppelseitiges Schwarzweißfoto aus der riesig wirkenden 747-Kabine. »Das da in der Mitte da bin ich, wie alle damals im Anzug«, lachte der Kalifornier.

Hinter den Panoramascheiben am Gate F31 ging inzwischen langsam die Äquatorsonne auf und tauchte den auf dem Vorfeld parkenden Flug-Riesen in ein fahles Morgenlicht. Der Flugsteig war bereits für die A380 Abfertigung gerüstet mit drei Passagierbrücken, eine davon direkt ins Oberdeck. Auch der Warteraum wurde vergrößert, schließlich fasst ein SIA-A380 genau 471 Passagiere. Am eigens aufgebauten Frühstücksbüffet drängte sich die kaum überschaubare Menschenmenge um Kaffee und Croissants. Viele zelebrierten das Ereignis auf eigene Weise: Mark aus Sydney hatte eigens T-Shirts fertigen lassen mit A380-Logo und Flugroute. Auf die Idee war auch Mats aus Dänemark gekommen, seine Hemd-Botschaft fiel simpler aus: »I did it«. Ian aus Brisbane hatte eine Pre- und Afterparty organisiert. »Dort werden wir heute abend in Sydney die A380 offiziell als König der Luftfahrt krönen und die 747 symbolisch enthaupten«, versprach Ian vor Abflug. Michael aus Sydney dagegen frönte einem profaneren Hobby, er hatte eigens Ersttagsbriefe drucken und in Singapur abstempeln lassen, für 40 US-Dollar pro Stück wollte er sie anschließend verkaufen. Nach ein paar Ansprachen und der Überreichung von Schecks an die in Singapur bedachten Wohltätigkeitsorganisationen war es soweit: »Der erste A380-Flug der Welt ist bereit zum Einsteigen«, hieß es um 7.21 Uhr Ortszeit. Am Ausgang schüttelte der strahlende SIA-Chef Chew Choon Seng unermüdlich jedem persönlich die Hand, bevor sich die Oben- von den Untensitzern trennen mussten. »Upper deck only«, stand auf dem Schild zum rechten Eingang in den direkten Zugang zum Oberdeck. Hier saßen die Gäste der Business Class und jene, die die begehrtesten Economy-Plätze ergattert hatten. »Das ist unsere Brücke zum Himmel«, sagte Hannelore Dziergwa und nahm ihren Mann an die Hand.

Das Einsteigen selbst so vieler Menschen in ein ungewohntes Riesenflugzeug ging rasch vonstatten, niemand irrte auf der Suche nach seinem Sitz durch die weiten Gänge oder über die Treppen vorn und hinten. Punkt 8.01 Uhr, nur Sekunden nach der offiziellen Abflugzeit, wurde der erste A380-Linienflug auf das Vorfeld hinausgeschoben. Hunderte von Mitarbeitern in gelben Westen standen Spalier und winkten, hinter den Terminalfenstern und später am Startbahnzaun drückten sich Trauben von Schaulustigen die Nasen platt. Ein paar Plätze waren leer geblieben – manche hatten kein Visum für Australien bekommen oder den Flug verpaßt. Um 8.16 Uhr startete der Premierenflug nach etwa 45 Sekunden Beschleunigug in die Morgensonne – und manche an Bord merkten es nicht einmal. So extrem leise sind die vier Triebwerke, dass nur das Rumpeln der Räder über den Beton manchen innen Sitzenden anzeigte dass es losging. Spätestens als lauter Applaus durch beide Decks brandete aber war jedem klar: Der Start in eine Ära war tatsächlich gelungen. »Gottseidank nicht wieder so ein Desaster wie bei der 747 damals, wo wir acht Stunden Verspätung hatten und das Flugzeug wechseln mußten«, seufzte Thomas Lee, »aber ich hätte den Start eben beinahe auch verpaßt, so wenig war zu hören,« wunderte er sich. Aus dem Cockpit kam die Durchsage, dass die A380 heute beim Start nur 468 Tonnen gewogen hat, wesentlich weniger als die 560 Tonnen des anfangs maximalen Startgewichts. »Nur 28% des Gewichts entfielen auf die Passagiere, 8% auf den Treibstoff«, erklärte Chefpilot Robert Ting, Luftfracht sei nicht an Bord, lediglich das Gepäck der insgesamt 490 Insassen. Beim Start habe man wegen des geringeren Gewichts nur 76% des maximalen Triebwerksschubs genutzt um die Motoren zu schonen.

Die A380 nahm ruhig ihren Kurs in Richtung Australien, während man sich an Bord alsbald näherkam. Vor allem in der vollbesetzten Economy Class dauerte es nicht lange bis zu ersten Verbrüderungen, kein Wunder bei zehn Sitzen pro Reihe auf dem Hauptdeck. Da war der Inder mit seinem 15-jährigen luftfahrtbegeisterten Sohn schnell auf Du mit einer Gruppe Norweger und einer Familie aus Singapur, die ihre beiden kleinen Töchter zur Feier des Tages in Sarong Kebayas gekleidet hatten, den Uniformen der SIA-Flugbegleiterinnen. Dann erschien durch den Vorhang ein großgewachsener Asiate in Pilotenuniform und wurde wie ein Popstar gefeiert. Die Menge johlte, klatschte und ließ sich auf Bordkarten und Menüs Autogramme geben. Chefpilot Robert Ting machte eine beruhigende Handbewegung. »Das ist hier schon ein besonderer Anlaß«, so Ting, aber über die Vergänglichkeit seines Ruhms machte er sich keine Illusionen: »In sechs Stunden haben die mich alle wieder vergessen«, lachte er. Doch erstmal waltete er seines Amtes: In den Suites, den luxuriösen Abteilen die die First Class noch überbieten sollten, sowie in der extrem geräumig gestalteten Business Class überreiche Ting jedem Passagier gemeinsam mit dem SIA-Chef ein gerahmtes Erstflug-Zertifikat, Handschlag und Erinnerungsfoto inklusive. Dazu gab es für jeden Erstflieger eine Tragetasche mit Erinnerungsstücken vom A380-Modell

London-Heathrow war schnell wichtigster A380-Flughafen, hier mit Singapore Airlines und Qantas. (Airbus)

bis zum edlen Schreibset. »Das ist ja wie Weihnachten, dafür allein hat sich das hier schon gelohnt«, jubelte Hannelore Dziergwa beim Auspacken. Nur Thomas Lee bekam natürlich noch etwas extra: SIA-Chef Chew Soon Seng überreichte ihm einen mächtigen Rahmen mit zwei Erstflug-Zertifikaten nebeneinander, 747 und A380, ein einmaliges Zeugnis der Geschichte der Großflugzeuge in der zivilen Luftfahrt.

An Bord herrschte eine beinahe ausgelassene Stimmung, vor allem in der hinteren Bordküche des Oberdecks standen Feiernde beieinander, stießen mit Champagner in Plastikbechern an und tauschten Geschichten über andere Luftfahrtabenteuer aus. Schnell hatten die Economy-Gäste herausgefunden dass die hintere Wendeltreppe ideal ist zum Lustwandeln und Beine vertreten. In den Suites und der Business Class ging es etwas gesetzter zu, doch auch hier dominierte gepflegte Feierlaune, zumal vom 1996er Dom Pérignon Rosé-Champagner unablässig in die eleganten, von Givenchy gestalteten Gläser nachgeschenkt wurde. Fast zu schnell näherte sich die A380 dann Sydney. Ein Überflug in nur 700 Meter Höhe über dem Hafen mit Opernhaus und Harbour Bridge war geplant, doch leider machte das Wetter mit tiefhängenden Wolken diese Idee zunichte. Stattdessen schwebte der Riese direkt über die Botany Bay auf die Piste ein, nach genau sieben Stunden und sechs Minuten setzten 455 Erstflieger und die 35köpfige Besatzung in Australien auf. Nochmals brandete Applaus auf, und Robert Ting meldete sich aus dem Cockpit. »Was Sie heute erlebt haben ist die Zukunft des Fliegens. Ich hoffe Sie kommen bald wieder an Bord.« Am Flughafen Sydney war man mit dem neuen Flugzeug noch nicht ganz so vertraut, es dauerte einige Minuten bis die drei Fluggastbrücken an die entsprechenden Türen herangefahren waren. »Ich bin überwältigt von diesem schönen und leisen Flugzeug«, strahlte Thomas Lee, auch nach vielen Stunden immer noch so frisch wirkend wie vor dem Abflug. Auch Hannelore Dziergwa war begeistert: »Das Flugzeug ist unglaublich leise, und die Luft in der Kabine ist selbst nach vielen Stunden Flug noch sehr viel frischer als in anderen Flugzeugen.« Beim Aussteigen im Terminals wurde den Ankömmlingen eine Sonderausgabe des Sydney Morning Herald in die Hand gedrückt. Die Schlagzeile darauf brachte es auf den Punkt, zumindest dachte man das damals: »Die Zukunft landet heute in Sydney«.

Bei aller Begeisterung nach dem gelungenen Premierenflug – es war ein langsamer Start für die A380 in den Linienbetrieb, denn es gab ja noch kaum Flugzeuge. Ein tägliches Flugpaar auf der Strecke Singapur-Sydney musste reichen als Symbol für den Beginn einer neuen Ära. Es sollte noch ein halbes Jahr dauern bis SIA am 18. März 2008 ihre A380 erstmals dorthin schickte, wo offensichtlich der wichtigste Markt weltweit auf sie wartete – nach London-Heathrow. Wenn es einen Flughafen gab, auf den die A380 zugeschnitten war dann dieser: Notorisch Slot-Knapp und überlastet, macht hier ein Riesenflugzeug am meisten Sinn, das die knappen Zeitfenster für Starts und Landungen am effizientesten nutzen kann. Auch Emirates wählte als erste Linienstrecke für ihre ersten A380 im Dezember 2008 die Route Dubai-London.

Fast zeitgleich startete SIA im März 2008 bereits ihre A380-Dienste nach Tokio-Narita, Qantas schickte ihre Erstflüge mit dem neuen Riesen im Oktober 2008 von Melbourne und Sydney nach Los Angeles, einem weiteren globalen Hotspot auf der A380-Streckenkarte. So schienen sich die Airbus-Vorhersagen zu bewahrheiten und die A380 zuerst auf den globalen Rennstrecken zwischen den großen Drehkreuzen Fuß zu fassen. Allerdings blieb Afrika zunächst außen vor, erst 2010 wagten sich zunächst Air France und dann Lufthansa nach Johannesburg mit der A380, die immer mal wieder abgezogen wurde und später erneut eingesetzt auf dieser Route. Besonders schwierig gestalteten sich die Markteintritte in China, Indien und in ganz Südamerika, das lange aus dem weltweiten

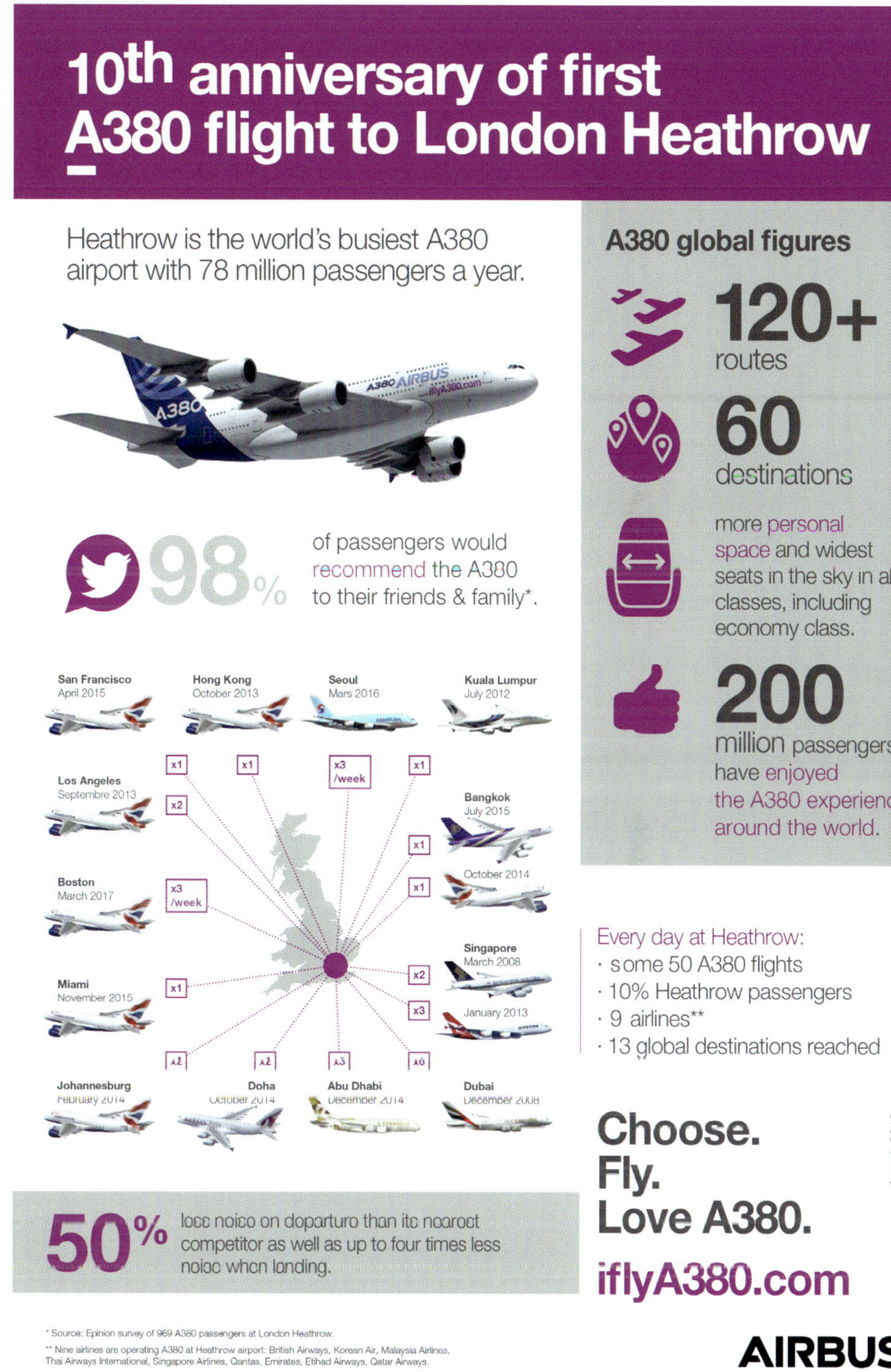

Zehn Jahre nach dem ersten A380-Flug bedienten London-Heathrow im März 2018 neun Airlines mit der A380.

Seoul-Incheon in Südkorea ist der einzige Flughafen auf dem zwei A380-Betreiber beheimatet waren – Asiana und Korean Air vor der Fusion. (Wikimedia)

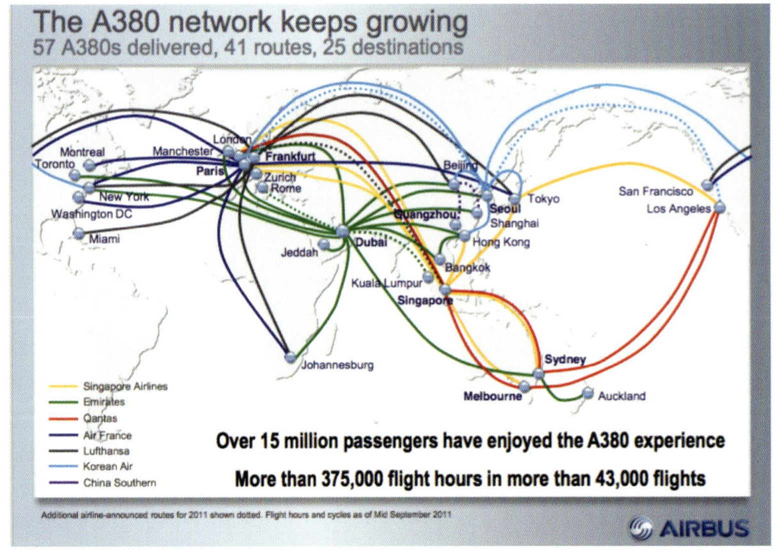

Weltweites A380-Streckennetz im September 2011 mit 57 ausgelieferten Flugzeugen.

A380-Netzwerk ausgeschlossen blieb. Dafür gab es etwa in China und Indien auch politische Gründe, aber auch simple Probleme in der Schaffung der nötigen Infrastruktur auf den Flughäfen.

Dubai etablierte sich mit zunehmenden Auslieferungen an Emirates schnell und unangefochten zum größten A380-Flughafen der Welt – Ende 2012 gab es hier 444 Flugbewegungen der Riesen pro Woche, fast alle von Emirates, einige wenige durch Qantas. Singapur lag mit 204 Flugbewegungen von vier Betreibern wöchentlich auf Platz 2, gefolgt von London-Heathrow (178 Starts und Landungen pro Woche von fünf Airlines), Paris (156) und Frankfurt (150). In London-Heathrow gab es 2018, ein Jahrzehnt nach den Erstflügen, rund 50 A380-Flüge von neun Airlines am Tag, allein rund 10% der damals 78 Millionen Passagiere des größten internationalen Flughafens der Welt starteten oder landeten an der Themse in einer A380, insgesamt waren 13 verschiedene Zielorte rund um den Globus damals von hier aus in einer A380 erreichbar – Dubai zeitweise sogar bis zu sechsmal täglich! Ende 2019, dem letzten Quartal vor Beginn der globalen Corona-Pandemie, führten Emirates und Dubai mit weitem Abstand die Rangfolge an – 54% aller angebotenen Emirates-Sitze entfielen auf die A380, in Bezug auf das Gesamtangebot aller Sitze bei allen Airlines ab Dubai entfielen 26% auf die A380. Dagegen verblassten alle anderen Betreiber (bei SIA auf Rang zwei entfielen gerade gut 7% aller Sitze auf die A380) und Flughäfen (London-Heathrow verzeichnete gut 6% aller verfügbaren Sitze auf einer A380).

Indien hatte sich erst sehr spät dafür entschieden, A380 ausländischer Betreiber ins Land zu lassen – obwohl die notorisch ausgebuchten Indien-Strecken der perfekte Nährboden für das Riesenflugzeug zu sein versprachen. Doch die indische Flughafenbehörde und das Direktorat für zivilen Luftverkehr waren eher auf Protektionismus und den Schutz heimischer Airlines ausgerichtet, die den marktbeherrschenden ausländischen Gesellschaften damals wie heute kaum wettbewerbsfähige Kapazität entgegensetzen konnten. Erst 2014 gab es dann grünes Licht für A380-Anflüge, die Lufthansa war mit ihr nach Delhi unterwegs, wohin auch SIA ihre Riesen brachte, die damit bald auch Mumbai bediente. In Afrika gab es außer Johannesburg nur zwei andere A380-Zielorte – Casablanca in Marokko bei Emirates und Abidjan an der Elfenbeinküste bei Air France. Auch China öffnete sich der A380 recht spät – 2010 erhielt die Lufthansa damit Landeerlaubnis in Peking, 2011 Emirates in Shanghai, ab 2013 flogen auch Lufthansa, Air France und SIA nach Shanghai. Seit China Southern Airlines über fünf A380 verfügte legte sie sogar Inlandsflüge damit von ihrer Basis in Guangzhou auf, nach Peking, Shanghai und zeitweise Shenzhen. Südamerika erwies sich als besonders harter Brocken. Emirates, Air France und Lufthansa pochten darauf, ihre A380 nach Sao Paulo einzusetzen, wo die Buchungszahlen immer weiter stiegen. Doch der Flughafen Guarulhos wurde und wurde nicht fertig mit seiner Anpassung, etwa einer Verbreiterung der Piste um 15 Meter. Bis zur Fußball-WM 2014 klappte es nicht, erst ab Sommerflugplan 2017, zehn Jahre nach dem ersten Linienflug, konnte Emirates endlich Sao Paulo mit der A380 von Dubai aus ansteuern. Das blieb die einzige Verbindung mit dem Riesen nach Südamerika, während der größte Flughafen Lateinamerikas in Mexiko-Stadt erst ab 2016 erstmals von der A380 bedient wurde, als Air France ihre Flüge umstellte. Da klar war dass gerade Emirates mit ihrer Flut an bestellten A380 nicht nur auf bekannten Rennstrecken unterwegs sein würde, schickten die Araber ihre rentablen Riesen bald auch auf Linienflügen zu Zielen, bei denen niemand je auf die Idee gekommen wäre, dass man dorthin ein Flugzeug mit über 500 Sitzen würde wirtschaftlich einsetzen können. Ein Beispiel ist die Insel Mauritius im Indischen Ozean – dorthin bot Emirates sogar zwei A380-Flüge täglich. Aber auch Amman, Prag oder Kopenhagen wären den Routenplanern anderer Airlines sicher nicht in den Sinn gekommen beim Evaluieren möglicher Destinationen. Das extreme Hub and Spoke-Drehkreuzsystem bei Emirates aber, das aus aller Welt Passagiere nach Dubai bringt und sie dort auf Weiterflüge wiederum in alle Himmelsrichtungen verteilt, macht auch solche kleineren Ziele wirtschaftlich, zumal mit den günstigen Stückkosten der A380.

Honolulu in Hawaii ist durch ANA erstmals an das A380-Streckennetz angebunden und die am weitesten von ihren Herstellungsorten entfernte Destination. (AS)

Somewhere under the rainbow: Emirates A380 in München. (Flughafen München)

Sofern das Flugzeug verlässlich verfügbar ist – und daran haperte es anfangs oft. Bereits in den ersten Märztagen 2009 mußte zunächst die australische Qantas ihre damals aus drei Flugzeugen bestehende A380-Flotte vorübergehend stilllegen. Die Qantas-Jets gehörten zu jenen, die Airbus Ende 2008 unter großem Zeitdruck fertiggestellt und ausgeliefert hatte, um die von Airbus-Chef Thomas Enders zugesagte Zahl von zwölf Auslieferungen in dem Jahr tatsächlich zu erreichen. Wenige Monate später drängte sich der Verdacht auf, dass Airbus die Flugzeuge möglicherweise nicht sorgfältig genug getestet hatte, bevor sie eilig ausgeliefert wurden. Qantas litt in allen ihren A380 unter Problemen mit den Treibstoffsystemen, sowohl mit den Tankanzeigen als auch mit Lecks in den Tanks. In Airbus-Mitarbeiterkreisen in Hamburg kursierte gleichzeitig ein 46seitiges Dokument in dem Emirates genau auflistete, welche Probleme an ihren bisher ausgelieferten vier Flugzeugen aufgetreten waren. Dort war von angeschmorten Kabeln, teilweise abgerissenen Verkleidungen und defekten Triebwerkskomponenten die Rede. In neun Fällen von nicht flugtauglichen A380 seien fast 500 Betriebsstunden verloren gegangen, 23 mal hätten Ersatzflugzeuge beschafft werden müssen. Wörtlich hieß es in dem Emirates-Dokument, es sei ein »Vertrauensverlust gegenüber dem Flugzeug und dem Markenimage des Emirates-A380« zu befürchten.

Kurz darauf kam der nächste Paukenschlag aus Dubai: Emirates kündigte an, ab dem 1. Juni 2009 die A380 nicht mehr täglich nach New York einzusetzen wie seit dem kommerziellen Emirates-Erstflug des Doppelstöckers am 1. August 2008, obwohl dies die mit viel Geld und Aufwand eingerichtete Paraderoute für die A380 sein sollte. Stattdessen würde der Riese künftig dreimal wöchentlich nach Toronto sowie nach Bangkok fliegen. Ein weiterer Indikator für die tiefe Krise, in die Dubai durch die weltweite Finanzkrise 2008 geschlittert war. Und die vielen Verwerfungen, die jetzt die Weltwirtschaft beutelten und die mit ihr zusammenhängenden Ströme des globalen Waren- und Passagierverkehrs. Gerüchte über mögliche A380-Abbestellungen durch Emirates oder nötige Lieferverschiebungen machten die Runde. »Wir waren tief geschockt, wie stark das Aufkommen nach New York seit Dezember 2008 weggeschmolzen ist, bisher sind da viele Banker ständig hin und hergeflogen, das stoppte abrupt«, sagte damals Emirates-Chef Tim Clark. »Wir hatten da 600 bis 750 Passagiere jeden Tag je Richtung, jetzt sind es nur noch 450. Aber 300 sind einfach verschwunden, viele davon Geschäftsreisende«, staunte der Emirates-Chef. Gleichzeitig legte er ein Bekenntnis ab:

Abfertigung einer Emirates-A380 durch drei Fluggastbrücken in München. (Flughafen München)

»Wir werden die A380 wieder nach New York einsetzen, schließlich haben wir ein Vermögen ausgegeben um dort in JFK eine Fluggastbrücke für den direkten Oberdeck-Zugang sowie eine Lounge zu bauen.« Und der Markt in Toronto »schreit nach der A380«, so Clark, denn durch die beschränkten Verkehrsrechte durfte Emirates damals nur dreimal wöchentlich in Kanada landen.

An der US-Westküste sah Emirates weiter starken Bedarf für A380-Flüge. »Dort sind auch jetzt die Auslastungen bei 95% geblieben«, berichtete Clark, »ich brauche die A380 nach San Francisco und Los Angeles, aber uns fehlen noch knapp 1000 Kilometer Reichweite um das zu ermöglichen.« Insgesamt drei Tonnen Gewicht sollte die A380 dafür noch abspecken. Eine Chance dazu sah man bei den beiden Duschen in First Class – von den 2,5 Tonnen mitgeführten Wassers würden nur maximal 1,5 Tonnen benötigt, so die Erfahrung der ersten Einsatzzeit, die Duschen seien aber ebenso wie die Bar im hinteren Oberdeck ein großer Erfolg. Es war eine schwierige Gratwanderung zu jener Zeit: Airbus stand unter großem Druck zu beweisen, dass ihr extrem teures Prestigeprojekt A380 kommerziell erfolgreich den Alltagsbetrieb bewältigen konnte. Die Airlines hatten bei ihren Passagieren immense Erwartungen geschürt, die Ungeduld nach allen Verzögerungen war groß. Gleichzeitig lief bei Airbus in der Produktion weiterhin vieles überhaupt nicht rund, vor allem in der Qualitätskontrolle. Und die A380 ging wie alle neuen Flugzeuge durch eine Periode der Kinderkrankeiten, verstärkt durch die Zustände bei Airbus. Zu allem Überfluss erwies sich der Zeitpunkt, zu dem die A380 nun endlich kommerziell Passagiere be

Zweitgrößtes Multi-Airline-A380-Drehkreuz nach London ist Los Angeles. (Jean-Louis Delezenne)

förderte, als so ungünstig wie nur irgend etwas. »Es war der perfekte Sturm«, sagt der langjährige Airbus-Chefverkäufer John Leahy heute. »Hätten wir die A380 wie angekündigt 2005 im Dienst gehabt, oder wäre sie 2007 zumindest mit besserer Treibstoffeffizienz ausgeliefert worden dank neuer Triebwerksgeneration, wäre das vor der Finanzkrise gewesen. Dann hätte die Bildung der Flotten schon Schwung gehabt und die A380 wäre besser in Gang gekommen. Aber wie die Dinge liefen mussten die Airlines ausgerechnet während der Finanzkrise ihre Flotten erweitern, als der Geschäftsreiseverkehr stagnierte, was der Branche schadete. Die Finanzierung war ohnehin schon schwierig genug, und das Auftauchen des brandneuen größten Verkehrsflugzeugs der Welt machte es dann noch schwieriger«, so John Leahy.

Aber 2011 sah die Lage schon wieder etwas besser aus. »Es ist ein wunderbares Flugzeug, alle wollen damit fliegen. Es war nicht immer einfach im ersten Jahr, aber drei Jahre nach dem Erstflug ist die Nachfrage größer denn je.« Eines der wichtigsten Themen, wie bei allen neuen Flugzeugen, war weiter das Gewicht. Die ersten Serienflugzeuge waren zu schwer, »alle Maschinen die jetzt kommen sind immer viel leichter als am Anfang, erst jetzt greift langsam das Gewichtsreduzierungsprogramm, das Airbus seit Jahren verspricht«, so Clark. Dabei ging es nicht nur um Treibstoffersparnis, sondern ganz handfest darum, ob die A380 bestimmte Flugziele erreichen kann oder nicht. Ein großes Thema war seit jeher die Tauglichkeit für Nonstop-Flüge von Dubai an die US-Westküste oder nach Südamerika. Das rückte jetzt in den Bereich des Möglichen: »Wir sind nun soweit, dass wir im nächsten Jahr nach San Francisco starten können«, verkündete Tim Clark. Sao Paulo war ebenfalls im Plan, allerdings gab es dort weiter das Problem, das kein Platz war, um die A380 auf dem Flughafen Guarulhos länger zu parken. Möglich wurden diese extremen Langstrecken mit der A380 aus zwei Gründen – es gab neue direktere Routen und die Flugzeuge waren leichter. »Wir haben neue Luftstraßen von Dubai über die Arktis an die amerikanische Westküste geschaffen, die Russen waren meistens kooperativ, so konnten wir die Großkreisroute verkürzen und damit die Flugzeiten. Allerdings sagen die Russen manchmal: ‚Das ist nur für Euch, nicht für alle'. Aber Stück für Stück wird der globale Luftraum freier«, berichtete Clark, »auch von Dubai über den Südatlantik nach Südamerika können wir jetzt eine viel direktere Linie fliegen als noch vor fünf Jahren.« Gleichzeit war klar dass die A380 nicht dafür taugte, Routen neu zu eröffnen. »Es geht darum, mit ihr die Kapazitäten auf Strecken zu erhöhen wo wir das dringend brauchen. Madrid, Genf, Kopenhagen, Prag und alle Punkte in Deutschland – da hatte ich über 90% Auslastung letzte Woche«, berichtete Clark. Doch er habe noch nicht genug A380, um sie auf allen Routen einzusetzen wo sie gebraucht würden. »Unser größtes Problem ist zu bestimmen wo die Nachfrage am größten ist und wir sie einsetzen, in unseren Strategiemeetings wollen alle die A380 auf ihren Strecken, auch nach Dar es Salaam und Nairobi in Afrika, aber die Flughäfen dort können sie nicht aufnehmen«, berichtete Tim Clark.

Um das Flaggschiff aber fit für noch längere Strecken zu machen musste die A380 abspecken. Emirates legte dabei selbst sehr aktiv bei der Reduzierung Hand an. »Wir haben die ganze Kabine durchkämmt auf der Suche nach Gewichtsersparnis, etwa in den Bordküchen, an den Sitzen, bei Verpflegung und Trinkwasser«, erinnerte sich Tim Clark und räumte ein: »Beim Wasser war das meine Schuld, ich habe eine Kalkulation gemacht, wie viel für die Duschen gebraucht würde, und dachte, jeder bleibt da fünf Minuten. Aber es sind überwiegend Männer, und die brauchen nur 90 Sekunden da drin, Frauen natürlich länger, aber im Durchschnitt sind es gerade mal zweieinhalb Minuten. Also können wir 250 Kilo Wasser einsparen, eine Viertel Tonne. Wir fanden heraus, dass der Inhalt des Zentraltanks, der 2250 Liter fasst, nur zu

Ein Emirates-A380 beim abendlichen Turnaround. (Flughafen Düsseldorf)

Sydney war 2007 der erste Zielflughafen des ersten A380-Linienflugs. (AS)

maximal 60% genutzt wurde, wir reduzierten also die Wassermenge an Bord um eine Tonne, wir brauchen etwa 1200 bis 1400 Liter pro Flug, das macht einen riesigen Unterschied.« Auch in den Sitztaschen wurde kräftig ausgemistet, wo vorher sechs bis acht Kilo (!) schwere Magazine und Kataloge für jeden einzelnen Passagier steckten, galt für das als einziges verbliebene Bordmagazin nun ein Höchstgewicht von 600 Gramm. »Diese Kombination von weniger Wasser, weniger Papier und anderen Dingen bedeuteten zusammen etwa 1,8 Tonnen weniger pro Flugzeug, dazu trugen auch leichtere Servierwagen und Gepäckcontainer bei. Von unserem ersten Flugzeug Delta Alpha bis heute sind wir etwa 3,5 Tonnen leichter geworden, als Kombination aus Flugzeuggewicht und Emirates-eigenen Änderungen an Bord«, freute sich Tim Clark 2011. »Und das Gewicht wird weiter sinken. Die A380 selbst ist jetzt, etwa durch Strukturverbesserungen, 1,5 Tonnen leichter als die erste Maschine, eine weitere Tonne wird kommen, sodass wir am Ende eine Erleichterung um 4,5 Tonnen erreicht haben werden«, hoffte der Emirates-Chef. Dazu beitragen sollte auch ein neues Bordunterhaltungssystem mit leichteren Bildschirmen, das allein eine halbe Tonne leichter war als das vorherige.

Tim Clark rechnete vor: »Wenn wir Sydney einmal täglich mit der A380 bedienen, brauchen wir 2,5 Flugzeuge, für die 14 Stunden nach New York-JFK benötigen wir bei doppelter täglicher Frequenz fünf Flugzeuge, dann noch San Francisco und Sao Paulo und eine weitere Destination, und ich habe bereits 20 Flugzeuge verplant, fast ein Viertel der Flotte. Die Maschinen sind so schnell vergeben«, stöhnte der Emirates-Chef. Auch Los Angeles schien schon damals machbar (und wird seit Dezember 2013 bedient), mit einer Beschränkung auf 450 statt 489 Passagiere auf dem Hinweg und voller Zuladung auf dem Rückweg bei 16 Stunden und 40 Minuten Blockzeit, ähnliches galt für Buenos Aires, obwohl der Flughafen Ezeiza noch nicht A380-kompatibel war (und nie von Emirates damit bedient wurde). »25 bis 30% der Flotte wird auf langen Flügen über zehn Stunden Länge eingesetzt werden, der Rest auf Missionen zwischen sieben und zehn Stunden Dauer«, erklärte Clark. Bei anderen A380-Betreibern spielte das Riesenflugzeug nie eine derart dominante Rolle wie bei Emirates, weil diese Gesellschaften andes als die Golf-Araber sehr unterschiedliche Marksegmente mit sehr diversen Fluggeräten bedienen.

So erfolgte die Einführung der A380 bei Thai Airways zunächst regional auf Flügen von Bangkok nach Hongkong und Singapur, im Dezember 2012 starteten die täglichen Frankfurt-Dienste, 2013 folgten Flüge nach Tokio-Narita und Paris-CDG sowie nach Sydney und London. »Die Auslastung auf unseren A380-Flügen ist sehr zufriedenstellend, auf der Frankfurt-Route freuen wir uns über mehr als 90prozentige Ladefaktoren, mehr als zuvor'«, gab sich das Thai-Management begeistert, »die A380 zieht die Menschen an.« Als Zeichen wie wichtig auch regionale Routen sind setzte Thai ihre mit 507 Sitzen bestückte A380 weiterhin nach Hongkong und Tokio ein. Bei Malaysia Airlines hingegen fremdelte man von Anfang an mit dem Riesen, setzte ihn vorranging auf der London-Route ein und beschäftigte so vier der sechs vorhandenen Flugzeuge. »Die A380 ist zu groß für uns, sogar auf der London-Strecke,« räumte der damalige Firmenchef Christoph Müller 2016 ein. »Wir wollten die Flugzeuge ursprünglich mal füllen mit Leuten, die via Kuala Lumpur nach Australien fliegen. Der Markt ist an die Golf-Carrier gegangen«, so Müller. Als Malaysia Airlines im Dezember 2001 die A380 bestellte hatten alle Golf-Airlines zusammen zehn Millionen Passagiere. »Jetzt sind es 120 Millionen. Die Welt hat sich in den letzten Jahren kolossal verändert, wir müssen uns auf andere Märkte konzentrieren«, wusste der deutsche Manager. Malaysia Airlines wollte ihre A380 verkaufen oder sie umrüsten und bei einer Tochterfirma für Pilgerflüge nach Mekka einsetzen. Dazu kam es nie. Die London-Flüge als Flaggschiff-Route übernahm bald der Airbus A350.

Und genau das entpuppte sich schnell als entscheidendes Problem für die A380: Die zweistrahligen, effizienteren neuen Flugzeuge wie die Boeing 787 (im Linienbetrieb seit Ende 2011) und die A350 (seit 2015) waren für die Airlines sehr viel kostengünstiger und vor allem mit weniger wirtschaftlichem Risiko einzusetzen. Und die Passagiere waren schnell der üblichen Umsteigeverbindungen mit Gedrängel und weiten Wegen an Riesen-Drehkreuzflughäfen überdrüssig, die neuen Twin Jets erlaubten auch die Bedienung von Nonstop-Langstrecken ab Sekundärflughäfen. Diese Entwicklung führte beinahe im Handumdrehen zur Erosion der Marktnische für die A380. »Aus wirtschaftlicher Sicht war schon vor zehn Jahren absehbar dass große, effiziente Zweistrahler die Stückkosten der Riesen erreichen oder sogar günstiger sein würden. Zusätzlich sind die Boeing 787 und die A350 gerade in Krisen flexibler einsetzbar«, erklärt der frühere oberste Flugzeugeinkäufer der Lufthansa-Gruppe, Nico Buchholz. Aber das Tempo hat auch ihn überrascht: »Als Lufthansa 2001 ihre ersten zehn A380 bestellt hat war nicht absehbar, dass die Boeing 787, A350 und auch die Boeing 777X so schnell kommen würden. Damals war auch die überarbeitete Boeing 747-8 noch nicht absehbar, weil dafür die Triebwerkstechnologie fehlte. Die Stückkosten einer A380 waren damals knappe 14% besser als bei einer 747-400«, so Nico Buchholz. Trotzdem, so sagt er, seien die Grundannahmen in Bezug auf die A380 zu Beginn richtig gewesen: »Am Anfang hat die A380 durchaus Sinn gemacht, vor allem auf Langstrecken nach Fernost hat sie sich gerechnet. Die Lufthansa und viele andere haben sich bei ihren Berechnungen immer auf den Flughafen Tokio-Narita fokussiert, aber plötzlich wurde der Stadtflughafen Haneda auch für internationalen Verkehr geöffnet und man konnte mehr auf Frequenz setzen und den Kunden mehr Flüge bieten. Auch in Peking und Shanghai ergaben sich mit neuen oder erweiterten Flughäfen mehr Möglichkeiten. Frühere Slot-Restriktionen sind also in vielen Gegenden entfallen. Damit bleibt eigentlich nur London-Heathrow als ein Flughafen, wo die A380 Sinn macht. Slot-Restriktionen sind also schon länger kein Grund mehr gewesen, die A380 zu kaufen«, weiß Nico Buchholz.

Unmittelbar erlebt hat den Verfall der Wettbewerbsfähigkeit der A380 der langjährige Airbus-Chefverkäufer John Leahy. »Wir haben das A380-Programm 2000 gestartet, aber schon drei Jahre später begann Boeing die 787 mit den GEnx-Triebwerken und den Trent 1000 von Rolls Royce, die beide einen um zehn bis 12% besseren spezifischen Spritverbrauch aufwiesen als die Motoren der A380. Können Sie sich den Erfolg der A380 vorstellen mit einem um 12% besseren Treibstoffverbrauch als sie ihn tatsächlich hatte?«, fragt er heute. »Als die Boeing 787 herauskam mit Triebwerken mit jenem spezifischen niedrigen Treibstoffverbrauch den sie hatten, begann ich mir Sorgen zu machen. Und ich machte mir auch Sorgen, als sie 2012 die Boeing 747-8 herausbrachten. Hätten wir diese Motoren für die A380 zu diesem Zeitpunkt gehabt, dann weiß ich das hätte uns vor den großen Zweistrahlern geschützt. Aber sogar mit diesem Nachteil bei der Triebwerkstechnologie können die Twins nicht konkurrieren, wenn die A380 zu 85 oder 95% besetzt ist. Aber das ist eine sehr kleine Gewinnspanne für ein großes Flugzeug, das schwierig zu füllen ist«, bedauert der bekannteste Flugzeugverkäufer der Welt. Die Ära der Fortüne für das größte Passagierflugzeug entpuppte sich am Ende als ein sehr kleines Zeitfenster, nicht annähernd jene Dekaden der Vorherrschaft, die das Vorbild der Boeing 747 genießen durfte.

Sechs A380 von ebenso vielen Airlines nebeneinander – Alltag am internationalen Terminal in Los Angeles. (Jean-Louis Delezenne)

Eine Emirates-A380 am Winterhimmel beim Start in Hamburg im Dezember 2021 (Timo Soyke)

Sao Paulo wurde lange mit den Erweiterungen für die A380 nicht fertig. Hier ein Testflug 2012, Liniendienste konnten erst 2017 beginnen. (Airbus)

KAPITEL 8

Wie die Airlines das Raumwunder der A380 genutzt haben

Suiten, Duschen und mehr

Airbus schürte luxuriöse Visionen vom Angebot in der Kabine, doch im Linienbetrieb gab es nur bei wenigen Airlines Innovationen.

> *Die Nachfrage von Economy-Kunden stieg, nach dem Motto: Das ist die Airline, die Duschen in die A380 einbauen kann, mit denen will ich auch fliegen.*
>
> *Sir Tim Clark. Präsident Emirates Airlines, 2019*

ANA aus Japan war der letzte neue Betreiber der A380 und gleichzeitig äußerlich der auffälligste. (Dirk Grothe)

ANA
AIRBUS A380
381
APRON3 ←B

Die Erwartungen des Publikums an das, was die Airlines ihren Passagieren an Bord der A380 bieten würden, waren riesig, schon etwa seit der Jahrtausendwende. Und sie wurden immer größer, je länger sich die Einführung verzögerte. Es war eine missliche Gemengelage: Zunächst hatten die Airbus-Marktstrategen lange die Phantasien vom Fliegen in einer neuen Dimension beflügelt mit Phantastereien über Restaurants, Fitnesscenter oder üppige Bars und Lounges an Bord der A380. Waren die in den späten 1960er-Jahren vom Hersteller auf die Boeing 747 projizierten Vorstellungen vom Angebot an Bord noch realistisch gewesen – viele Sitze in einem für damalige Verhältnisse unfassbar großen Flugzeug, dazu ein Lounge-Szenario im damals kleinen Oberdeck – so gerieten bei Airbus die Dinge ein wenig außer Kontrolle. Oder die Fantasie ging mit den Designern durch. Ein wenig kühlen Kopf zu bewahren hätte sich ausgezahlt und schnell wäre klar geworden: Die Airlines mussten für die A380 noch nie dagewesene Investitionen tätigen, vom Listenpreis des Flugzeugs (2008 im Schnitt bei 327 Millionen US-Dollar) bis hin zu vielfältigen Aufwendungen für die nötige Infrastruktur am Boden. Es war unausweichlich dass die A380-Kunden das Geld wieder einspielen mussten, und daher in der riesigen Kabine so viele Sitze unterzubringen versuchten wie möglich. Und sich nicht üppiger Platzverschwendung hingaben, wie sie in den frühen 1970er-Jahren bei der 747-Einführung auf US-Inlandsflügen noch unvermeidlich war, da der überreichlich vorhandene Platz schlicht nicht mit zahlenden Gästen allein zu füllen war. Damals hatte etwa American Airlines in ihren 747 hinten auf dem Hauptdeck für Economy-Passagiere eine Lounge mit einem eignes dafür angefertigten Wurlitzer-Piano eingerichtet. Solche Zeiten waren bei der Einführung der A380 klar vorbei.

Ein weiteres großes Problem waren die Verzögerungen bei Fertigung und Auslieferung der A380. Airbus hatte seinen Kunden weitreichende Freiheiten gegeben bei der Ausstattung ihrer A380 und darauf verzichtet, ihnen einen begrenzten Katalog möglicher Sitze, Gestaltungsoptionen und anderer Bestandteile für die Kabine vorzugeben. Das wird heute allgemein als einer der größten Fehler in der Schlüsselphase des Programms gesehen. Es hatte den Effekt, dass viele Gesellschaften ganz eigene Entwürfe machten und diese von Zulieferern und Airbus umgesetzt haben wollten, was, wie sich bald zeigte, ein schwieriger, langwieriger und manchmal zermürbender Prozess war, der den gesamten Auslieferungsplan unfassbar kompliziert machte und die Zeitabläufe weiter durcheinander brachte. Währenddessen zeigten Airbus und die Medien jahrelang weiter die angejahrten Bilder vom Interieur aus dem *Mock-Up* in Toulouse, das schon bei seiner Vorstellung veraltet gewesen war. Mangels eines realen Produkts, das man hätte vorstellen können, verfestigte die anhaltende Präsenz dieser überholten Bilder die allgemeinen Erwartungen. Zwei weitere Faktoren kamen ins Spiel, die die Schere aus Erwartung und Realität noch weiter auseinander klaffen ließ: Für A380-Kunden gab es einen sogenannten *Design Freeze* für ihre Kabinen jeweils lange vor dem geplanten ersten Auslieferungstermin, denn Beschaffung, Lieferung und Einbau maßgeschneiderter Interieurs braucht immer ihre Zeit.

Das Problem in diesem Fall war, dass sich dann die Liefertermine der Flugzeuge manchmal um Jahre verschoben, es aber nicht mehr möglich war, während dieser Wartezeit die einmal festgelegte Ausstattung der Kabinen zu überarbeiten. Gleichzeitig entfachten die Airlines mit ihrer stets extremen Geheimniskrämerei wenn es um neue Produkte geht noch zusätzlich die Erwartungshaltung. Die in der Realität dann ziemlich oft enttäuscht wurde, wenn der jeweilige Betreiber endlich mit großem Brimborium seine erste A380 präsentierte. So ging es etwa der Lufthansa bei ihrer ersten Auslieferung 2010, als sich alle beklagten dass das Interieur nicht innovativ war und vor allem weiterhin bei der Liegefläche geneigte und nicht wie fast alle Wettbewerber ebene Bettsitze in Business Class aufwies – weil sie eben Jahre zuvor spezifiziert worden waren. Oder British Airways, deren erste A380 erst 2013 kam, aber zum Beispiel störende Elektronik-Boxen unter den Sitzen aufwies, die die Beinfreiheit behinderten und damals schon nicht mehr der aktuelle Stand der Technik waren.

Hier ein Blick auf jeden A380-Betreiber und sein Kabinenangebot, in der Reihenfolge der Auslieferungen:

Singapore Airlines

Singapore Airlines (SIA) musste die Premiere ihrer neuen Business Class, die eigentlich in der A380 stattfinden sollte, wegen der Verspätung des Riesen in die Boeing 777 verlegen. Kurz vor der Linienflug-Weltpremiere der A380 im Oktober 2007 zeigte dann SIA ihr erstes Flugzeug. Zunächst herrschte etwas Verwunderung: Nicht einmal eine Bar oder Lounge an Bord, sondern nur Sitze? SIA versuchte mit ihrem neuesten Premiumprodukt an Stelle der bisherigen First Class die Öffentlichkeit zu begeistern. Es hieß nur noch *Suites*, »eine Klasse besser als First«, so die Werbung, zwölf individuelle Kabinen boten mit rund zweieinhalb Quadratmetern Grundfläche soviel Raum für jeden einzelnen Kunden wie er sonst damals in keinem kommerziell betriebenen Flugzeug vorhanden war. Die 60 Business Class-Plätze befanden sich im Oberdeck und nahmen zwei Drittel der »ersten Etage« in Anspruch. Dahinter folgte eine kleinere Economy-Kabine mit 88 Sitzen in 2-4-2- bzw. ganz hinten (Reihen 82 und 83) in 2-2-2-Anordnung, während der Großteil des Hauptdecks von 311 Economy-Sitzen eingenommen wurde, hier stand wie in ausnahmslos allen A380-Economy-Kabinen im Hauptdeck eine 3-4-3-Konfiguration in jeder Reihe. Prunkstück war selbstverständlich die Suites-Klasse, die für einen 20-25% Preisaufschlag auf die übliche First-Passage verkauft werden sollte. »Die *Suites* sind nochmal bis zu einem Drittel größer als die bisherige First Class, man kommt sich vor wie in einem edlen Zugabteil«, freute sich SIA-Chef Chew Choon Seng. Entscheidende Neuerung war, dass es zum einen den komfortablen Sitz gab und zum anderen ein separat ausklappbares Bett – und nicht wie vorher üblich nur einen Sitz, der sich in ein Bett verwandeln ließ.

Aus den zwei mal zwei zusammenstehenden Suiten in der Mitte der Kabine ließen sich durch das Hochfahren einer Trennwand auch zwei Doppelsuiten für gemeinsam reisende Paare machen, eine durchaus relevante Zielgruppe aus fast 40% der First Class-Gäste damals. Helle, dezente

»Suites« statt First Class hießen die Premium-Abteile der Singapore Airlines, die 2007 Maßstäbe setzten. Damals wurde der Sitz umgeklappt und ein Bett gerichtet. (SIA)

Die neueste Generation der Business Class in der SIA-A380. (SIA)

Farben dominierten die Suiten, Oberflächen aus Edelholz-Imitat (echtes Holz ist aus Feuerschutz-Gründen nicht möglich) und helles, weiches, handgenähtes Leder vom italienischen Edelausstatter Poltrona Frau Sitze und Polster. »Unsere Inspiration kommt aus dem Bereich der Luxusyachten«, sagte der französische Designer Jean-Jacques Coste, »wir wollten einen exklusiven Bereich schaffen mit einem komfortablen Sitz und einem separaten, ausklappbaren Bett von 1,98 Meter Länge, eine Suite mit Komfort wie zu Hause«. Dank zweier Schiebetüren ließ sich eine fast ungestörte Privatsphäre herstellen, pfiffig waren die jeweils zwei Fenster zum Gang hin, die sich mit sehr asiatisch anmutenden Rollos als Sichtschutz blickdicht machen ließen. Theoretisch hätte neben einem liegenden Fluggast sogar noch ein Begleiter auf dem Sitz der Suite Platz nehmen können. Fast alle von den Kunden in ausgiebigen Befragungen zuvor geäußerten Wünsche konnten erfüllt werden, betonte SIA. »Eine kleine Minderheit hätte vielleicht gern eine Ecke für den Austausch mit anderen Passagieren gehabt oder einen Besprechungsraum«, räumte ein Produktmanager ein, »aber wir haben uns dagegen entschieden.«

Die einzige Selbstbedienungs-Stehbar mit Getränken und Snacks, die es an Bord gab, befand sich in der Mitte der Business Class-Kabine im Oberdeck. »Bei 399 Plätzen in Economy Class mussten wir ziemlich strikt darin sein, wie wir den Platz nutzen«, erklärte der Produktmanager. »Es macht keinen Sinn einen Ort vorzuhalten, der nur von zehn Passagieren während des Fluges genutzt wird, wir haben also lieber die Fläche zugunsten der individuellen Sitze genutzt«, so der Produktmanager, »wir bieten genug am Platz um die Passagiere zu beschäftigen, es gibt viel Beinfreiheit und reichlich Unterhaltungsprogramme.« Tatsächlich waren die Economy-Sitze durchaus komfortabel, beim Zurückstellen der Lehne hob sich die Sitzfläche an, unter dem Vordersitz herausklappbare Fußstützen trugen zur Bequemlichkeit bei, der Sitzabstand betrug 81 Zentimeter. Ebenfalls Maßstäbe gesetzt wurden in der Business Class. Hier konnte sich der Passagier vor allem in die Breite viel weiter ausdehnen als in irgendeinem anderen Flugzeug. Das Besondere an der Business Class-Kabine war die geringe Sitzanzahl pro Reihe – statt wie bisher bei SIA und anderen Gesellschaften sieben Sitze in 2-3-2-Anordnung stehen jetzt nur noch vier Sitze in 1-2-1-Konfiguration in jeder Reihe. »Das breiteste Business-Class-Produkt der Welt« nannte es die SIA in der Eigenwerbung, mit 87 Zentimeter Sitzbreite sollte das neue Produkt alte Standards um nahezu 50% übertreffen. Doch worauf es wirklich ankommt ist die tatsächliche Platzausnutzung. SIA wies in Business Class in der ursprünglichen A380-Konfiguration gerade 1,40 Meter Sitzabstand auf – was selbst damals nicht üppig war. Um die volle Fläche von insgesamt 1,93 Meter zum flachen Ausstrecken nutzen zu können begab sich der Fluggast in eine diagonale Position. Der Kopf lag also zum Beispiel links nahe dem Gang, die Füße rechts nahe dem Fenster in einer kastenförmigen Aussparung – doch viele Business-Kunden schätzten das nicht.

SIA war einer der ganz wenigen A380-Betreiber, die im Laufe des Flugzeuglebens ihr A380-Produkt gründlich überarbeiteten. Dies hing auch zusammen mit einer neuen Lieferung von fünf A380 ab Ende 2017, also ein Jahrzehnt nach den ersten Ablieferungen. Zu Beginn des A380-Betriebs war die A380 bei SIA mit zwölf Suiten und 311 Economy-Sitzen auf dem Hauptdeck plus 60 Business Class-Sitzen und 88 Economy-Sitzen auf dem Oberdeck ausgestattet. Seit Einführung der Premium Economy Class gab es zwei unterschiedliche Versionen mit entweder 441 Sitzen (mit gleichem Oberdeck und zwölf Suiten, 36 Premium Economy und 245 Economy-Sitzen auf dem Hauptdeck) oder 379 Sitzen total mit dem gleichen Hauptdeck und einem reinen Business-Class Oberdeck mit 86 Sitzen. Die jüngste A380-Kabine verfügte nun über sechs Suiten auf dem Oberdeck vorn plus 78 Business-Sitze, mithin ein reines Premium-Oberdeck, wie es viele andere A380-Betreiber auch bieten. SIA rüstete alle ihre nach der Pandemie verbliebenen zwölf A380 (von zuvor insgesamt 24) mit der neuen Kabine aus. Auf dem Hauptdeck ist nun ganz vorn die Premium

Die Suites wanderten ab 2017 ins Oberdeck und verfügen jetzt über Sessel und Bett separat. Durch versenkbare Wände lassen sich Doppel-Abteile schaffen. (SIA)

Economy mit 44 Sitzen in einer 2-4-2-Konfiguration eingebaut, dahinter stehen 342 Economy-Sitze in 3-4-3-Anordnung mit 32 Zoll (81cm) Sitzabstand und 18,5 Zoll (47cm) Breite, oberer Branchenstandard. »Wir nutzen das Platzangebot der A380 jetzt sehr viel effizienter, indem wir die *Suites* ins Oberdeck verlegt haben«, sagte SIA-CEO Goh Choon Phong bei der Vorstellung 2017.

Die wichtigste Veränderung in der erneuerten A380-Inneneinrichtung betraf in der Tat die ultraluxuriöse *Suites*-Klasse. Bisher waren die zwölf Suiten in einer 1-2-1-Konfiguration auf dem vorderen Hauptdeck angeordnet. Jetzt konnte man sogar von außen die fünf neuen A380 als solche daran erkennen, dass jedes dritte Fenster auf beiden Seiten des Oberdecks im Bereich vor der ersten Tür verschlossen wurde, da hier die Raumteiler zwischen den drei neuen Suiten auf jeder Seite verlaufen. Das heißt dass die Anzahl der Suiten gegenüber der ursprünglichen Kabine halbiert und die jetzt sechs Suiten vom vorderen Hauptdeck nach oben gleich an die große Treppe verlegt wurden. Diese vom Hersteller Zodiac in Großbritannien als *Skyrooms* bezeichneten Abteile stellen einen der luxuriösen Höhepunkte der A380-Geschichte dar. Jede Suite verfügt jetzt über eine Fläche von bis zu 4,6 Quadratmetern, wobei die Suiten 1A und 1F die geräumigsten sind, eine Menge Platz für einen einzelnen Passagier. Die bisherigen Suiten gaben jedem Passagier nur 2,8 Quadratmeter Raum, eine Steigerung von 70%. Zum Gang hin sind sie durch zweiteilige Schiebetüren abgeschirmt, die von Hand bewegt werden, im Gegensatz zu elektrisch betriebenen bei anderen Gesellschaften, wo sie eine ständige Quelle für technische Probleme darstellen.

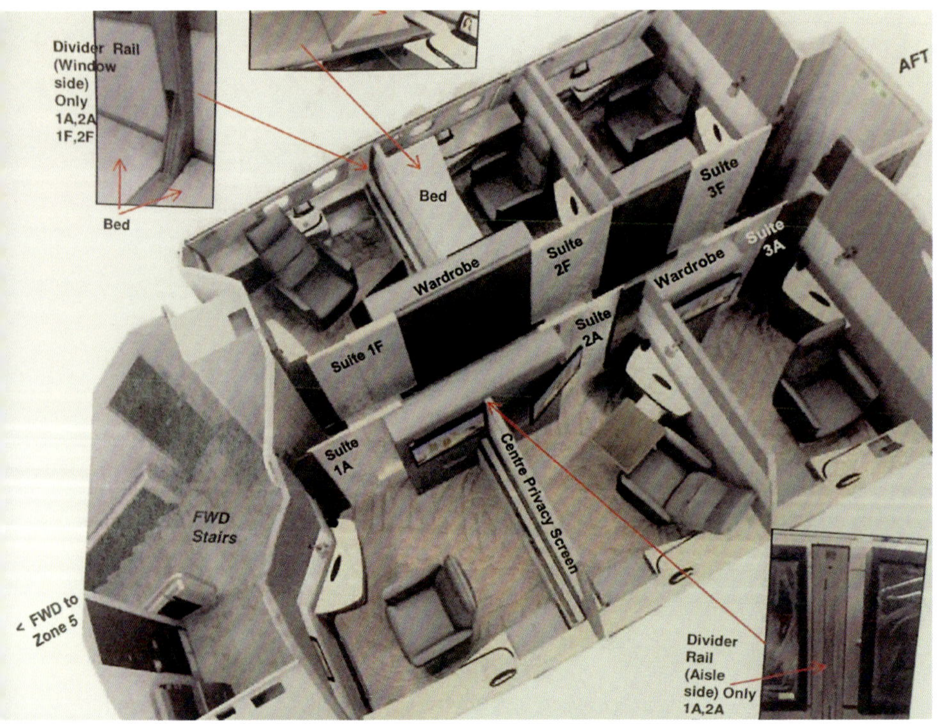

Detailplan der neuen SIA Suite, die beiden vordersten sind am geräumigsten. (AS)

Der Suiten wirken tatsächlich wie eine Art Studio oder Wohn-/Schlafzimmer, die von einem massiven Drehsessel dominiert werden. Gestaltet vom PierreJean-Designstudio in Frankreich sind die 20 Zoll (53,3cm) breiten elektrisch gesteuerten Drehsessel um fast 270° drehbar, bezogen mit feinstem Poltrona Frau-Leder, und können zum Entspannen um bis zu 135° geneigt werden. Gesteuert werden die Sitze von einer *Touch-switch*-Konsole in der Armlehne aus, die gleichzeitig auch den 32-Zoll-HD-Touchscreen an der Wand in den richtigen Winkel schwenken kann. Ein drahtloses Tablet mit integrierten Kontrollfunktionen für Bordunterhaltung und Beleuchtung steht zur Bedienung aller Funktionen bereit, jede Suite lässt sich sogar in individuell steuerbare Stimmungsbeleuchtung tauchen. Ein separates Handset reicht für die Grundfunktionen der Steuerung von Audio und Video. Wenn der Passagier auf seinem Tablet arbeiten möchte kann das in einen unter den Fenstern angebrachten Halter gestellt werden, oder er arbeitet auf dem Laptop am großen ausziehbaren Tisch. Zu den wichtigsten Bestandteilen der Suiten zählt ein separates ausfahrbares Bett (1,93m x 0,68m), zu dem eine extra Matratze, Steppdecke und Kissen bereitliegen. Das Kopfende verfügt über eine Gasdruck-Feder um es hochzustellen, etwa um im Liegen einen Film anschauen zu können.

Als Singapore Airlines 2007 die A380 einführte betonte ihr damaliger CEO dass die Doppelsuiten in der Mitte »die Romantik beim Fliegen« zurückbrächten. Doch dieses Versprechen löste die Airline nicht wirklich ein, die ihre Besatzungen anwies, die »Romantik« nicht außer Kontrolle geraten zu lassen. Jetzt ist es wiederum möglich zwischen zwei Suiten auf einer Seite die Trennwände abzusenken, wobei sich zwei Doppelbetten herstellen lassen zwischen jeweils den beiden vorderen Suiten 1A/2A und 1F/2F. Beide Fenster in jeder Suite verfügen jetzt über elektrisch angetriebene Fensterblenden und jede Suite hat ihren eigenen Garderobenschrank, wo sich auch Handgepäck verstauen lässt. Zum ersten Mal ist einer der beiden Waschräume, der geräumigere auf der rechten Seite, speziell für weibliche Passagiere mit einem Schminktisch mit Hocker sowie Spiegeln und Stimmungsbeleuchtung ausgestattet. Duschen allerdings wie Emirates und Etihad bietet Singapore Airlines auch weiterhin nicht an. »Das hat für unsere Kunden bei Befragungen weiterhin keine Priorität, die wollen lieber mehr Platz und alle wichtigen Dinge in Reichweite haben«, behauptete SIA-Chef Goh.

In Business Class wurde das bestehende Konzept beibehalten, wobei der jetzt noch geringere Sitzabstand von 50 Zoll (1,27m) Passagiere weiterhin dazu zwingt, diagonal zu schlafen, was vielen nicht gefällt. Die neuen Sitze, entworfen von JPA Design und hergestellt von JAMCO, verfügen über eine Art lärmdämmenden Kokon um den Fluggast abzuschirmen, hergestellt aus CFK. Zum ersten Mal werden die Sitze, nun ebenfalls bezogen mit Poltrona Frau-Leder, elektrisch in die Bett-Position abgesenkt anstatt manuell wie zuvor. Als erster A380-Betreiber ließ SIA auf dem Oberdeck die Staufächer unter den Fenstern komplett weg und gewinnt damit etwas Platz in der Kabinenbreite. Dank besserer Platzausnutzung und bei sogar mehr Raum für den Passagier benötigt jedes einzelne Business-Abteil trotzdem weniger Platz als die alten Modelle. Es ist immer wieder faszinierend zu beobachten, wie viel geschickte Gestaltung auch beim grundsätzlich sehr endlichen Platzangebot in einer Flugzeugkabine zu bewirken vermag.

Fast wie ein privates Wohnzimmer wirkt die SIA-Suite mit drehbarem Liegesessel. (AS)

Emirates

Als zweiter und wichtigster A380-Kunde bekam Emirates im Juli 2008 ihre erste A380 – und im Mai 2022 sollte bei Drucklegung dieses Buches die letzte von 123 bestellten A380 von Hamburg nach Dubai geliefert werden. Sir Tim Clark war von Anfang an die treibende Kraft dahinter, dass die Emirates A380-Kabinen nicht nur Sitze boten, sondern zumindest zwei Besonderheiten: Zwei Duschen und eine Lounge-Bar. Bereits Ende 2001 wusste der spätere Emirates-Chef genau was er wollte, und wie er Airbus dazu bringen wollte, das umzusetzen. »Ich habe mit dem Gedanken an eine Bar herumgespielt und ein wenig gezögert, weil ich dafür acht Business Class-Sitze opfern musste«, erinnert sich Clark. »Ich musste sicherstellen dass das kurzfristig wirtschaftlich war.« Für alle Fälle bewahrte er sich einen Ausweg: Anfangs blieben die Handgepäckfächer hier installiert und es wäre einfach gewesen, die Lounge mit ihrem halbkreisförmigen Tresen wieder auszubauen. Clark hatte seine Karriere 1975 bei Gulf Air am Persischen Golf begonnen – und die führte kurz darauf eine Stehbar an Bord ihrer Lockheed TriStar-Flotte ein. »Was wir jetzt bei Emirates sehen ist genau die Bar aus dem TriStar«, verrät Clark. Ein Ausbau erwies sich als unnötig. »Für viele Leute ist gerade die Bar ein Grund mit uns in Business Class zu fliegen – hätten wir sie nicht mehr angeboten, hätte das zu starken Buchungsrückgängen führen können«, war sich Clark bald bewusst, nachdem sich der Treffpunkt bei vielen Passagieren bald großer Beliebtheit erfreute, die hier manchmal fast einen gesamten Langstreckenflug verbrachten, statt auf ihrem Sitz. *Onboard Lounge* nennt Emirates diesen Bereich und will damit herausstreichen dass es nicht unbedingt darum geht, dort Alkohol zu trinken, wichtig gerade für arabische Gäste. Die Lounge ist für maximal 20 Passagiere aus First- und Business Class ausgelegt, der runde Tresen ist aus Onyx-Stein gefertigt – darauf werden im Flug verführerische Snacks aufgebaut. Hier ist immer jemand von der Kabinenbesatzung präsent. An den Außenwänden stehen zwei Sofas, auf denen drei bis vier Gäste Platz finden. Ab 2017 führte Emirates eine überarbeitete Version der Lounge-Bar ein. Jetzt waren die Handgepäckfächer entfernt, die Lounge also ein permanentes Angebot. Wichtigste Neuerung waren zwei sich gegenüberstehende Sitzbänke mit Tisch auf der linken Seite sowie ein Tisch vor der Bank an der Außenwand auf der rechten Seite. Neu waren auch Stimmungsbeleuchtung, ein größerer Bildschirm an der Rückwand sowie ein schalldämmender Vorhang zur Kabine.

Emirates A380 First Class – durch versenkbare Wände auch gemeinsam ein Erlebnis. (Emirates)

Die ersten fliegenden Duschen für Linienflugzeuge waren allerdings ein noch viel komplexeres Projekt. Tim Clark hatte dafür die beiden sonst ungenutzten Nischen links und rechts des oberen Endes der vorderen Treppe vorgesehen, dort wo (bis auf Etihad) alle anderen Betreiber lediglich relativ uninspirierte Sofas in dunkle Ecken stellten oder allenfalls Waschräume eingebaut haben. »Wir wollten ein Unterscheidungsmerkmal, und ich wusste hier war der richtige Platz um das zu machen. Zu jenem Zeitpunkt bot Airbus Duschen auf dem Hauptdeck an, das waren Mini-Duschkabinen, hoffnungslos«, erinnert sich Clark. Das war der Start eines langen Kampfes. »Als ich Duschen einbauen wollte sagte Airbus: ‚Ja auf dem Hauptdeck.' Und ich sagte: ‚Nein, auf dem Oberdeck, weil ich dort die Premiumkabinen einbaue.' Sechs Monate lang haben sie nein gesagt. Denn nachdem sie die Fläche des Hauptdecks vergrößert hatten mussten sie die Elektronik der sogenannten *Avionics Bay* vorn über dem Cockpit einbauen, deshalb brauchten die Ingenieure dort einen Zugang, wo wir die Duschen wollten. Und sie wiesen auf Probleme bei einem möglichen Druckabfall in der Kabine hin«, so Clark. »Ich hatte riesige Probleme mit Airbus weil ihre Gruppe für Kabinendesign von Ingenieuren geleitet wurde und die unglaublich konservativ waren.« Am Ende ließ er nichts unversucht um seinen Willen zu bekommen: »Wir haben extra ein Modell aus Sperrholz gebaut um ihnen zu zeigen dass das ging.«

Anfangs wollte Tim Clark Wasser in einem Kreislauf nutzen, wo es mit UV-Licht und Filtern gereinigt und wiederverwendet worden wäre, aber Airbus erklärte das sei aus zulassungstechnischen Gründen nicht möglich.

Emirates neueste Version der Onboard Lounge, mit von innen beleuchtetem Bartresen, zugänglich für First- und Business-Class-Passagiere. (Emirates)

Die neue Premium Economy Class wird erst ab 2021 eingeführt mit Sitzen des deutschen Herstellers Recaro. (Emirates)

In der neuesten Onboard-Lounge gibt es mehr Sitzgelegenheiten, manche Passagiere verbringen hier ihren ganzen Flug. (Emirates)

Obwohl dieses Prinzip in Privatjets genutzt wird wollte das die europäische Zulassungsbehörde EASA nicht akzeptieren. »Ich hätte das gemacht, ich habe in einem Test das Wasser sogar getrunken. Bei der möglichen Gewichtsersparnis wäre das sehr smart gewesen«, findet der Emirates-Chef. Schließlich einigte man sich darauf, das Wasser aus dem Haupt-Trinkwassertank zu nutzen, der sich nahe dem Flügelkasten befindet. Extra für die Duschen wurden zwei Zusatztanks eingebaut, dank derer sich die mitgeführte Wassermenge von 1700 auf 2270 Liter steigern lässt. Aus dem Haupttank wird das Wasser zwei Decks nach oben in die sogenannten *Shower Spas* gepumpt und dann von einem System erhitzt, das unter dem Sitz des Waschraums versteckt ist. Anfangs war die Wassermenge so kalkuliert, dass jeder Nutzer fünf Liter pro Minute bis zu fünf Minuten lang nutzen können sollte, Duschende sehen ihre verbleibende Duschzeit auf einer Anzeige, nach fünf Minuten schaltet die Wasserzufuhr automatisch ab.

Das Abwasser fließt dann in den Sammeltank, der 2100 Liter fasst und hinten im Heck angebracht ist. Bald erwiesen sich auch die Duschen als sehr beliebt, auf bestimmten Strecken erfrischen sich rund 70% der First-Gäste. Jeder Nutzer soll hier maximal 25 Minuten verweilen, zwei sogenannte *Shower Attendants* fliegen als Zusatzbesatzung eigens mit, um die Duschen nach jeder Benutzung wieder zu säubern für den nächsten Gast. Während sich Tim Clark am Ende hochzufrieden zeigte hatten seine Ansinnen Airbus an die Schmerzgrenze getrieben: »Der damalige EADS-Chef Louis Gallois hat mir gesagt: ‚Nie wieder!' – weil das eines der Dinge war, mit deren Komplexität sie nicht sehr gut umgehen konnten, wie sie zu spät merkten«, analysiert Tim Clark. Das ganze war vor allem ein sehr geschickter Marketing-Schachzug, denn Emirates betrieb den ganzen Aufwand nicht nur wegen der wenigen Premiumkunden, denen die Duschen tatsächlich zur Verfügung stehen. »Uns ging es darum, der Marke Glanz zu verleihen«, erklärt Tim Clark. »Sogar die Nachfrage von Economy-Kunden stieg nach dem Motto: Das ist die Airline die Duschen in die A380 einbauen kann, mit denen will ich auch fliegen.« Umfragen belegen, dass sich allein der auch durch das große Medienecho ausgelöste Ruf der luxuriösen Ausstattung der A380 tatsächlich positiv auf die Marke Emirates und das Buchungsverhalten der Passagiere auswirkte.

Emirates betreibt die A380 in drei verschiedenen Konfigurationen. Die meisten Flugzeuge fliegen mit 489 Sitzen in einer Dreiklassen-Version für Ultralangstrecken mit einem Ruheabteil für Besatzungen auf dem Hauptdeck. Dann gibt es die Dreiklassen-Version für kürzere Strecken ohne dieses Abteil, die über 516-519 Sitze verfügt. Schließlich die Zweiklassen-Version mit

»Shower Spa« nennt Emirates ihre zwei Waschräume mit Duschen, eine Weltpremiere 2008. Hier die neueste Version. (Emirates)

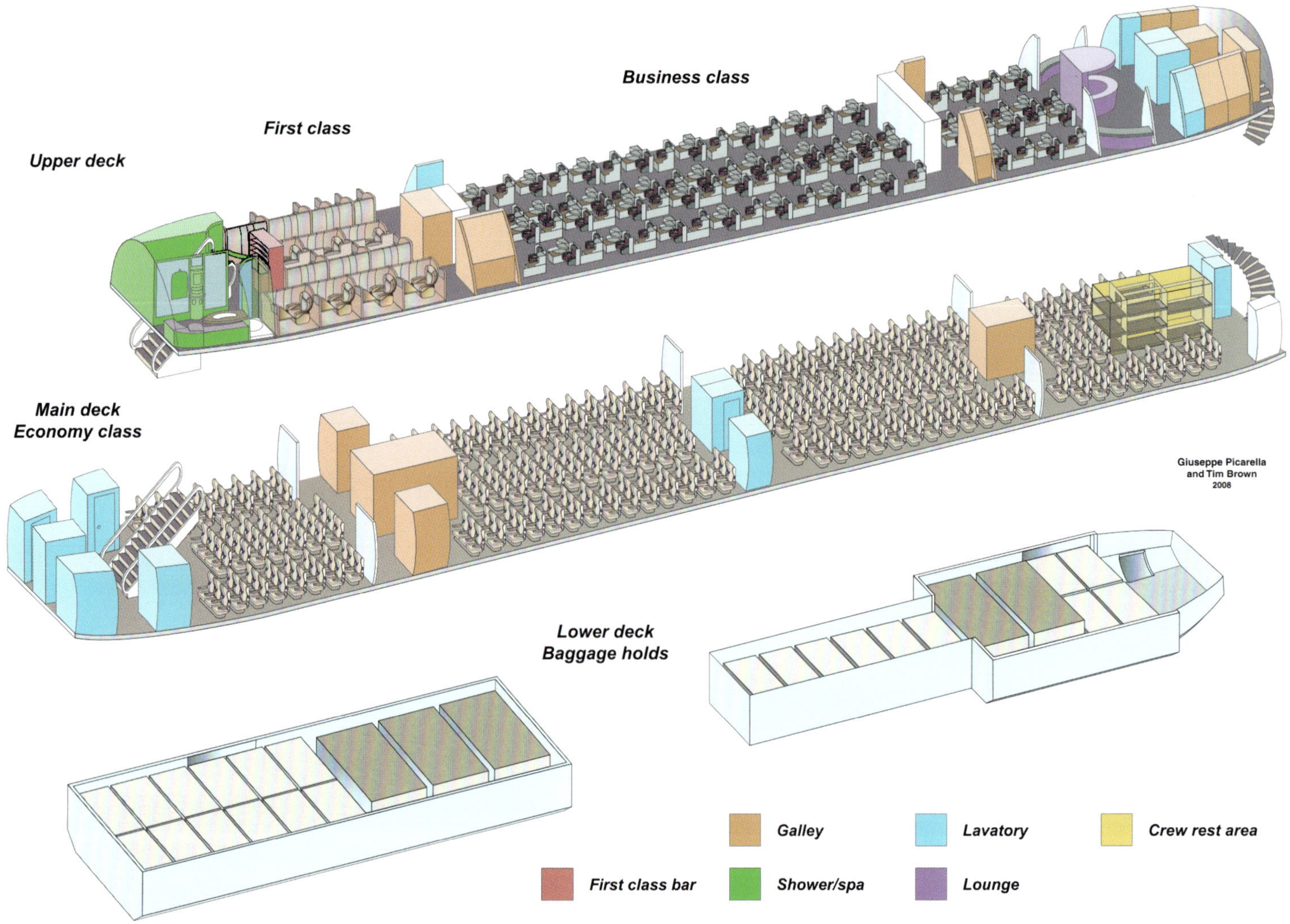

Die Emirates-A380 bietet bis zu 437 Sitze in Economy Class auf dem Hauptdeck, mehr als fast alle Boeing 747 insgesamt an Passagieren beförderten. (FlightGlobal)

615 Sitzen ohne First Class und Duschen, die höchste Passagierzahl unter allen Betreibern. Bisher gab es außer in der Zweiklassen-Variante auf dem Oberdeck nur die beiden Premiumklassen, ab Mitte 2021 führte Emirates auf der A380 ihre neue Premium Economy Class ein. In der bisherigen Zweiklassen-Kabine wird sie vorn im Oberdeck installiert, vor der Business Class. Ende 2020 stellte Emirates das neue Bordprodukt vor, das zunächst in alle 2021/22 noch auszuliefernden sechs A380 eingebaut wurde. Die in Premium Economy mit beigefarbenem Leder bezogenen Sitze des deutschen Herstellers Recaro sind in der neuen Vier-Klassen-Version der Emirates A380 vorn im Hauptdeck in einer 2-4-2-Anordnung eingebaut. Sie sind gut einen Zoll breiter als in Economy, weisen bis zu 20 cm mehr Abstand auf und lassen sich auch um 20 cm nach hinten neigen, an den Seitenwänden sind die Fenster jetzt paarweise von Einrahmungen aus hellem Holzimitat umschlossen. Die 14 First Class-Suiten haben jetzt höhere Schiebetüren und sind etwas breiter. Business Class und Onboard Lounge wurden ebenfalls in der neuen Form mit champagnerfarbenem Leder und Holz-Imitationen überarbeitet. In den Shower Spas ist als Hintergrund-Dekoration an der Außenwand die Skyline von Dubai durch den Ghaf-Baum ersetzt, dem Nationalbaum der Emirate. Die neueste Version der Emirates-A380 verfügt über 484 Plätze: 14 in First, 76 in Business, 56 in Premium Economy und 338 in Economy Class.

Emirates hat viel Aufwand darauf verwandt, an ihrem Heimatflughafen Dubai und anderswo wie in New York-JFK Fluggastbrücken für direktes Ein- und Aussteigen im Oberdeck zu bauen, so dass Premiumkunden direkt von der Lounge ins Flugzeug gelangen, ohne sich am Gate mit Hunderten Economy-Passagieren zu drängen. Die Emirates-First Class war 2008 führend, mit 14 privaten Suiten in 1-2-1-Anordnung am Beginn des Oberdecks. Die elektrisch betriebenen Schiebetüren waren ebenso eine Neuheit wie die persönliche Minibar in der Suite mit Erfrischungsgetränken. Die Suiten sind 2,08 Meter lang, das Bett ausgefahren zwei Meter, Bordunterhaltung und Sitzfunktionen werden durch drahtlose Bedienungseinheiten kontrolliert, ebenfalls damals neu. Auch bis zu 437 Economy-Gästen auf einmal bietet die A380 bei Emirates mit zehn Sitzen in 3-4-3-Anordnung im Hauptdeck und 2-4-2 im Oberdeck ein solides Produkt. »Die Economy-Kabine ist schön weil wir bei zehn Sitzen je Reihe geblieben sind, wie in der Boeing 747, nur dass die A380-Kabine viel breiter ist. Da hat man viel mehr Raum, auch wegen der nach außen geneigten Kabinenwände auf dem Hauptdeck«, sagt Tim Clark.

Leer wirkt die Emirates-Economy Class auf dem Hauptdeck der A380 großzügig, aber mit bis zu zehn Passagieren pro Reihe kann es eng werden. (Emirates)

Qantas

Dritter Empfänger der A380 war im September 2008 Qantas. Die australische Airline hatte ihre Flotte zunächst mit 484 Sitzen ausgestattet, die Kabine wurde entworfen vom bekannten australischen Designer Marc Newson. Besonderheit waren mehrere Selbstbedienungs-Bars mit Kühlschränken für Erfrischungsgetränke auch in Economy Class sowie eine nicht allzu einladende Mini-»Lounge« für Premium-Kunden auf der rechten Seite oben neben der Haupttreppe. Zwischenzeitlich hatte Qantas ihre Business Class-Sitze an Bord der A380 auf den neuesten Stand gebracht und bot nun vollständig ebene Bettsitze. In First Class vorn im Hauptdeck ist sie wegen der starken Schrägstellung der Sitze in der Kabine die einzige Gesellschaft mit einer 1-1-1-Konfiguration in den fünf Reihen. Qantas hat als einige der wenigen Betreiber aus der Anfangszeit ihre A380-Kabinen zwischen 2017 und 2020 umgerüstet, etwa mit einer ansprechenderen und nun auf beide Seiten neben der Treppe ausgedehnten Lounge vorn im Oberdeck, überarbeiteten Produkten in allen Klassen und dem Einbau von 60 Premium Economy-Sitzen. Völlig neu sind die Business-Suiten der aktuellen Generation aus der Boeing 787 sowie die nun vollständige Nutzung des Oberdecks ausschließlich für Premium-Passagiere. Im Endergebnis verfügt die neue A380-Kabine nur über einen Sitz mehr als vorher (jetzt 485), wobei die Anzahl in Business und vor allem die Premium Economy Class aufgestockt wurden. Die Umrüstung der Qantas-A380-Kabinen fand in Deutschland bei den Elbe-Flugzeugwerken in Dresden statt, was zu interessanten Flügen führte. So etwa Ende 2019 zu einem der bis dato längsten Nonstop-Flüge dieses Typs von Dresden nach Sydney in achtzehneinhalb Stunden, oder im Herbst 2020 ohne Auftanken direkt von Sachsen in die kalifornische Wüste.

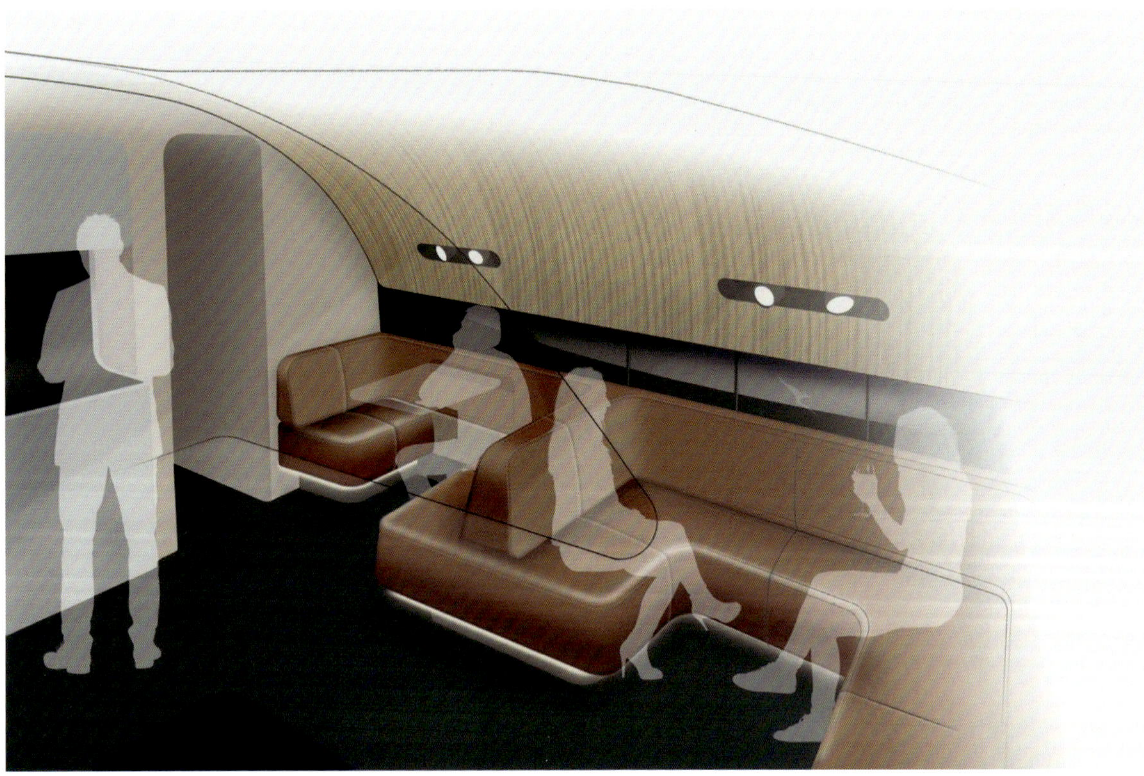

Wie bei vielen Airlines wurde die Fläche oben neben der Haupttreppe zunächst vernachlässigt. Erst mit der neuen Kabine wurde eine »Lounge« geschaffen. (Qantas/AS)

So sahen Qantas Business- (l.) und First Class (r.) seit 2008 aus (unten). Oben die neue Business Class (l.) und Lounge. (Airbus/Qantas)

Air France

Im Oktober 2009 feierte Air France ihre erste A380-Auslieferung. Die Franzosen boten oben rechts neben der Treppe einen kleinen Stehbereich mit Bänken zum Anlehnen, an der Wand waren Bildschirme eingelassen, die eine elektronische Kunstgalerie zeigen sollten mit Schätzen aus Pariser Museen. Diese Idee wurde von den Fluggästen nie richtig angenommen, war vielleicht gut gedacht, aber uninspiriert und am Passagierbedürfnis vorbei umgesetzt. Als Innovation führte Air France einen Umkleideraum ein, der über ein Fenster und große Spiegel, aber keine Toilette verfügte, dafür über ein Angebot an Kosmetika. Unten links neben der Haupttreppe gab es für First-Gäste eine Art Stehbereich mit kleinem Bar-Angebot zur Selbstbedienung, aber auch das wirkte insgesamt so wenig inspirierend wie die gesamte Kabine, die auch mehrere Selbstbedienungs-Bar-Ecken in Economy bot. Air France hat mit der A380 immer gefremdelt und das Bordprodukt trotz stets wiederholter Versprechungen nie modernisiert. Der Business Class-Sitz, der 2009 ohne Privatsphäre und mit geneigter Liegefläche schon als veraltet galt, war wenige Jahre später obsolet. Das galt für die A380 bei Air France insgesamt – »operationell war sie immer ein Alptraum«, gestand Firmenchefin Anne Rigail 2019, sie musste es wissen, hatte sie doch selbst am Drehkreuz Paris-CDG gearbeitet als die A380 eintraf. »Es war immer schwierig mit der A380.« Und sie gab zu dass sie selbst eine erneuerte Kabine versprochen hatte. »Das Investment wäre mit 35 Millionen Euro pro Flugzeug aber einfach zu groß gewesen«, so Anne Rigail. Air France verkündete im Mai 2020 als erster A380-Kunde das permanente Aus für den Airbus-Riesen.

Die Air France First Class in der A380 war elegant, bot aber kaum Privatsphäre. (AS)

Die Business Class wurde seit der Auslieferung 2008 bis zum Ende nie aktualisiert und war anfangs bereits der Konkurrenz unterlegen. (AS)

Einsteigen zum Ablieferungsflug von Finkenwerder nach Paris, Oktober 2009. (AS)

Lufthansa

Im Mai 2010 empfing Lufthansa ihre erste A380. »Kein Schnickschnack, dafür komfortabel, exklusiv und funktionell.« So beschrieb ein Lufthansa-Pressetext die A380-Kabine. Tatsächlich aber hätte die Frage lauten müssen: Das ist alles? Nach jahrelangem Hype ein so erwartbares, durchschnittliches Produkt in der A380 zu enthüllen, damit enttäuschte Lufthansa die Erwartungen der meisten Kunden. Die First Class war als einziges wirklich neu, acht Sitze in 1-2-1-Anordnung vorn im Oberdeck – allerdings mit nur wenig Privatsphäre. Pfiffig war die neue Trittschalldämmung im Teppich der First-Kabine sowie der schallschluckende Vorhang zum Rest der Kabine. Als echte Innovation an Bord enthüllte Lufthansa ein Urinal in der First Class-Toilette die sich just dort befindet, wo Emirates die Duschen einbaut. Auch die elektronisch in mehreren Stufen absenkbaren Fensterblenden in First Class vorn im Oberdeck waren bei Auslieferung eine Neuheit. Das Oberdeck war Premiumkunden vorbehalten, darunter 98 Business-Class-Gästen mit anfangs nur geneigten Bettsitzen (in 2-2-2-Anordnung), das Unterdeck bot Platz für 420 Economy-Kunden in Zehnerreihen (3-4-3). Mit 526 Sitzen fing Lufthansa mit großer Passagierzahl an, seit dem Einbau der Premium Economy Class sank die Gesamtzahl auf 509 Fluggäste.

Emirates-Chef Tim Clark wirft Air France und Lufthansa die falsche Herangehensweise an die A380-Ausstattung vor: »Schauen Sie sich das Air France-Interieur an: Was habe die denn gemacht, um ihre Märkte zu beeindrucken mit der A380, als sie herauskam? Warum war es denn Emirates, die den Planeten erleuchtet hat mit Duschen und Bars und riesigen Bildschirmen? Wir haben das aus sehr gut kalkulierten Gründen getan. Nicht um ins große Horn zu blasen. Aber wir hatten einfach ein extrem hohes Risiko in Kauf genommen und riesige Investitionen getätigt«, erklärt Clark. »Warum würde ich dann den Effekt dieser Investition schmälern, indem ich Sitze im Stile von 1980 oder 1990 einbaue wie Air France? Das hätten wir nie gemacht. Das ganze Herangehen an die A380 bei Lufthansa und Air France war nur ‚noch mehr vom Gleichen.' Sie haben die Chance verpasst sie für sich wirklich zu definieren«, so Clark 2019.

Die 2010 gelieferte erste Business Class in der A380 mit geneigten Bettsitzen (r.) galt damals schon als überholt. Erst Jahre später kam die neue Version mit flacher Liegefläche, aber wenig Privatsphäre. (Lufthansa/AS)

Die einzigen Innovationen in der Lufthansa-A380 bot die First Class (l.). Dazu gehörte ein Urinal, rechts präsentiert vom späteren Vorstandsmitglied Christina Foerster. (AS)

Korean Air

Im Mai 2011 erhielt Korean Air ihre erste A380 – und die Koreaner gaben dem Thema Kabineninnovation einige neue Impulse und bemühten sich, die Chancen des riesigen Raumangebots der A380 auf ihre Weise zu nutzen. »Eine neue Art zu reisen, nicht nur eine neue Form des Transports«, warb Korean Air für ihre A380. Die erste Besonderheit: Kein anderer Betreiber installierte so wenige Sitze – nur 407, in einigen Flugzeugen sogar nur 399 mit acht Economy-Sitzen weniger auf dem Hauptdeck (dann 293 dort). Auf dem Oberdeck, eine Neuheit, finden sich ausschließlich 94 Business Class-Sitze in einer sehr konventionellen 2-2-2-Anordung, aber mit vollständig ebenen Bettsitzen. Vorn im Hauptdeck stehen zwölf offene First-Class-Abteile (1-2-1), dahinter 301 Economy-Sitze (3-4-3). Die durchgängige Optik aus weiß und hellblau setzt Akzente, noch mehr aber die Bars an Bord: Eine kleine für die First Class vorn unten neben der vorderen Tür rechts, für Business Class oben rechts neben der Treppe, beide zur Selbstbedienung mit reizvoll arrangiertem Angebot. Wirkliches Highlight ist die *Celestial Bar* (zu Deutsch: himmlische Bar) hinten im Oberdeck, wo die Kabinencrew am Tresen steht. Zusammen mit der Emirates *Onboard Lounge* ist dies das einzige Angebot seiner Art spezifisch für die A380 – und steht ihm auch in nichts nach. Ein unterkühlter Look mit weißem Tresen und Bänken sowie blauen Polstern, einem Bücherregal – sowie in einer Marketing-Kooperation mit einer Wodkamarke einem Angebot an Cocktails, die von Luftfahrt inspiriert sind.

Ganz hinten im Unterdeck findet sich eine wirkliche Besonderheit, die nur Korean Air bietet: Das sogenannte *Duty Free Showcase.* Ziemlich ähnlich wie im allerersten A380-Mock-up in Toulouse handelt es sich dabei um eine Art Verkaufsboutique. Die Südkoreaner sind Weltmeister im Einkauf zollfreier Waren, was mit den extrem hohen Steuern für Luxusgüter im Land zusammenhängt. Die Umsätze mit zollfreier Ware sind in keinem Land der Welt auch nur annähernd so hoch wie in Korea. Für die Airlines übertreffen die Einnahmen mit diesen Verkäufen häufig die Umsätze, die sie mit Flugtickets machen. So ist zu erklären, warum Korean Air dem Verkauf diesen Platz in der A380 einräumt und vor allem den Aufwand betreibt, das Gewicht von Waren und aller damit verbundenen Logistik an Bord der Flugzeuge zu befördern – auch um den Preis höheren Spritverbrauchs und damit höherer CO_2-Emissionen. In diesem Schauraum stehen Regale und Vitrinen, wo die Besatzung bei jedem Flug von neuem dutzendweise Fläschchen und Warenproben in Testspendern aufbaut, mit Magneten auf den Regalfächern vor Turbulenzen gesichert. Hier können sich kauflustige Passagiere, und das sind quasi alle Koreaner, die Angebote ansehen, auch mal an einem Parfumflakon riechen, und dann bestellen. Einiges davon ist an Bord vorrätig, andere Waren werden später nach Hause geschickt. Was immer man davon halten mag – es entspricht der Ursprungsidee von Boutiquen an Bord der A380 und taugt auch als perfekter Zeitvertreib und Gelegenheit zum Beine vertreten in Economy Class, die über kein Bar-Angebot verfügt.

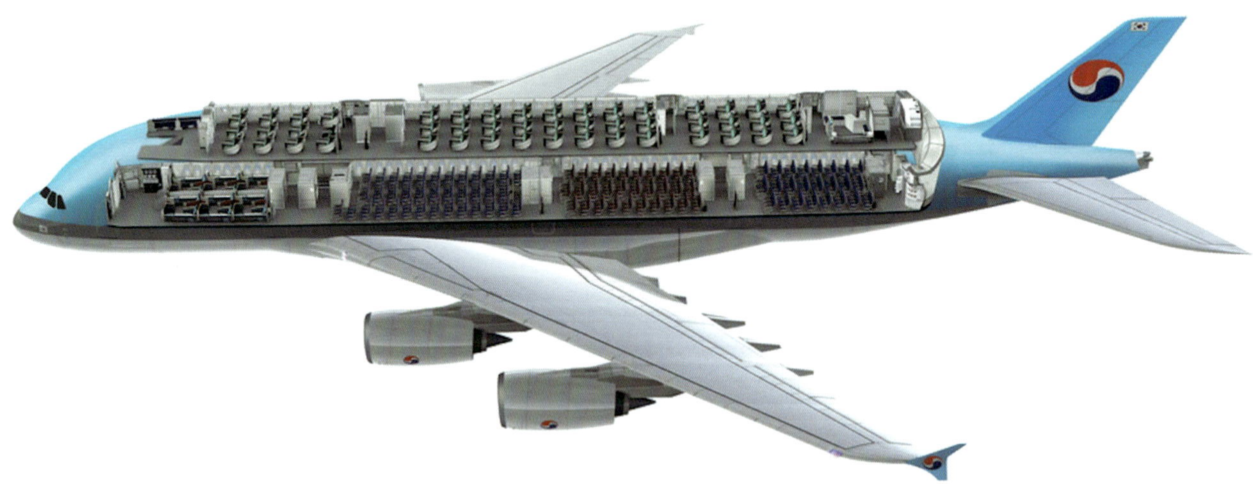

Korean Air stattete ihre A380 mit nur 407 Sitzen aus, so wenige wie kein anderer Betreiber. (Korean Air)

Die Celestial Bar (»himmlische Bar«) hinten im Oberdeck der Korean Air-A380 ist ebenso eine Besonderheit wie der Skyshop darunter. (AS)

Die erste A380 für China Southern landet in Finkenwerder. (Michael Lindner)

China Southern

Im Oktober 2011 lieferte Airbus die erste A380 an China Southern aus. Die größte Fluggesellschaft Chinas aus Guangzhou (früher Kanton), nach Passagierzahlen 2019 weltweit auf Rang sechs, erwies sich als der einzige A380-Kunde aus der Volksrepublik, die immer als einer der wichtigsten Märkte für das Riesenflugzeug gegolten hatte. Interessanterweise blieb China Southern die einzige Gesellschaft weltweit, die ihre A380 sowohl auf Interkontinentalstrecken als auch im Inlandsverkehr einsetzte, und das zu allen Zeiten. Auch inmitten der Pandemie 2020 flog China Southern ihre A380 stets weiter. Ende 2022 musterte die Gesellschaft ihre letzten A380 endgültig aus. China Southern brachte insgesamt 506 Passagiere darin unter – acht in üppigen First Class-Suiten unten vorn auf dem Hauptdeck sowie dahinter 352 in Economy. Im vorderen Teil des Oberdecks fanden 70 Passagiere in Business Class Platz (1-2-1) sowie dahinter noch 76 in Economy. Außer über eine kleine aufklappbare Stehbar vorn in Business Class bot China Southern ihren Kunden in der A380 keine Besonderheiten.

Malaysia Airlines

Im Frühsommer 2012 erhielt Malaysia Airlines ihre erste A380 und es war keine glückliche Beziehung zwischen Kunden und Flugzeug. Was vor allem daran lag, dass die eigentlich geplanten Dienste auf der sogenannten Känguru-Route von London via Asien nach Australien wegen der übermächtigen Konkurrenz nicht umgesetzt werden konnten und die A380 nur die Route zwischen London und Kuala Lumpur regelmäßig bediente. Schon nach wenigen Jahren verkündete Malaysia Airlines dass sie ihre A380 nicht mehr im Linienverkehr einsetzen und sie stattdessen für spezielle Charterflüge für Pilgerflüge nach Mekka umrüsten wolle. Dafür war eine Aufstockung geplant auf rund 600 Sitze und der Einbau spezieller Gebets- und Waschräume für rituelle Waschungen. Dazu kam es nie. Die A380 von Malaysia Airlines bot insgesamt 494 Passagieren Platz. Acht First Class-Abteile befanden sich unten vorn im Hauptdeck und ab Ende 2018 versuchte die Gesellschaft, sie als Premium Business Class für einen geringen Aufpreis zur üblichen Business Class zu verkaufen. Dahinter folgten 350 Economy-Sitze. Auf dem Oberdeck standen vorn 66 Business-Class- und dahinter nochmal 70 Economy-Sitze. Malaysia Airlines bot keinerlei Innovationen an Bord.

Malaysia Airlines hat eine spezielle Bemalung eigens für ihre A380 eingeführt. (AS)

Thai Airways

Im September 2012 übernahm Thai Airways ihre erste A380 und warb dafür mit dem Slogan »Eine völlig neue Flugerfahrung.« Das mochte für das Flugzeug als solches stimmen, auf das Bordprodukt traf es eher nicht zu, denn das kam sehr konventionell und ohne Innovation daher. Insgesamt 507 Plätze bot die Airline an Bord, das gesamte Hauptdeck war mit 377 Economy-Sitzen bestückt, während ungewöhnlicherweise das Oberdeck Sitze aller drei Klassen aufwies: Vorn zwölf First-Suiten, dahinter 60 der weit verbreiteten Business-Abteile in versetzter Anordnung und schließlich auch noch 58 Economy-Sitze. Auch wenn Thai Airways »einen Platz um sich am Himmel zu treffen« in ihrer Produktwerbung versprach, entpuppte sich das an Bord als eine uninspirierte Anordnung von zwei kleinen Sitzbänken oben rechts neben der Treppe. Hier, und das war besonders, ließ sich sogar ein größerer Tisch ausklappen, an dem zwei Passagiere nebeneinander essen konnten. Da dies ein eher düsterer und wenig einladender Ort war, ist diese Möglichkeit vermutlich selten genutzt worden. Wie viele Anbieter hatte Thai am oberen Ende des Treppenaufgangs vorn eine Stehbar vorgesehen, die während des Fluges bestückt wurde, auch in Business Class gab es eine kleine Stehbar. Thai bot auch kürzere Strecken innerhalb Asiens mit der A380 an. Immerhin nutzte Thai die Chance und zeigte zumindest in der Business Class-Kabine die violetten Firmenfarben an Wänden und Monumenten, eine subtile und effektvolle Markenbotschaft.

Der ausziehbare Esstisch oben neben der Treppe wurde in der Praxis nie genutzt. (Thai Airways)

In Business Class dominierten die Firmenfarben lila und pink. (AS)

Die First-Class-Abteile waren geräumig und in gedeckten Farben gehalten. (AS)

Eine junge Pilotin feiert die erste A380-Auslieferung im Juli 2013. (AS)

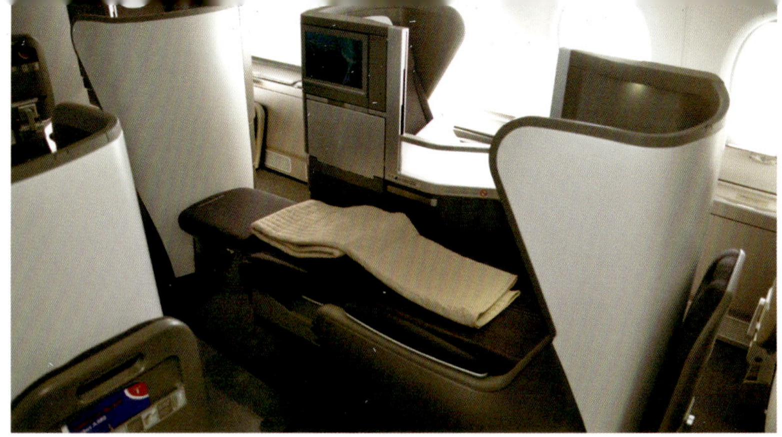

Business Class (oben) und Premium Economy (unten) in der British Airways-A380. (AS)

British Airways

Schon zwei Jahre bevor British Airways (BA), die ihre A380 anfangs nicht schnell genug zur Auslieferung bekommen konnte, im Juli 2013 tatsächlich zum A380-Betreiber wurde, hatte Emirates-Chef Tim Clark, selbst Brite, die Erwartungen geschürt: »Ich möchte annehmen dass BA das Beste daraus machen wird, vielleicht sogar Betten in Economy. BA hat einen Ruf für Innovation und es gibt in der BA-Kundschaft eine große Erwartung an deren A380.« Die dann wiederum weitestgehend enttäuscht wurde, zumindest in der Frage nach innovativen Neuerungen. BA hatte eine besonders lange Wartezeit zwischen Festlegung des Bordprodukt-Designs und der Inbetriebnahme der A380, was sich an vielen Stellen zeigte, wo das A380-Produkt dann eben gar nichts mehr Neues bot. Mit der Ausnahme der A380-First Class, die vorn auf dem Unterdeck 14 Suiten umfasste. Jede davon verfügte über einen eigenen Garderobenschrank sowie elektrisch faltbare Rollos an den Fenstern, einzeln per Knopfdruck bedienbar. Ansonsten gab es im Vergleich zur gleichzeitig ausgelieferten ersten Boeing 787 an die Briten keinerlei Innovationsvorsprung. Nichts von dem was Tim Clark der Gesellschaft zugetraut hatte fand sich an Bord, nicht einmal Stehbars. Neu war, dass BA als erster A380-Kunde ab Werk eine Premium Economy Class einbauen ließ, 55 Sitze in 2-3-2-Anordung auf dem Oberdeck. Auf beiden Decks, auch das ungewöhnlich, verteilen sich jeweils Sitze dreier Klassen, insgesamt 469. Die Business Class bot unten 44 Sitze in versetzter 2-4-2-Anordnung, oben weitere 53 in 2-3-2-Konfiguration. Die Economy Class befindet sich im hinteren Teil beider Decks, mit 199 Sitzen unten und 104 oben.

Nachdem BA ihre A380 ab Ende 2021 wieder in Betrieb nahm verkündete die Gesellschaft, die A380-Kabinen ab 2024 zu erneuern. Dafür, so CEO Sean Doyle, werde man hunderte Millionen von Pfund investieren. In Business Class sollen die neuen Club Suites eingebaut werden und die First Class möglicherweise ins Oberdeck umziehen.

Viel Privatsphäre in der First Class an Bord der British Airways-A380. (AS)

Asiana Airlines

Im Mai 2014 wurde Asiana die zweite Fluggesellschaft aus Südkorea, die die A380 betrieb. Leider gab sich Asiana im Gegensatz zu ihrem Wettbewerber aus dem eigenen Land so gar nicht innovativ bei der Gestaltung der A380-Kabine. Schlechtestes Beispiel waren die beiden wie Wartebänke einer Behörde wirkenden Zweiersitze an der Wand oben rechts neben der Treppe. Viel trostloser kann man diesen Platz als angebliche »Lounge« nicht gestalten, es wird nicht einmal im Ansatz eine Idee der Designer erkennbar für diesen speziellen Raum in der A380. Einziges besonderes Unterscheidungsmerkmal in der Asiana-A380 blieb der Sternenhimmel aus Leuchtdioden an der Kabinendecke der First Class. Mit insgesamt 495 Sitzen bot Asiana eine wesentlich höhere Kapazität in ihrer A380 als Korean Air. Vorn im Unterdeck standen zwölf First Class-Abteile, dahinter 311 Economy-Sitze. Vorn im Oberdeck hatte Asiana 66 Business-Sitze, der identische Typ in versetzter Anordnung wie Thai Airways, nur leider wie die ganze Kabine auch ohne jeglichen Farbakzent. Hinten auf dem Oberdeck dann nochmal 106 Economy-Sitze. Nach der geplanten Fusion von Asiana und Korean Air ist unklar, wie viele A380 die neue Gesellschaft betreiben wird und in welcher Konfiguration.

Asiana Airlines fusioniert 2021 mit Korean Air, beide betrieben die A380. (Sebastian Thoma)

Qatar Airways

Auf die Vorstellung der ersten A380 für Qatar Airways im September 2014 hatten viele gewartet – ist Qatar doch stets gut für neue Maßstäbe im Luxussegment. In ihrer A380 kam die Golf-Airlines dann doch recht konservativ daher – 517 Sitze insgesamt, davon 405 in Economy auf dem gesamten Hauptdeck plus 56 im hinteren Teil des Oberdecks. Vorn im Oberdeck bot Qatar acht First Class-Sitze, in diesem Fall keine weitgehend abgeschlossenen Suiten wie bei den meisten A380-Betreibern, aber das einzige Flugzeug der Gesellschaft mit einem First-Angebot. Die 48 Business Class-Sitze sind nach dem Heringsgräten-Prinzip mit Blickrichtung nach außen angeordnet, eine willkommene Abwechslung von den üblichen Konfigurationen, allerdings bei weitem nicht so luxuriös wie die erst später eingeführten sogenannten Q-Suiten in Business Class mit Schiebetüren. Der wirkliche Wow-Faktor wartet auf dem Oberdeck hinter der Business Class-Kabine: Die eindrucksvollste Bar aller A380-Kunden, bei Qatar Premium Lounge genannt. Sie nimmt die volle Kabinenbreite und insgesamt die Hälfte der Fläche zwischen den beiden hintersten Türen auf beiden Seiten oben ein. Ein geschwungener Bartresen steht längs in der Kabinenmitte, an beiden Außenwänden am Fenster befinden sich leicht geschwungene Bänke für jeweils bis zu vier Passagiere und aus dem schmalen Ende des Bartresens schieben sich auch noch zwei Sitzplätze in den Gang. Das ganze ist ebenso elegant wie einladend, die meisten Vielflieger sind sich einig dass man hier noch lieber verweilt als bei Emirates oder Korean Air in der jeweiligen Bar, zumal Qatar Airways hier das luxuriöseste Angebot an Snacks und Getränken bis hin zum Dom Pérignon-Champagner bereithält. Qatar Airways hatte acht ihrer A380 ab Anfang 2022 reaktiviert und plant sie für die nächsten Jahre einzusetzen.

Qatar Airways hat sicherlich die schönste Bar an Bord ihrer A380. (AS)

Qatar Airways erhielt ihre erste A380 im September 2014 in einer farbenfrohen Zeremonie in Finkenwerder. (AS)

Eine A380 für Etihad bei der Ablieferung aus Finkenwerder im Mai 2017. (Dirk Grothe)

Die Etihad-Business Class in der A380 bietet sich gegenüberliegende Sitze. (AS)

In den First Class »Apartments« lassen sich auch Doppelabteile herrichten. (AS)

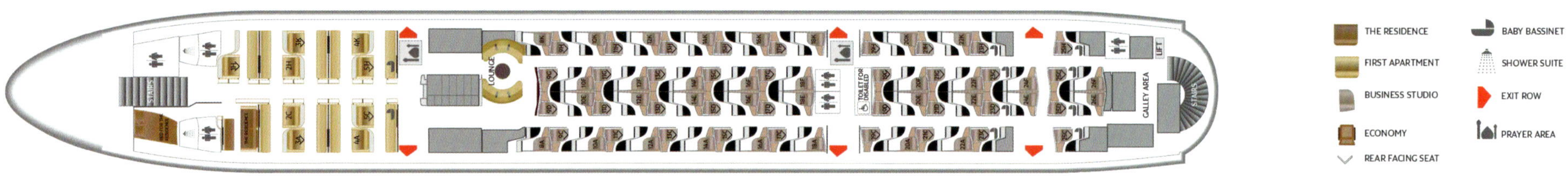

Der Plan vom Oberdeck der Etihad-A380 zeigt die Lage von Residence und Lounge.

Etihad

Es dauerte nun nicht mehr lange, bis im Dezember 2014 mit Etihad die letzte der drei großen Prestige-Airlines vom Persischen Golf ihre erste A380 erhielt – mit dem beeindruckendsten Produkt aller Betreiber. Etihad, die für die A380 sogar eine neue Flugzeugbemalung in Wüstenfarben einführte, bringt an Bord 498 Sitze unter. Das gesamte Hauptdeck beherbergt die Economy Class mit 417 Sitzen, das Oberdeck ist Premiumgästen vorbehalten. Und das in einer einmalig innovativen Weise – kein anderer A380-Betreiber hat sich die Möglichkeiten dieses Flugzeugs so zunutze gemacht um ein besonderes Erlebnis zu schaffen. So etwas hatte es am Himmel zumindest in Linienflugzeugen noch nie gegeben. »Den ultimativsten Luxus, den je eine kommerzielle Airline geboten hat«, nannte es James Hogan, der damalige Etihad-Chef: *The Residence,* eine Art privater Dreizimmer-Wohnung über den Wolken mit insgesamt rund zwölf Quadratmetern Fläche. Dazu gehört ein »Wohnzimmer«, mit Sofa-Zweisitzer und Ottomane, alles gepolstert mit Poltrona Frau, jenem Leder, mit dem auch Ferrari-Sitze bezogen sind. Dazu eine gekühlte Minibar, ein über einen halben Meter breiter Esstisch und ein riesiger Bildschirm mit 32 Zoll Diagonale. Das ganze hinter einer 1,62 Meter hohen Schiebetür für vollkommene Privatsphäre. Dann, wirklich einmalig, ein separates Schlafzimmer, ganz vorn links im Oberdeck der A380, dort wo Emirates eine ihrer zwei Duschen eingebaut hat. Dies ist einer der ruhigsten Plätze in der ohnehin schon flüsternden A380, hier steht ein Doppelbett von 1,20 Meter Breite und 2,08 Meter Länge. Aus Sicherheitsgründen ist das Gemach durch einen doppelten, schalldämmenden Vorhang, nicht eine Tür, nach außen hin abgeschlossen. Für alle Fälle befindet sich unter dem Bett ein Feuerlöscher sowie an der Wand ein »Panikknopf«, falls ein Gast Hilfe braucht.

»The Lounge« zwischen First und Business Class, die auch über Kühlschränke mit Getränken und einen großen Bildschirm verfügt. (AS)

»The Residence« bietet eine private Suite mit Schlafzimmer, Wohnzimmer und Duschbad für bis zu zwei Personen samt Butler-Service. (AS)

Und schließlich gehört ein eigenes Badezimmer zu The Residence mit einer Duschkabine noch etwas geräumiger als jene, die Emirates ihren First Class-Gästen an Bord der A380-Flotte bietet, dafür nur für maximal vier statt beim Wettbewerber fünf Minuten Duschzeit. Ein zweites Badezimmer gleich gegenüber steht allen anderen First-Gästen zur Verfügung. Als ob das noch nicht genug wäre – in der Residenz steht ein eigener Butler bereit. Nicht irgendeine Hilfskraft, sondern ein am Londoner Savoy-Hotel ausgebildeter »Fliegender Butler« in weißen Handschuhen, elf Herren und zwei Damen hatte Etihad anfangs eigens angestellt. Ein oder zwei hochmögende Passagiere konnten diese neue Form des Reisens ab Ende Dezember 2014 genießen, als Etihad ihre A380 erstmals nach London einsetzte. Ab Frühsommer 2015 ging es dann mit dem neuen Flaggschiff auch von Abu Dhabi nach Sydney und New York. Mit an Bord: *The Residence*, ein Produkt, das weit über dem bisherigen First Class-Standard lag und für das sogar eine eigene »P-Klasse« in den Buchungssystemen geschaffen wurde. Ähnliches gab es vorher nur bei der Concorde (»R-Klasse«) und bei Singapore Airlines mit ihren Suites in der A380. »Wir bringen damit das Servicekonzept von Privatjets an Bord unserer A380-Flotte«, versprach James Hogan.

Beim Flugpreis erreichte *The Residence* ebenfalls ein Niveau, das in der Linienfliegerei zuvor undenkbar war, selbst zu Zeiten der Concorde. Wer im Frühjahr 2015 auf der Strecke Abu Dhabi-London und zurück diesen himmlischen Komfort genießen wollte, zahlte für die Reise bei Buchung im November 2014 genau 33.884 Euro, egal ob für eine oder zwei Personen, denn das Angebot in der *Residence* galt immer automatisch für zwei. Eine Passage in der First Class im gleichen Flugzeug hin und zurück war dagegen schon für bescheidene 6980 Euro pro Passagier buchbar. Trotzdem beeilte sich Hogan zu versichern: »Wir konkurrieren natürlich nicht mit Privatjets«, deren Miete kostete damals je nach Größe auch zwischen 80.000 und 130.000 Euro für die Reise vom Golf nach London und retour. Dafür musste man dann aber auch nicht um halb drei Uhr morgens Ortszeit in Abu Dhabi abfliegen, wie es Etihads A380 tat. Angesichts des gerade mal acht Stunden kurzen Nachtflugs stellte sich die Frage, wer um diese Uhrzeit all die Butler, persönlichen Köche und Duschen brauchte, den *The Residence* offerierte. Das gleiche galt auf dem ebenfalls nächtlichen Rückflug in sieben Stunden von London nach Abu Dhabi, wobei es alternativ auch eine A380-Tagesverbindung gab. Mit umgerechnet rund 2250 Euro pro Flugstunde erreichte Etihad hier tatsächlich das Preisniveau eines kleinen Privatjets. Bei der Einführung eines solchen Produkts geht es eher ums Prestige als ums Geldverdienen. Für Etihad war das ein ähnlich wichtiges Marketing-Investment wie etwa die *Flagship Stores* für große Modemarken auf der Fifth Avenue oder den Champs Elysées, sie dienen ebenfalls vor allem der Markenbildung. Auch in der First Class legt Etihad mit der A380 die Messlatte nochmal deutlich höher: Ihre *First Apartment* genannten First-Suiten sind gleich um 74 Prozent größer als das bisherige First-Produkt. Die Namen »Residence«, »Apartment« und »Studio« (für die neue Business Class) waren nicht zufällig gewählt, sondern lehnen sich ganz bewusst an die Luxushotellerie an, genau wie die Butler, aber auch die bei Etihad in der First üblichen eigenen Köche, die in ihrer Bordküche etwa ein Steak genau nach den Vorlieben des Passagiers auf den Punkt braten konnten. Die »Apartments« für First-Kunden bieten üppige 3,6 Quadratmeter Fläche pro Passagier, im Oberdeck gibt es neun *First Apartments*.

Eine weitere Weltneuheit: In der Etihad-A380 gibt es in der First-Kabine erstmals in einem Flugzeug dieser Größe nur einen Mittelgang statt sonst überall zwei. Aus gleichem Grund ist jeweils die Hälfte der First-Sitze entgegen der Flugrichtung, also mit Blick nach hinten ausgerichtet, was es in der First Class nirgends gibt. In der A380 sind die »Apartments« im 1-1-Arrangement je Reihe angeordnet, sechs davon können auch zu drei Doppel-Abteilen umgebaut werden, in dem man Trennwände herunterlässt. Für gemeinsam reisende Großfamilien oder Regierungsdelegationen gibt es die Möglichkeit den gesamten First-Bereich einer A380 zu mieten. Grundprinzip des »Apartment«-Angebots ist es, jedem Kunden einen bequemen Sessel mit Ottomane plus ein separates Bett zu bieten, und sogar Raum um aufzustehen und ein paar Schritte zu gehen. Die Ottomane lässt sich zum Schlafen in ein 2,04 Meter langes und 66 cm breites Bett verwandeln. In der Mitte des Oberdecks, gleich rechts von der Haupteinstiegstür, befindet sich *The Lobby*, wiederum eine neue Variation einer A380-Bar/Lounge. Bei Etihad lädt schon die Gestaltung weniger zum Alkoholkonsum ein, was wohl bei einer Gesellschaft aus der Hauptstadt der Vereinigten Arabischen Emirate zum guten Ton gehört. Stattdessen lehnt sich das Design an einen *Majlis* an, den Raum in einem arabischen Haus, in dem Gäste empfangen werden. Zwei halbkreisförmige Sofas für jeweils drei Passagiere gruppieren sich relativ intim um einen runden Tisch herum. Jede Armlehne auf den Sofas dient als Ablage, enthält aber auch eine Lampe. An den Außenwänden stehen Kühlschränke auch mit alkoholischen Getränken hinter Glastüren, serviert ebenso wie Snacks von der Besatzung, an einer Wand hängt ein 32-Zoll-Bildschirm mit Live-TV, besonders gedacht als Platz um Sportübertragungen gemeinsam anzuschauen. Manche Etihad-Vielflieger schätzen es, hier schon vor dem Start ihren Welcome Drink einzunehmen. Generell steht hier weniger die Bar als das Miteinander und eine gewisse Intimität im Vordergrund, Gelage wie bei Emirates oder Qatar Airways an deren Bars sind bei Etihad seltener. Als Kontrast stehen an verschiedenen Stellen in Türbereichen der A380 auch vier Zonen für Gebete zur Verfügung. Die Glücklichen jedenfalls, die sich den Traum erfüllten in *The Residence* zu reisen, erzählen davon heute noch.

Zur Sommersaison 2023 hat Etihad vier ihrer A380 wieder in Betrieb genommen und bietet damit ausschließlich Flüge nach London an, zweimal täglich. *The Residence* ist jetzt nur als Upgrade zu einem First Class-Ticket buchbar, auch über Meilen. Damit ist das Top-Produkt wesentlich günstiger als früher, allerdings wird jetzt nur der übliche First Class-Service geboten.

HiFly

Der sicherlich ungewöhnlichste Betreiber der A380 wurde Juli 2018 die portugiesische Charter- und Leasingfirma HiFly. Ihre Tochterfirma HiFly Malta übernahm von einer deutschen Leasingfirma das Flugzeug mit der Baunummer MSN 006, das im März 2008 als dritte A380 überhaupt an Singapore Airlines geliefert worden war und dort bis November 2017 als 9V-SKC bis zum Ende des Leasingvertrags im Einsatz stand. Einzigartig vor allem deshalb, weil HiFly mit einem einzigen Flugzeug – zur geplanten Übernahme eines zweiten kam es nicht – der einzige dürre Beweis blieb, dass es faktisch eben keinen Markt für gebrauchte A380 gibt, auf den Airbus und die Leasingfirmen lange Zeit große Hoffnungen gesetzt hatten. Auch die Bemalung des Flugzeugs setzte Maßstäbe, es rief im Namen einer Stiftung zur Rettung der Korallenriffe auf. HiFly setzte die A380 zunächst mit exakt der gleichen Kabine ein, die SIA über ein Jahrzehnt zuvor eingebaut hatte. Sie flog immer wieder spezielle Missionen, etwa Transatlantikdienste für Norwegian Air Shuttle, als deren Boeing 787 wegen Triebwerksproblemen nicht einsatzfähig waren. Zu Beginn der Pandemie wurde sie häufig für Rückholflüge in alle Welt eingesetzt, seit Juni 2020 operierte sie als Frachter, transportierte etwa im Dezember 2020 zwei Ladungen von Corona-Schnelltests von Asien nach Hamburg. Um als einziger Vollfrachter der A380-Geschichte zu fliegen wurden alle Sitze in Economy Class entfernt, um so Kisten in der Kabine verstauen zu können. Die maximale Zuladung betrug 68 Tonnen, aber mit der Möglichkeit, große Volumina zu befördern, war die A380 sehr geeignet für Hilfstransporte in der Pandemie, da medizinische Güter nicht viel wiegen und auf diese Weise viele Kisten übereinander gestapelt werden konnten. Dafür wurden die Economy-Sektionen der Kabinen oben und unten von fast allen Sitzen befreit, unten blieben lediglich zwölf Sitze und oben 32 stehen, dazu wurden unten sieben Zonen und oben 20 zum Verstauen von Fracht ausgewiesen. Die Business Class mit 18 Sitzen vorn im Oberdeck konnte wahlweise zur Mitreise von Frachtpersonal genutzt werden oder es wurden auch in diesen Abteilen Kisten verstaut, ebenso wie in den Gepäckfächern an der Kabinendecke, jeder Raum wurde ausgenutzt. Nur die First Class-Suiten vorn im Hauptdeck dienten als Ruhezone für die Besatzung. Im Dezember 2020 beendete HiFly den A380-Betrieb.

HIFly hatte die A380-Originalkabine von Singapore Airlines übernommen, hier die First-Class Suiten als Doppelabteil. (HiFly)

HiFly bemalte ihre A380 mit der Aufforderung, die Korallenriffe zu schützen. Unten werden farblose Fische und Korallen gezeigt, oben die Riffe in ihrer Farbenpracht. (HiFly, Yannick Delamarre)

All Nippon Airways

Der letzte Neukunde, der jemals die A380 übernahm, war die japanische ANA im März 2019. Japan hatte ebenfalls anfangs als Kernmarkt für die A380 gegolten, auch daraus war nichts geworden, ANA hatte die A380 gezielt für den Nischenmarkt der Urlaubsflüge auf der Rennstrecke von Tokio nach Hawaii geordert. Äußerlich sind die ANA-A380 die auffälligsten je ausgelieferten Riesen, ihr in einem Malwettbewerb ausgewähltes Farbkleid zeigt eine gefährdete Wasserschildkröten-Art auf Hawaii, die dort *Honu* heißt, daher vermarktet ANA ihre A380 als *Flying Honu*, fliegende Schildkröten also. Getreu diesem Konzept zeigt die Außenbemalung Schildkröten, auf jedem der drei Flugzeuge in einer anderen Grundfarbe. Auch in der Kabine und beim Bordservice wird das Motiv an verschiedenen Stellen wieder aufgegriffen. Insgesamt bietet die A380 bei ANA 520 Passagieren Platz, davon 383 im Hauptdeck mit reiner Economy-Bestuhlung, während das Oberdeck den drei anderen Klassen vorbehalten ist: Vorn acht First-Suiten, dahinter 56 der bekannten gegeneinander versetzten Business-Abteile und hinten 73 Sitze der Premium Economy Class. Auf dem Oberdeck gibt es zwei kleine Stehbar-Bereiche zur Selbstbedienung, unten in Economy Class ebenfalls. Echte Besonderheit sind die letzten sieben Reihen hinten auf dem Oberdeck. Unter dem Markennamen »ANA COUCHii« lassen sich hier Beinstützen nach oben in die Waagrechte ausfahren und feststellen, so dass eine ebene Fläche zum Liegen entsteht, geeignet für ein Elternteil mit Kind(ern) oder auch bis zu zwei Erwachsene, die Option wird für einen Zuschlag auf den Flugpreis angeboten. Eine weitere kleine Besonderheit ist der »Mehrzweckraum« gleich dahinter, dieser abschließbare Raum bietet keine Toilette, sondern Economy-Passagieren eine Möglichkeit, sich umzuziehen, frisch zu machen oder Babys zu wickeln, Familien sind auf der Hawaii-Strecke das Haupt-Marktsegment.

Haupttreppe in ANA-Blau. (AS)

»Mehrzweckraum« für Economy-Passagiere, ohne Toilette. (AS)

First Class-Abteile in der ANA-A380, die exklusiv nach Hawaii eingesetzt wird. (AS)

ANA hat ihre A380 nach der auf Hawaii bedrohten Meeresschildkröte »Honu« genannt. Die blaue heißt »Lani« (Himmel), die grüne »Kai« (Ozean) und die orangefarbene »Kai La« (Sonnenuntergang). (ANA)

Global Airlines

Ab Frühjahr 2024 will das britische Start-Up Global Airlines mit vier A380 Transatlantikflüge von London zunächst nach New York JFK und Los Angeles anbieten. Bereits im Mai 2023 wurde bekanntgegeben, man habe die erste A380 gekauft, vom deutschen Leasingunternehmen Doric. Nach dessen Angaben handelt es sich um MSN006, die 2008 als 9V-SKC an Singapore Airlines geliefert wurde und von 2018 bis 2021 für Hi Fly unterwegs war. Global erklärte, drei weitere A380 erwerben zu wollen. Zuletzt hieß es, die Kabine werde »ca. 471 Sitze« bieten, genau die Konfiguration, die das Flugzeug seit seiner Zeit bei SIA aufweist. In einer Investorenpräsentation waren zuvor recht abenteuerlich anmutende Kabinen-Innovationen als mögliche Angebote herausgestellt worden: Mit luxuriösesten Privatabteilen inklusive eigener Toilette in First Class und einer »Gamer Class« mit entsprechenden Recaro-Sitzen. Ob es zum A380-Flugbetrieb von Global Airlines wirklich kommen wird war bei Drucklegung dieses Buchs nicht seriös einzuschätzen.

So stellt sich Global Airlines ihre vollständige Bemalung vor. (Global)

Die erste gekaufte A380 ließ Global Airlines in Tarbes/Lourdes mit Folien beschriften. (Global)

Global Airlines verspricht nicht weniger als ein »neues goldenes Zeitalter des Fliegens«. (Global)

A380-Besteller, die nie Flugzeuge abgenommen haben:

Virgin Atlantic Airways

Die Fluggesellschaft des britischen Multiunternehmers Sir Richard Branson gehörte zu den frühesten A380-Bestellern, die erste von sechs A380 sollte 2006 geliefert werden. Zunächst wurde die Auslieferung auf 2007 verschoben, und nachdem sich Delta Air Lines an Virgin beteiligte, gab man alle A380-Pläne nach einer Strategie-Änderung schließlich auf. Virgin hatte sich einen Namen gemacht mit innovativen und elegant gestalteten Bordprodukten für ihre *Upper Class*-Passagiere sowie besonderen Serviceleistungen wie etwa Maniküre-Angeboten. 2007 erklärte Branson: »Es ist erstaunlich, wie wenig bisher an Bord der A380 geboten wird. Wir werden Bars, Duschen und in Ländern wo es legal ist auch Glücksspiel mit Roulette und Blackjack anbieten. Wir werden natürlich auch Doppelbetten, private Räume, Massagen und Maniküre haben.« Außerdem war ein stationärer Bordverkauf geplant wie ihn nur Korean Air umsetzte, und im Rahmen des Casino-Konzepts Glücksspiel-Automaten, die im internationalen Luftraum legal zu betreiben gewesen wären. Ein fliegendes Casino hätte allerdings auch vielfältige Fragen und Probleme aufgeworfen: Wer würde als Croupier agieren, wer für die Sicherheit des Bargelds und Schutz vor Betrügern sorgen? Die A380 als fliegendes Casino bot offenbar Marktpotenzial auch aus Sicht von Airbus. 2008 verkündete der Hersteller, innerhalb von fünf Jahren könne man die A380 als Plattform für Glücksspiel nutzen, Verhandlungen mit einem Betreiber, der ein fliegendes Wettbüro einrichten wollte, liefen bereits, vor allem Casino-Betreiber im asiatischen Glücksspiel-Mekka Macau waren an der Idee interessiert und planten VIP-Charterflüge zwischen Hongkong und Las Vegas mit Baccara-Tischen. All das blieb am Ende Phantasie.

Kingfisher Airlines

Der Mallya, ein schillernder indischer Bier-Tycoon, gründete 2005 eine Fluggesellschaft in Indien die den gleichen Namen trug wie seine Biermarke, Kingfisher, nach einer Vogelart. Beinahe gleichzeitig orderte er zehn A380. Die Gesellschaft war bekannt für ihren luxuriösen Service in allen Klassen und man konnte davon ausgehen, dass sie diesen auf die A380 ausdehnen würde, Lounges oder Duschen an Bord galten als sehr wahrscheinlich. Die ersten A380 sollten 2011 geliefert werden, doch bis dahin war Kingfisher, die auch als Indiens drittgrößte Airline nie Gewinn eingeflogen hatte, in großen finanziellen Schwierigkeiten, die geplante A380-Übernahme wurde erst auf 2014 und dann auf 2016 verschoben. Aber schon im Oktober 2012 musste Kingfisher Airlines mit über einer Milliarde US-Dollar Schulden offiziell am Boden bleiben. Zu konkreten Planungen für das A380-Interieur war es nie gekommen.

Air Austral

Bereits 2009 hatte die Fluggesellschaft Air Austral von der Insel La Réunion, einem französischen Übersee-Département im Indischen Ozean, zwei A380 geordert. Damit wollte die Gesellschaft die viel beflogene Route zwischen ihrer Heimat und Paris im Mutterland Frankreich bedienen, eine Langstrecke. Dafür war der Plan, die A380 in einer reinen Economy-Bestuhlung mit 840 Sitzen zu betreiben. Bei weitem die höchste Sitzzahl in dem für bis zu 853 Passagieren zugelassenen Flugzeug. Der Hersteller hatte eine solche Passagierdichte eher für kurze japanische Inlandsflüge im Sinn, bei Air Austral hätte sich die Idee auf Elfstunden-Flügen bewähren sollen. Später betonte Air Austral, man würde wohl doch einige Premiumsitze installieren, weil sich die Flüge damit besser rentierten. Es kam nie dazu: 2016 wurde der Vertrag mit Airbus gelöst, Air Austral bediente sich zeitweise der gemieteten A380 von HiFly.

Skymark

Der japanische Billigflieger Skymark, damals drittgrößte japanische Fluggesellschaft und nur im Inland tätig, hatte 2011 insgesamt sechs A380 bestellt. Geplant waren damit erstmals auch internationale Langstrecken ab Tokio-Narita in die USA und nach Europa. Auf diese Flügen wollte Skymark als erste japanische Airline ihren Passagieren das A380-Erlebnis bieten – allerdings ein ganz anderes als bei anderen Betreibern. Die Vision des Firmenchefs war es, das Flugzeug insgesamt ausschließlich mit Sitzen auszustatten, die sich in flache Betten hätten verwandeln lassen. Und das für den Preis eines Tickets in Premium Economy Class. »Der Chef wollte zumindest das ganze Oberdeck in der A380 mit ebenen Betten ausstatten«, erklärte David Baron, ein Kabinendesigner der drei Jahre an dem Projekt gearbeitet hatte. Der Sitz war fertig zur Herstellung, die ersten für Skymark vorgesehenen A380 standen 2014 bereits in Toulouse bereit. Ansonsten sollte alles einfach sein

– keine aufwändigen Menüs oder Getränke, keine Bordunterhaltung, keine üppigen Waschräume. Das Design, mit grünen Stoffbezügen, war einem lockeren Café in Tokio nachempfunden. Doch 2014 geriet Skymark in finanzielle Schwierigkeiten, es gab Streit zwischen Airbus und dem Kunden, Airbus hob im Juli 2014 den Vertrag auf und versuchte 2015, die Gesellschaft auf angeblich 670 Millionen US-Dollar zu verklagen, aber scheiterte. Das interessante Kabinen-Konzept konnte so leider nie einem Praxistest unterzogen werden.

Transaero

Die russische Fluggesellschaft hatte 2012 vier A380 bestellt, ging aber 2015 bankrott – eigentlich wollte man im gleichen Jahr die erste von vier A380 übernehmen. Die Kabine war bereits im Detail geplant: Bis zu 652 Passagiere sollten darin fliegen können, 616 davon in Economy auf dem Hauptdeck sowie im hinteren Teil des Oberdecks. Vorn im Haupdeck sollte sich die *Imperial Class* befinden, ein Markenname von Transaero für die First Class, die besonders luxuriös sein sollte. Zwölf völlig abzuschirmende Suiten waren geplant, die Sitzbezüge sollten aus golden glänzendem Stoff bestehen. Das Business Class-Abteil vorn im Oberdeck wäre mit nur 24 Sitzen im Cocoon-Stil ausgestattet worden. Für beide Premiumklassen waren Stehbars geplant wie nicht näher beschriebene Garderoben. Die Chefin von Transaero, Olga Pleschakowa, versprach damals: »Wir haben uns bemüht alle Vorteile dieses Flugzeugtyps zu nutzen, die erste A380 im russischen Markt wird sowohl auf Inlands- wie internationalen Routen sehr populär werden. Ihre Indienstellung wird ein weiterer Schritt in der Entwicklung der russischen Luftfahrt werden.« Dazu kam es nicht mehr.

Iran Air

Anfang 2016, während einer kurzen Entspannung zwischen dem Iran und der westlichen Welt, tätigte die Islamische Republik, deren Flugzeugflotten wegen des langjährigen Lieferembargos durch den Westen hoffnungslos veraltet sind, große Bestellungen bei Airbus und Boeing. In einer ersten Absichtserklärung vom Januar 2016 waren zwölf A380 für Iran Air als Teil einer Bestellung nahezu aller Airbus-Typen vorgesehen. In der finalen Order wenige Monate später war die A380 dann nicht mehr vorgesehen, sie erschien nicht geeignet für den iranischen Markt, angefangen damit, dass kein Flughafen des Landes damals in der Lage war, das Flugzeug abzufertigen. Auch wenn die ersten A380 nicht vor 2020 geliefert werden sollten, blieb ungewiss, ob es im Iran-Verkehr überhaupt Märkte gegeben hätte mit entsprechend hohem Passagieraufkommen. »Die nötige Infrastruktur im Iran wäre in der mittelfristigen Zukunft nicht rechtzeitig fertig um die A380 abzufertigen, daher haben wir entschieden darauf zu verzichten und uns zuerst auf die anderen neuen Flugzeuge zu konzentrieren und damit vertraut zu werden«, erklärte der damalige Iran Air-Chef Farhad Parvaresh. Am Ende gelangten nur eine Handvoll neuer Flugzeuge von Airbus und ATR in den Iran bevor 2017 der damalige neue US-Präsident Trump die Sanktionen wieder in Kraft setzte.

KAPITEL 9

Der vergebliche Versuch die A380 weiterzuentwickeln

Endstation Basismodell

Die A380 war immer auf eine verlängerte Version ausgelegt, die jedoch nie kam. Auch andere Versuche der Weiterentwicklung scheiterten.

» *Wir werden eines Tages eine A380neo starten und eines Tages eine gestreckte A380.* «

Fabrice Brégier, Airbus CEO, 2014

A380-Prototyp als »A380 plus« mit neuen Winglets, Juni 2017. (AS)

A380plus
A380

Wenn irgendein Flugzeug dafür ausgelegt war, noch zu wachsen, dann die A380. So erstaunlich das klingen mag bei einem solchen Riesen, dessen Basisversion A380-800 schon alles in den Schatten stellte was es bis dahin gab. Bereits in den ersten Broschüren von 1997 ist von der »Familie innerhalb der Familie« die Rede. Eine A3XX-100 (das spätere Basismodell A380-800) für 555 Passagiere und einer Reichweite von 14.200 Kilometern ist die Ausgangsbasis. Die gleich große A3XX-100R sollte ein um 43 Tonnen auf 583 Tonnen erhöhtes Startgewicht aufweisen und dank 25.000 Litern mehr Treibstoffs an Bord bis zu 16.200 Kilometer zurücklegen können. Fest vorgesehen war immer eine um 6,60 Meter gestreckte A3XX-200, die 656 Passagiere bis zu 14.200 Kilometer weit fliegen sollte. Eine Ultra-Langstreckenversion mit 480 Sitzen und bis zu 15.500 Kilometern Reichweite wurde damals als »in Prüfung« bezeichnet. »Die A3XX ist als eine Familie von Flugzeugen konzipiert worden«, heißt es dazu in der Broschüre. »Ausgehend von der A3XX-100 gibt es Pläne, sowohl Reichweite als auch Kapazität des Flugzeugs zu entwickeln. Dank der Vielseitigkeit des neuen Designs werden Combi- und reine Frachtvarianten ebenso untersucht wie eine Version für Kurzstrecken mit vielen Starts und Landungen.« Kurzum, man wollte alles auf einen Schlag – vom Luxusflaggschiff für Prestigeairlines bis hin zum Massentransporter für japanische Inlandsflüge, plus die Rolle als fliegender Packesel auf den Rennstrecken der großen Kurierdienste. Das Design, wie in Kapitel 2 beschrieben, war von Anfang an auf das Familienkonzept ausgelegt, doch immer wieder musste man bei einer Version Abstriche bei der Effizienz machen, um dafür eine andere Variante zu ermöglichen, etwa mit einem höheren Hauptdeck, um dort auch Frachtcontainer beladen zu können.

»Ich habe das Team der Tragflächenentwicklung geführt, und sogar meiner Frau ist gleich aufgefallen dass die Flügel im Vergleich zum Rumpf sehr groß sind«, erklärte der für Produktion zuständige Airbus-Manager Tom Williams 2012. »Die Tragflächen sind tatsächlich für ein viel größeres Flugzeug vorgesehen, damit wir in der Lage sind, den Rumpf stark zu vergrößern – wir können ihn sehr leicht strecken.« Das genau war der Plan, um etwa 6,70 Meter länger als die Basisversion sollte die A380-900 sein, sechs Segmente plus eine Tür ganz vorn auf dem Oberdeck wären in der bestehenden Rumpfsektion 13 eingefügt worden, die zwischen der Cockpitsektion und dem Flügelansatz liegt, vier weitere Segmente in der Sektion 18 hinter den Tragflächen. Während andere potenzielle Mitglieder der A380-Familie nie auf Interesse bei potenziellen Kunden stießen, etwa die verkürzte A3XX-50R, später A380-700 genannt, war eine verlängerte Version durchaus gewollt, vor allem und am lautesten von Emirates. »Wir haben heute schon Airlines die uns sagen sie lieben die A380, aber sie ist zu klein!«, erklärte Tom Williams. »Und es wirft für uns Ingenieure keine Probleme auf – wir können sie größer machen. Aber man kann mit der Größe die wir heute haben noch so viel machen, ehe man sich den Kopf zerbricht über eine gestreckte Version. Es ist eher die Frage was wirtschaftlich Sinn macht und wo der Markt dafür liegt.«

Und da genau lag stets das Problem: Die Basisversion der A380 verkaufte sich nur schleppend, warum also nochmals Milliarden in eine Weiterentwicklung pumpen, wenn schon das Ausgangsprodukt nur mäßig gefragt war? »Wir haben ein Design für die A380-900 das zur rechten Zeit reaktiviert werden kann«, erklärte ebenfalls 2012 Bob Lange, Airbus-Marketingchef für die A380. »Aber am oberen Ende des Marktes sehen wir nicht genügend Nachfrage um dieses neue

Mit neuem 3-5-3-Layout versucht Airbus, die A380 mit Elferreihen für die Airlines profitabler zu machen. (Airbus)

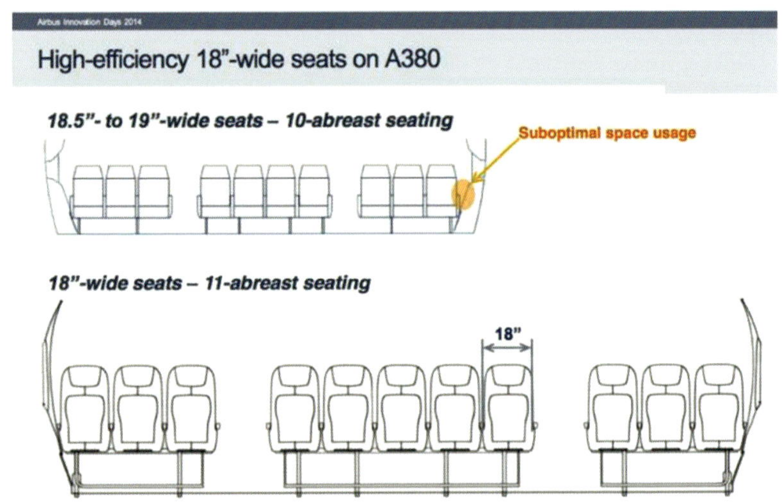

Airbus versuchte die Elferreihe als nur minimale Komforteinbuße zu verkaufen. (Airbus)

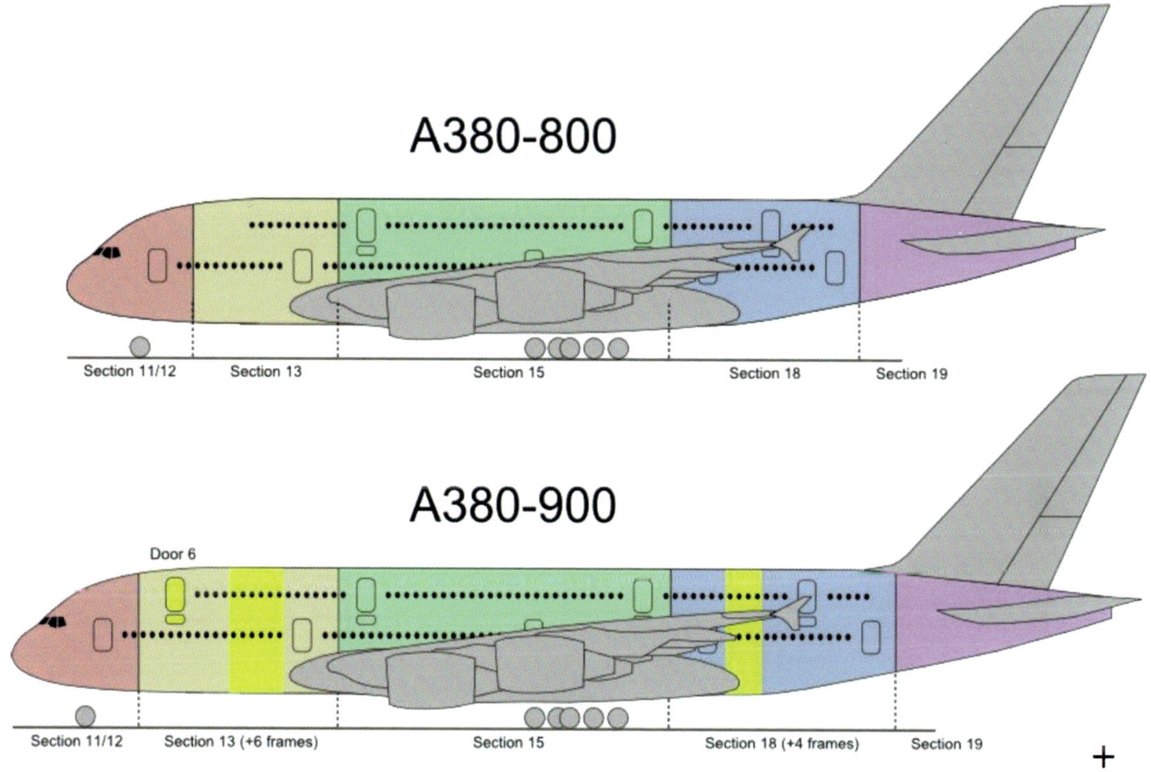

Die verlängerte A380-900 war von Beginn an Teil des Konzepts, kam aber nie. (Wikimedia/Clem Tillier)

Produkt zu starten«, so Lange, Airbus müsse seine Energie dafür aufwenden, die bestehende Produktion der A380 zu stabilisieren. »Im Moment wäre nach meiner Einschätzung der richtige Zeitpunkt der Beginn des nächsten Jahrzehnts«, so Lange 2012. Jürgen Thomas und sein Team hätten schon viel früher loslegen können und wollen: »Nach der Zertifizierung der A380-800 hätte das Team zur Entwicklung bereitgestanden, auch wenn klar war, dass vielleicht drei oder vier Jahre vergangen wären von der Einführung der -800 bis zur Ergänzung durch die -900. Der Fehler war, dass wir unter dem Druck des damaligen Federal Express-Chefs Fred Smith und unseres Airbus-Chefs Jean Pierson standen, quasi gleichzeitig zur Passagierversion auch den Frachter zu entwickeln. So etwas kann man nicht gleichzeitig machen«, resümiert Thomas heute.

Und es entbehrt nicht einer gewissen Tragik, dass es am Ende weder den Frachter noch die gestreckte Version noch irgendeine andere Variante der A380 gab, obwohl der »Vater« des Flugzeugs alle Vorkehrungen dafür schon mit eingebaut hatte. Der frühere Airbus-Verkaufschef John Leahy sieht sogar dieses bewusste in Kauf nehmen von Schwächen in der Basisversion zugunsten der späteren Streckung als einen Grundfehler des A380-Programms: »Jeder hatte im Hinterkopf dass die A380-900 wenige Jahre nach der A380-800 herauskommen würde. Deshalb hatten wir ein Flugzeugdesign das für die A380-800 zu schwer war, damit die -900 dann das Optimum sein könnte.« Auf allen je fliegenden A380 lastet der Mühlstein der für sie eigentlich unnötig riesigen Flügel, die die A380-800 weniger wirtschaftlich machten als es möglich gewesen wäre, nur um damit einen Effekt für ein anderes Flugzeug zu erzielen, das es am Ende nie gab. 2007 war die gestreckte Version als A380-900 von Airbus nochmal hervorgeholt worden, doch außer bei Emirates konnte sie kein Interesse erwecken. Bereits 2010 machten die Airbus-Verantwortlichen dann klar dass das Thema einer gestreckten A380 »vorläufig« vom Tisch sei, man müsse die Produktionsprobleme der A380 lösen und hätte Investments in das A350-Programm zu stemmen. Der wirkliche Grund allerdings dürfte die anhaltend schwache Nachfrage nach der vorhandenen A380 gewesen sein, die durch das Auftauchen der hocheffizienten A350 als Konkurrenz im eigenen Haus dann endgültig zum Erliegen kam.

Eines der entscheidenden und am Ende nie gelösten Probleme für jegliche Weiterentwicklung der A380 war das aus der geringen Nachfrage resultierende Desinteresse der Triebwerkshersteller, effizientere Antriebe für eine neue Version zu entwickeln. »Wir haben eine verbesserte A380 noch 2010 erwogen«, berichtet John Leahy. »Wir schauten stets weiter nach neuen Triebwerken, Tim Clark von Emirates hat dauernd Druck gemacht. Aber ein Update wäre sehr teuer geworden und die Triebwerkshersteller waren zu der Zeit keine große Hilfe. GE und Rolls Royce verkauften munter Motoren für die 787 um mit uns zu konkurrieren, die waren gar nicht erpicht auf ihre eigenen Kosten die A380 zu verbessern, um dann mit sich selbst in Konkurrenz zu treten. Da gab es viel Verzögerungstaktik bei den Triebwerksleuten«, moniert der ehemalige Airbus-»Superverkäufer.« 2015 war kein gutes Jahr für die A380 – keine einzige Maschine wurde neu verkauft, durch die Pleite des Kunden Transaero gab es stattdessen Stornierungen im Orderbuch.

Inzwischen war es Fakt – eine gestreckte A380 würde es nicht geben. Eine mögliche Option hätte eine A380neo sein können, neo steht wie bei den anderen Airbus-Typen für new engine option. Bei den kleineren Airbus-Flugzeugen hatte sich diese Art von Modellverjüngung als eine wahre Vitalkur erwiesen. Airbus hatte Anfang 2015 verkündet, man prüfe eine solche Variante für die A380. Sofort war Emirates-Boss Tim Clark auf den Zug aufgesprungen: »Die A380 ist unser Flaggschiff und es gibt eine klare Möglichkeit, dass die Neo, wenn sie gebaut wird, uns zehn bis 12% mehr Wirtschaftlichkeit bringt, das ist es auf jeden Fall Wert zu haben.« Schon ließ Clark erkennen, er würde irgendwann alle damals noch rund 140 geplanten Emirates-A380 durch die neuere A380neo ersetzen.

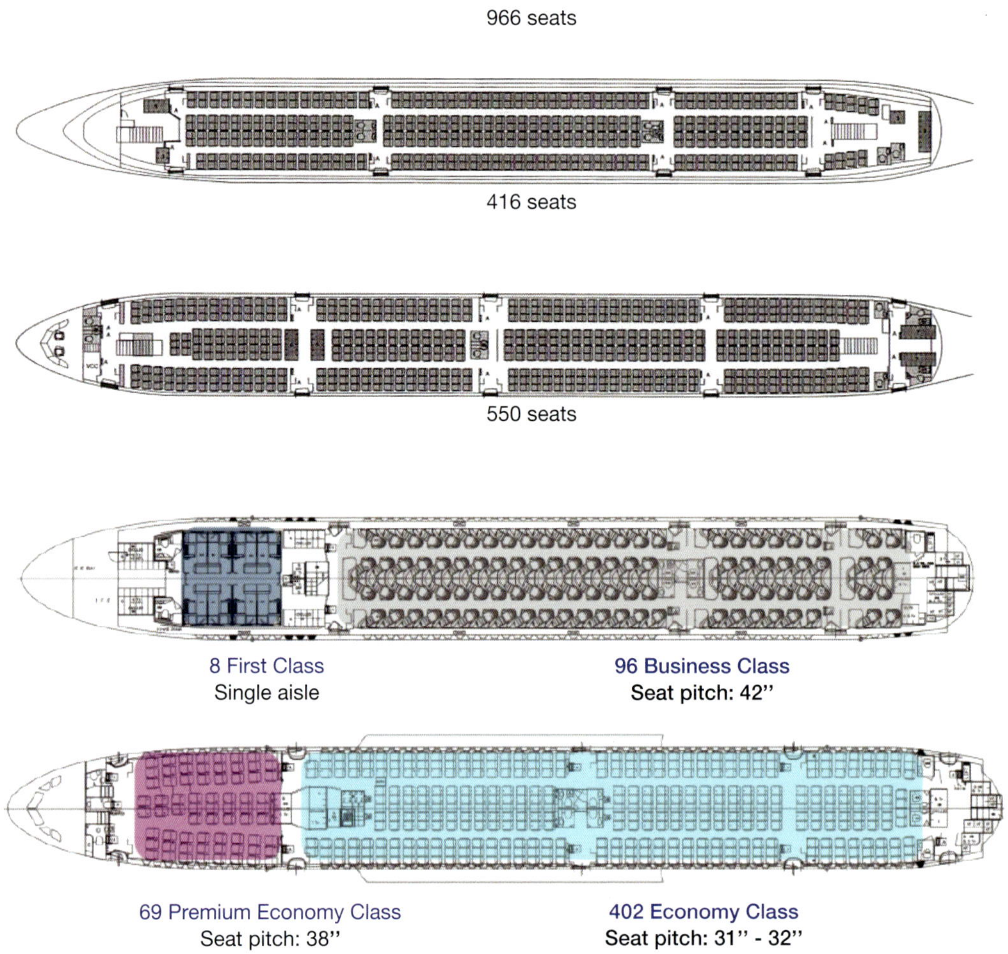

Frühe Entwürfe einer verlängerten A3XX sahen bis zu 966 Sitze in einer reinen Economy-Version vor (oben). Unten die verdichtete Kabine der A380 plus ohne Haupttreppe vorn für jetzt 575 Passagiere in vier Klassen. (Airbus)

Weitere Elemente der verbesserten A380 sollten Winglets sein, die den Treibstoffverbrauch um bis zu 4% reduziert hätten, außerdem Modifikationen der Kabine, die bis zu 50 zusätzliche Sitzplätze an Bord ermöglichen sollten. Weitere Effekte vor allem bei der Gewichtseinsparung sollten von der A350 übernommene bessere Treibstoffpumpen und leichtere Bordunterhaltungssysteme bringen.

Doch die A380neo, deren Start Branchenexperten für die Dubai Air Show im November 2015 erwartet hatten, kam nicht vom Fleck – vor allem wegen der widerspenstigen Triebwerksbauer, aber auch weil Airbus sie nur lauwarm unterstützte. »Nach allen Anzeichen wird die Vernunft die Oberhand behalten und die A380 wird ihren langsamen Flug in die Vergessenheit zu Beginn des nächsten Jahrzehnts fortsetzen«, orakelte düster das Branchenmagazin Flight International. John Leahy aber beharrt darauf: »Es gab ein Zeitfenster, in dem die Re-Motorisierung etwas hätte werden können. Nach 2010 und vor 2016. Es gab also einen Zeitraum von fünf bis sechs Jahren, wo wir es mit neuen Triebwerken hätten richtig machen und das Programm am laufen halten können. Das hätte allerdings nicht das Problem mit dem Gewicht des Flugzeugs gelöst.« Auch der ehemalige Airbus-Chef und vorherige Hamburger Werksleiter Gustav Humbert betont heute: »Es hätte um 2016 herum, etwa zehn Jahre nach dem Beginn der Liniendienste, eine A380neo geben müssen mit neuen Triebwerken. Aber ich kann die Triebwerkshersteller verstehen, die da einfach keinen ausreichenden Markt sahen. Zumal bei der Double Source-Triebwerkspolitik von Airbus«, so Humbert, die vorsah, immer zwei konkurrierende Anbieter bei den Antrieben zu haben. »Der Markt hatte sich zwischenzeitlich auch verändert, es gab weniger Verkehr zwischen den großen Drehkreuzen und mehr Punkt-zu-Punkt-Verbindungen. Ich glaube nicht, dass die Triebwerkshersteller Airbus hier bewusst haben hängen lassen«, sagt Gustav Humbert und widerspricht damit der Kernthese John Leahys. Airbus-Konzernchef Tom Enders, nicht als großer A380-Anhänger bekannt, erklärte auch noch 2016 beinahe trotzig: »Wir haben es so oft schon gesagt: Größere Verbesserungen der A380 wie die berühmte neue Motorisierung sind nicht so sehr eine Frage des ob, sondern des wann.«

Das ging allerdings weit an der Realität vorbei, denn die Triebwerkshersteller, an denen sich auch Tim Clark abarbeitete und Rolls-Royce fast schon dort zu haben vorgab wo er sie hinbringen wollte, machten keine echten Ansätze irgendeiner Kooperation. Also war bald die Frage, was denn ohne neue Triebwerke und ohne eine Rumpfverlängerung noch machbar wäre. »Dazu habe ich aus dem Ruhestand heraus für Airbus-Chef Tom Enders ein Papier erstellt. Ich hätte auf die gestreckte Version für hundert Passagiere mehr verzichtet und stattdessen das Flugzeug nur um fünf oder sechs Meter verlängert, so dass 50 Passagiere mehr Platz gehabt hätten«, sagt Jürgen Thomas. »Das hätte dem Flugzeug auch ästhetisch sehr gut getan. Das war immer so pummelig durch die vielen Passagiere, die wir im Querschnitt hatten, oben acht und unten zehn pro Reihe. Auch im Flügel war einiges an Potenzial drin, etwa durch andere Winglets«, weiß der »Vater der A380« vermutlich so gut wie niemand sonst. Aber auch er musste trotz aller eingebauten Effizienzreserven einsehen: »Aber letztlich kam man am Hauptproblem, dass man neue Triebwerke gebraucht hätte, nicht vorbei.« Und Jürgen Thomas analysiert: »Nach der ersten Order-Welle, die uns vielleicht zu sehr in Sicherheit gewogen hat, kam die Flaute an Bestellungen. Das hat dem Management den Mut geraubt an Weiterentwicklungen zu denken.

Dem Prototyp MSN004, damals bereits Museumsflugzeug in Le Bourget, wurden 2017 die alten Winglets gekappt (hier in der Kabine gelagert) und neue »A380 plus«- Winglets angebracht. (AS)

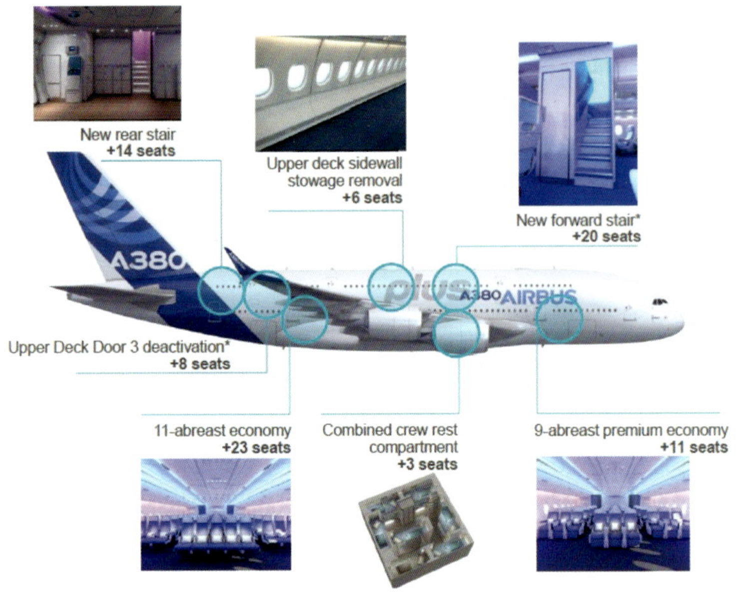

Insgesamt 105 Extrasitze könnten gewonnen werden bei der A380 plus. (Airbus)

Jeder hat gesagt, jetzt verkauft erst mal den Flieger den ihr gerade gemacht habt, holt mal die zwölf oder 15 Milliarden Euro Investment wieder herein. Das kann ich verstehen.«

Im Jahr 2017 versuchte Airbus dann nochmal alles in der Macht des Herstellers stehende, um die A380 effizienter zu machen. Zunächst stellte man Veränderungen in der Kabine vor, die in einer Steigerung der Sitzplatzkapazität um bis zu 85 Plätze hätten resultieren können. Damit wandte sich Airbus im Marketing seines größten Produkts vollkommen ab von der Ursprungsidee eines Luxusflugzeugs – das die A380 in der Realität nie war – und hin zu einem Massentransporter, der sie eigentlich immer war. Jetzt eben nur noch radikaler. Als erstes sollten beide Treppen zwischen Haupt- und Oberdeck in ihrer angestammten Form dran glauben. Das sei kein Problem, erklärte Airbus, weil anders als in der Frühphase des Programms die Flughäfen nun fast alle mit direktem Passagierzugang auch zum Oberdeck ausgerüstet seien.

Statt opulenter Showtreppe vorn war der Vorschlag nun eine enge, über Eck gestaltete Treppe in der Rumpfmitte auf Höhe der Tragflächen, kombiniert mit dem Eingang zu einem vergrößerten Ruheabteil für die Besatzung, das nun im Frachtraum statt auf dem Hauptdeck eingebaut werden sollte. Wohlwollende Beschreibungen stellen hier einen Vergleich zur Original-Wendeltreppe der frühen Boeing 747 an. In der A380 hätte allein diese Lösung, in der im Oberdeck eine Bordküche an die Stelle des oberen Treppenendes getreten wäre, 25 Quadratmeter zusätzliche Nutzfläche für 20 weitere Sitze geschaffen. Auch von der hinteren Wendeltreppe sollte nichts bleiben – auch hier hätte eine eckige Minimallösung 14 weitere Sitze geschaffen, weil in der neuen Treppenkonstruktion nun auch Servierwagen verstaut werden konnten, die vorher an der Tür 4 standen. Interessanterweise blieb dies am Ende der einzige Vorschlag, der es in ein Kundenflugzeug schaffte, und zwar in die drei Maschinen des letzten Neubetreibers ANA.

Den größten Effekt mit 23 Extra-Sitzen wäre mit elf anstatt zehn Sitzen je Reihe in Economy Class zu erzielen gewesen. Dabei wäre die Anordnung je Reihe 3-5-3 gewesen, ein Horrorszenario für jeden Passagier in der Mitte, der sich auf beiden Seiten je zwei Sitznachbarn gegenübersieht, wenn er oder sie austreten möchte. Interessanterweise war es das Airbus-Marketing, das einen lästernden Werbefilm drehte als in den 1990er-Jahren Boeing in der 777 eine 2-5-2-Anordnung vorschlug, die einige Airlines nutzten. Double Excuse Me Seat nannte man den misslichen Platz inmitten der Fünfer-Reihe damals, den Platz auf dem man sich gleich zweimal entschuldigen musste bei zwei Mitreisenden, wenn man aufstehen wollte. Und nun versuchte Airbus genau das selbst zu verkaufen. »Das ist nicht sehr attraktiv, stellen sie sich vor sie haben ein Problem und müssen immer wieder aufstehen und zur Toilette«, schauderte es Tim Clark. Da half es auch nichts dass Airbus mit Grafiken bewies, dass auch mit elf Sitzen noch jeder Kunde 18 Zoll (knapp 46 cm) an Sitzbreite bekäme – mehr als zum Beispiel Qantas selbst bei herkömmlicher 3-4-3-Bestuhlung mit zehn Sitzen pro Reihe in Economy in der A380 anbot. Dank des angehobenen Kabinenbodens hätte auch die Premium Economy Class nun mit neun Sitzen pro Reihe in 3-3-3-Anordnung angeboten werden können, was weitere elf Sitze zusätzlich gebracht hätte. Üblich sind sonst in der Zwischenklasse sieben oder acht Sitze pro Reihe. Im Oberdeck hätte es zwei Maßnahmen gegeben: Zum einen die Entfernung der bei Passagieren als Ablagen beliebten Kästen unter den Fenstern, zum anderen die Deaktivierung des letzten Tür-Paars hinten auf dem Oberdeck. Nach Airbus-Berechnungen hätten sich mit diesen vielen Extra-Sitzen bis zu zwölf Millionen Dollar pro Flugzeug und Jahr mehr verdienen lassen. Die einzige Fluggesellschaft, die vielleicht in der Lage gewesen wäre so viele Passagiere in ihre A380 zu quetschen, wäre Emirates gewesen. Doch Tim Clark hatte kein Interesse an noch mehr Sitzen in der Kabine. Damit war die Idee faktisch gestorben.

Sehr wohl Interesse aber hatte der wichtigste A380-Kunde an einer Modifikation, die im Juni 2017 auf der Pariser Luftfahrtschau präsentiert wurde. Hier machte Airbus einen letzten Versuch, die A380 mit allen noch zur Verfügung stehenden Mitteln zu retten. Dazu bediente man sich des Prototypen MSN 004, der praktischerweise seit Februar 2017 bereits auf Dauer nach Paris Le Bourget gebracht worden war, um als Exponat vom dort beheimateten Luft- und Raumfahrtmuseum präsentiert zu werden. Das Flugzeug würde nicht mehr abheben, also konnte man getrost an ihm herumschrauben. Das geschah in aller Heimlichkeit, Techniker brachten an beiden Tragflächenenden neue sogenannte Scimitar Winglets an, ähnlich denen die in kleinerer Form an der Boeing 737 MAX zu sehen sind. Diese neueste Form der Winglets umfassen ein größeres, nach oben gebogenes Flügelende sowie eine kürzere, nach unten gerichtete Bauchflosse, ein sogenanntes ventral strake. Bei der A380, bisher nur mit einem konventionellen kleinen Winglets ausgestattet, betrugen die Dimensionen der neu gestalteten Flügelenden aus Verbundwerkstoff nun jeweils 4,7 Meter – 3,50 Meter nach oben und 1,20 Meter nach unten. Diese Winglets wurden zum Symbol eines neuen Produktnamens: A380plus, der auch darauf zu lesen war. Daran war Tim Clark nicht interessiert, aber an effizienteren Flügelenden. Zu seinem Bedauern war Airbus nicht bereit, diese als Modifikation zur Nachrüstung anzubieten. »Wenn ich diese Winglets in unsere vorhandene Flotte einbaue und sie verbessern die Effizienz um

4%, dann wäre das großartig«, schwärmte Clark, vergeblich.

Interessanterweise hatten die Airbus-Techniker die alten Flügelenden des A380-Prototyps abmontiert und einfach auf das Hauptdeck des Museumsflugzeugs gelegt, wo Journalisten während der Pressekonferenz zur Vorstellung der A380plus an Bord darüber fast stolperten. Neben den neuen Winglets sollte das maximale Startgewicht um drei Tonnen auf 578 Tonnen gesteigert werden und damit wahlweise die Reichweite um 555 Kilometer oder bei quasi gleichbleibender Reichweite nach Airbus-Rechnung 575 statt 497 Passagiere in vier Klassen befördert werden können. Dabei wurden auch noch 13% geringere Spritkosten pro Sitz bzw. 4% weniger Verbrauch insgesamt versprochen und eine Verlängerung der Wartungszyklen, was jedem Flugzeug sechs Tage Flugbetrieb mehr pro Jahr ermöglichen sollte. Insgesamt ein beeindruckendes Paket an Verbesserungen, das Airbus in der Not quasi mit Hausmitteln geschnürt hatte.

Die Vorstellung dieses Upgrades der A380 verstanden alle als das Ende der A380neo-Pläne, was auch niemand bestritt. Aber der Blick sollte nach vorn gehen, John Leahy sang öffentlich das hohe Lied auf die neue Variante: »Die A380plus ist ein effizienter Weg eine noch bessere Wirtschaftlichkeit zu erreichen und gleichzeitig bessere Leistungen im Flugbetrieb«, so der Verkäufer in Paris. Die Variante sei ein wichtiger Schritt, um das schnell wachsende Passagieraufkommen zu bewältigen und die sich weiterentwickelnden Anforderungen der A380-Kunden. Rückblickend sieht Leahy heute diesen letzten Versuch viel kritischer: »A380plus würde die Fließrichtung des Flusses nicht ändern, und der Fluss ging bergab. Das hätte vielleicht die Entwicklung etwas verlangsamen können, aber wir hätten wirklich neue Triebwerke gebraucht um das Antriebsproblem zu lösen. Die Tragflächen aerodynamisch sauberer zu machen war eine gute Idee und auch das Gewicht zu verringern. Aber der einzige Weg, um das Flugzeug wirklich zu optimieren wäre die A380-900 gewesen.« Die Reaktion der A380-Kunden auf die A380plus fiel zwischen zurückhaltend bis sehr ablehnend aus. »Ich müsste schon eine sehr alkoholselige Nacht haben um das zu bestellen«, erklärte Qantas-Chef Alan Joyce abschätzig. »Zu wenig, zu spät« urteilte ein Banker aus der Flugzeugfinanzierung.

Schon die A380neo-Idee war nicht auf einhellige Begeisterung gestoßen: »Airbus ist jetzt smart genug zu wissen dass die A380neo ein klassisches Beispiel dafür wäre, gutem Geld noch schlechtes hinterherzuwerfen«, erklärte Analyst und A380-Gegnor Richard Aboulafia. »Aber der Hersteller muss noch auf den letzten Drücker eine Anstrengung machen um Emirates und ihre industriellen Partner zu befriedigen. Die A380plus ist das Ergebnis. Vollkommen zwecklos, aber eben auch sehr notwendig.« Das Urteil über die A380 als zu groß, zu teuer im Betrieb und für alle Betreiber außer Emirates kaum wirtschaftlich zu füllen hatte sich 2017 bereits verfestigt. Da konnte auch das kleine Aufbäumen von Airbus mit Vorschlägen für eine leicht verbesserte A380 das schon besiegelte Schicksal des Riesenflugzeugs nicht mehr aufhalten. Aus allen vier geplanten Abwandlungen des Basismodells – dem A380-Frachter, der gestreckten A380-900, der A380neo oder der A80plus – wurden kaum mehr als Pläne, mit der Ausnahme des Frachters, für den schon Metall geschnitten worden war, als das Programm beerdigt wurde.

Tim Clark preist heute noch die nicht verwirklichte A380neo als »absolut brillantes Flugzeug mit neuen Winglets, neuem Antrieb und vielleicht in bestimmten Fällen neuem Fahrwerk. Wir kamen der A380neo sehr nahe, sie wäre beinahe gebaut worden, und ich glaube sie hätte auch in der Welt nach der Pandemie einen Platz über 2025 hinaus«, so Clark. Für ihn waren die Hoffnungen auf zwölf bis 14% weniger Treibstoffverbrauch real: »Hätte das Trent XWB als Basis-Triebwerk der A380neo so weiterentwickelt werden können wie uns Rolls-Royce sagte dass es geschehen würde, wäre das ein Quantensprung beim Verbrauch gewesen«, trauert Clark der Option hinterher.

Der Airbus-Prospekt für die A380 plus spricht über die Vorzüge, nennt aber nur 80 Extrasitze. (Airbus)

KAPITEL 10

Der Beinahe-Absturz von Qantas-Flug 32 und andere A380-Zwischenfälle

Der Megakatastrophe knapp entkommen

Mit dem Beinahe-Absturz von Qantas 32 schrammte die A380 nur knapp an einer Luftfahrt-Katastrophe ungeahnten Ausmaßes vorbei.

» *Der Fall QF32 ist ein Beispiel für die Robustheit, Unverwüstlichkeit, Redundanz der A380 und ihr unglaublich gutes Design.* «

Fernando Alonso, A380-Flugtestchef

Die erste Qantas-A380 VH-OQA »Nancy Bird Walton« über Sydney nach ihrer Lieferung im September 2008. Sie ging 2010 fast verloren. (Qantas)

QANTAS
Spirit of Australia

Die A380 ist immer ein sehr sicheres Flugzeug gewesen, dem glücklicherweise bis zur Drucklegung dieses Buchs tödliche Unfälle erspart blieben. Nicht auszudenken die Auswirkungen für das Vertrauen in die ganze Luftfahrtbranche wenn je ein Flugzeug mit über 400, 500 oder gar 600 Menschen an Bord zu Schaden kommen sollte. Dabei gab es einen schwerwiegenden Vorfall, bei dem das Schicksal von 469 Menschen an Bord eines Qantas-A380-Flugs tatsächlich stundenlang buchstäblich in der Luft hing. Am Ende ging es gut aus, was vor allem der großartigen Leistung der Piloten und der ganzen Besatzung zu verdanken war. Aber auch der extrem sicheren Bauweise des Flugzeugs.

Es war eine ungewöhnliche Cockpitbesatzung, die sich am Morgen des 4. November 2010 in der Lobby des Crew-Hotels in Singapur traf. Flugkapitän Richard de Crespigny (53) und gleich vier Kollegen sollten an diesem Tag Qantas-Flug 32 von Singapur nach Sydney fliegen. Und zwar im größten und damals modernsten Passagierflugzeug der Welt, dem doppelstöckigen Airbus A380. Die australische Fluggesellschaft Qantas mit dem weißen Känguru auf rotem Grund am Heck ist bereits seit 1921 unterwegs und damit eine der ältesten Airlines der Welt. Sie hat noch nie ein Flugzeug durch einen Unfall verloren und gilt deshalb als sicherste große Fluggesellschaft überhaupt. Seit dem 18. September 2008 betrieb Qantas als dritter Kunde nach Singapore Airlines und Emirates auch das größte Flugzeug der Welt. In einer großen Zeremonie hatte Qantas im Airbus-Werk Toulouse kurz zuvor ihre erste A380 übernommen, die das Kennzeichen VH-OQA und den Taufnamen Nancy Bird Walton trug, nach der australischen Flugpionierin und Gründerin der Flying Doctors im Outback. Und genau die erste von damals zwölf Qantas A380 war an diesem Tag auf Flug QF32 zunächst von London-Heathrow nach Singapur geflogen, auf dem ersten Teil der sogenannten Känguru-Route von Europa nach Australien. Nach etwa zwei Stunden am Boden sollte QF32 von Kapitän de Crespigny und seinem Team den zweiten Abschnitt bis zur Qantas-Basis in Sydney geflogen werden, rund sieben Stunden beträgt üblicherweise die Flugzeit.

Obwohl dieser Flugzeugtyp der jüngste in der Flotte war, konnte sich die Qantas-Besatzung an diesem Tag mit Fug und Recht die erfahrenste A380-Crew der Welt nennen. Denn durch Zufall wurde die üblicherweise aus drei Mann bestehende Cockpit-Crew (zwei reguläre Piloten und eine Ablösung) auf diesem Flug durch zwei Check-Kapitäne verstärkt. Gemeinsam mit dem sehr erfahrenen Kabinenchef, der früher für die Europäische Raumfahrtagentur ESA gearbeitet hatte, kamen sie zusammen auf stattliche 140 Jahre Flugerfahrung und über 71.000 Flugstunden. Besonders beachtlich war die Zeit, die diese Piloten bereits in der neuen A380 verbracht hatten – alle zusammen fast 5000 Flugstunden. Richard de Crespigny war ein Pilot wie im Bilderbuch, mit 35 Jahren Flugerfahrung in der australischen Luftwaffe und bei Qantas. Und er hatte genaue Prinzipien denen er folgte, um das beste aus seinen Leuten herauszuholen. »Ich habe an diesem Morgen das Team von QF32 geformt, die Crew braucht klare Instruktionen, was sie erwartet«, erklärte de Crespigny, der später zwei Bestseller schrieb, einen über seine Erlebnisse auf Flug QF32

Gegen 7.00 Uhr Ortszeit war QF32 aus London-Heathrow kommend auf dem Changi Airport von Singapur gelandet.

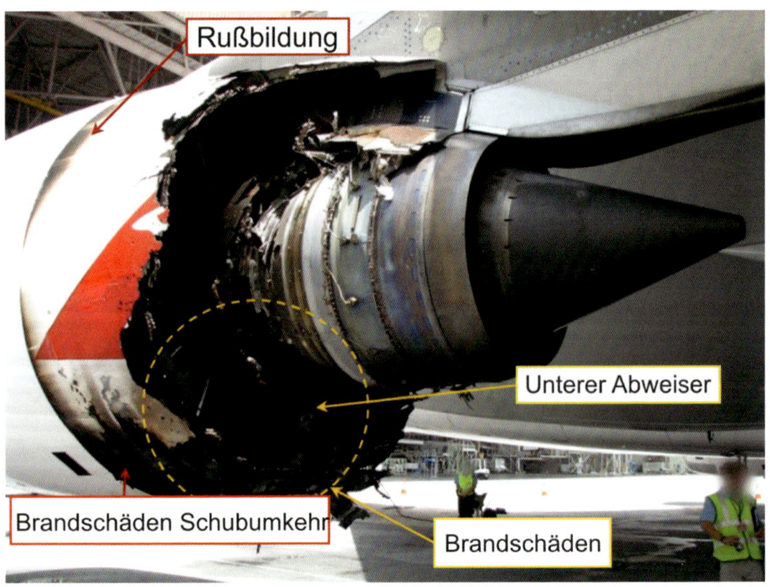

Die erheblichen Schäden am linken inneren Triebwerk der VH-OQA. (AAIB/JACDEC)

Das beschädigte Triebwerk ließ sich nach der Notlandung nur mit Hilfe von Wasser abwürgen. (AAIB)

Der Weiterflug nach Sydney war fast ausgebucht mit 14 Passagieren in First Class (darunter ein weiterer Qantas-Kapitän ohne dienstliche Aufgaben), 62 im Business Class-Abteil im Oberdeck, 32 in Premium Economy und 332 in Economy, wo nicht ein einziger Sitz frei blieb. Dazu die fünf Piloten und die 24-köpfige Kabinenbesatzung – insgesamt waren 469 Menschen an Bord von QF32. Relativ wenige, gemessen an jenen 853 Passagieren, für die die A380 theoretisch zugelassen war. Daher lag das Startgewicht an diesem Tag mit 465 Tonnen auch fast hundert Tonnen unter dem möglichen Maximalgewicht von 560 Tonnen – das aber war vor allem der geringeren Treibstoffmenge geschuldet bei diesem relativ »kurzen Langstreckenflug«. Denn die A380 kann noch ganz anders – Qantas-Flug QF8 von Dallas/Fort Worth in Texas nach Sydney war mal der längste Linienflug der Welt, ohne Zwischenstopp fliegt der Airbus-Riese die Distanz von 13.800 Kilometern in planmäßig 16 Stunden und 55 Minuten, auch wenn die tatsächliche Flugzeit oft kaum über 15 Stunden liegt. Trotzdem bleibt die A380 auf Flug QF8 mehr als doppelt so lange in der Luft wie auf dem vergleichsweise kurzen Abschnitt von Singapur nach Sydney.

Die Besatzung ließ die vier mächtigen Rolls-Royce Trent 972-Triebwerke an, 14 Liter Treibstoff pro Sekunde strömten in jede Turbine. Es dauerte etwa 20 Sekunden bis die Triebwerksschaufeln auf ihre Startleistung gebracht waren und die Spitzen mit Überschallgeschwindigkeit rotierten. Jeder Motor erreicht eine Leistung von 72.000 lbs (320 kN), jede einzelne der jeweils 24 Schaufeln aus Titan saugt pro Sekunde 1,25 Tonnen Luft an, die das Triebwerk dann auf 1600 km/h beschleunigt wieder verlässt. Mit vollem Schub auf allen vier Motoren hob sich um 9.57 Uhr Ortszeit an diesem tropischen Novembermorgen die Nancy Bird Walton von der Startbahn 20C des Changi Airport. Der Autopilot brachte die A380 mit einer Steigrate von 2000 Fuß pro Minute auf die gewünschte Höhe von zunächst 10.000 Fuß. Auf dem Bildschirm über der Mittelkonsole erschien in der Anzeige des ECAM (Electronic Centralised Aircraft Monitoring)-Systems die »After Take Off«-Checkliste. ECAM sammelt Daten aus über 250.000 Sensoren überall im Flugzeug.

Die A380 flog durch 7400 Fuß, Kapitän de Crespigny wollte um 10.01 Uhr gerade das Anschnallzeichen abstellen als es einen lauten Knall gab. Er drehte sich nach rechts um zu sehen, ob sein Erster Offizier Matthew Hicks den Knall auch gehört hatte. Dann noch ein lauter Knall, stärker als der erste. Er erschütterte das ganze Flugzeug. Sofort klingelte im Cockpit der Hauptalarm, das Master Warning. Der Flugkapitän empfand den ersten Knall noch wie die Fehlzündung eines Autos. »Das konnte gut auch ein Strömungsabriss im Verdichter gewesen sein, wie wir ihn bei großen Jets manchmal haben«, schrieb der Qantas-Pilot später in seinem Buch »QF32«. Von so einem Engine Surge können sich Jet-Motoren aber wieder erholen und man kann den Flug fortsetzen. Aber dieses Mal war es anders. »Der zweite Knall war etwas, was ich noch nie erlebt habe«, so der Mann mit damals 15.140 Flugstunden. Wieder ertönte der Alarm. Dazu leuchteten die beiden entsprechenden roten Lampen, direkt vor jedem Piloten, was nur in wirklichen Notfällen passiert. Für Kabinenchef Michael von Reth klang die zweite Explosion wie tausend Glasmurmeln, die auf ein Wellblechdach geworfen werden. Dies waren die Trümmerteile aus dem Triebwerk, die zunächst die Tragfläche durchschlugen und dann den Rumpf trafen. »Meine Gedanken rasten, meine Sinneswahrnehmungen waren übersensibel, und jetzt kamen meine vielen Trainingsstunden im Simulator zum Tragen, in denen ich Motorausfälle geübt hatte,« so de Crespigny. Sofort drückte er den Altitude Hold-Knopf, der den Autopiloten veranlasst, das Flugzeug auf der aktuellen Höhe zu halten. Aber obwohl die Nase sich senkte, fuhren die Motoren nicht wie normal auf Leerlauf zurück, die Geschwindigkeit stieg, statt zu sinken. Das Flugzeug schüttelte

Schematischer Verlauf des Zwischenfalls mit QF32. (JACDEC)

sich weiter nach der zweiten Explosion. »Nach ein paar Sekunden realisierte ich, dass das automatische Schubregelungssystem ausgefallen war. Das war ein sehr schlechtes Zeichen, denn das ist das Herz der Fly-by-Wire-Philosophie«, so de Crespigny. Damit ist die elektronische Flugzeugsteuerung gemeint, die die A380 und die meisten anderen modernen Flugzeuge fliegt. Die Besatzung versuchte das Flugzeug zu stabilisieren, ohne zu wissen, was gerade passiert war. Schnell stellte sich heraus, dass das Problem bei Motor 2 lag, dem inneren Triebwerk auf der linken Seite

Es handelte sich offenbar um ein strukturelles Versagen des Motors mit Trümmeraustritt (Uncontained Engine Failure), den Alptraum eines jeden Piloten und Triebwerksherstellers. Ein Jet-Triebwerk besteht aus vielen, teilweise mit Überschallgeschwindigkeit rotierenden Einzelteilen, dazu herrscht in den Brennkammern enorme Hitze. Daher sind Triebwerke, die sich in vollem Lauf etwa aufgrund von Materialermüdung zerlegen, wie eine tickende Zeitbombe. Hersteller treffen spezielle Vorkehrungen, um das Risiko zu minimieren, dass Trümmerteile eines geborstenen Triebwerks in benachbarte Motoren, die Tragfläche oder sogar den Flugzeugrumpf einschlagen. So sind etwa bei der A380 die Triebwerke recht weit entfernt von den Tragflächen und ihren empfindlichen Klappensystemen aufgehängt und vor allem möglichst fern von den riesigen Treibstofftanks in den Flügeln. Idealerweise müsste man um die Triebwerke herum spezielle, gehärtete Schutzgehäuse etwa aus Titan bauen, doch das würde zu viel Gewicht verursachen. Die Branche versucht, mit Triebwerksgehäusen aus hochfesten Verbundwerkstoffen oder wie im Falle des von Qantas in der A380 eingesetzten GP7000 der Engine Alliance einen Kompromiss durch einen Schutz aus Kevlar zu schaffen. Katastrophale Motorpannen sind in der Luftfahrt relativ selten, wenn sie aber auftreten, stellen sie eine erhebliche Gefahr da.

Auf Flug QF32 war das größte Passagierflugzeug der Welt, beinahe voll besetzt und mit gut gefüllten Tanks, kurz nach dem Start plötzlich in einer unübersichtlichen Notlage, und das mit 469 Menschen an Bord. Die Cockpit-Besatzung von QF32 starrte auf ihr ECAM-Display (ECAM = Electronic Centralised Aircraft Monitoring). »ENGINE 2 TURBINE OVERHEAT« war die erste Anzeige, die da erschien, Motorüberhitzung. Dazu gab das System Anweisungen: Schub auf Leerlauf, Spritzufuhr unterbrechen. Doch bevor die Piloten darauf reagieren konnten kam schon die nächste Meldung: »ENGINE 2 FIRE«. Feuer in Motor 2. Das System wies die Piloten an, in 30 Sekunden den Feuerlöscher im Triebwerk zu betätigen. Insgesamt erschienen in den ersten 60 Sekunden nach der Triebwerksexplosion 43 verschiedene ECAM-Nachrichten und später zehn weitere. Selbst dieses sehr erfahrene Team aus gleich fünf Piloten war überfordert, damit sinnvoll umzugehen. Kapitän de Crespigny setzte einen ersten Notruf ab, er entschied sich für den Dringlichkeitsanruf PAN (Precautionary Advisory Notice), eine Stufe unter dem MAYDAY für einen akuten Notfall. »Ich setzte keine MAYDAY-Meldung ab weil ich nicht glaubte, dass ich sterben würde. Ich war voller Zuversicht. dass wir Nancy Bird sicher auf den Boden bringen würden«, erklärte de Crespigny später. PAN informiert die Fluglotsen dass ein Flug Priorität benötigt. Er drückte den Sendeknopf und sprach mit ruhiger Stimme: »PAN PAN PAN, Qantas 32, Triebwerksausfall, halten 7400 Fuß und jetzigen Kurs.«

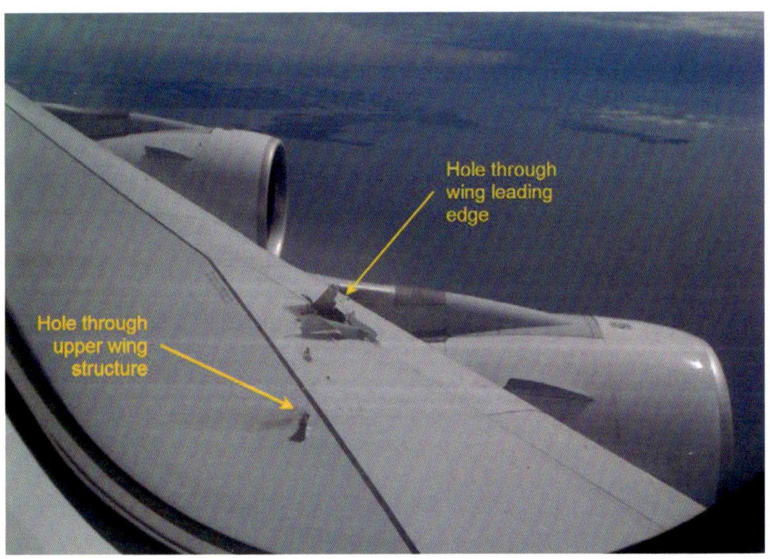

Ein dramatischer Anblick für Passagiere von QF32 mit von unten nach oben durchschlagenen Tragflächen. (AAIB)

In einer Krise folgen Piloten drei wichtigen Grundregeln – in dieser Reihenfolge: Fliegen, Navigieren, Kommunizieren. Genau das tat die Besatzung hier in fast vorbildlicher Weise, obwohl das Cockpit schon akustisch und optisch ein Durcheinander war aus Warntönen und blinkenden Alarmleuchten. Dabei noch einen kühlen Kopf zu behalten ist schon für sich allein eine reife Leistung, während sich die Fehlermeldungen auf den Anzeigen geradezu überschlugen: Motoren, Hydraulik, Flugsteuerung, Treibstoff – und zu jedem gleich eine ganze Anzahl von Anweisungen. Die Explosion hatte offensichtlich Triebwerk Nummer 2 getroffen und war nach dem vom beschädigten System nicht einmal bestätigten Auslösen des Feuerlöschers nun offenbar isoliert und stillgelegt. »Aber das war nur der Anfang«, sagte Richard de Crespigny, »auch die Motoren 1, 3 und 4 waren auf verschiedene Weise in ihrer Leistung gemindert, das Treibstoffsystem in totaler Unordnung, Hydraulik, Elektronik und Pneumatik beeinträchtigt und sogar unsere Flugsteuerung gestört.« Eine extrem ernste Lage, wie sie in einer A380 noch nie und auch sonst vermutlich noch in keinem Airbus je aufgetaucht war. »Jedes dieser Probleme allein kann ein Flugzeug flugunfähig machen. Ein Hydraulik- und Elektrik-Versagen ist potenziell katastrophal, wenn man weiß, dass bei einem Airbus alle Klappen und Ruder damit betätigt werden«, erklärte de Crespigny die Dramatik der Situation.

Und es gab sogar ein noch größeres Problem: Erst ging die Crew davon aus, dass eine Treibstoffpumpe nicht mehr funktionierte, aber fand bald heraus, dass fünf weitere auch ihren Dienst versagten. Das verhinderte das Umpumpen von Treibstoff in dem riesigen Flugzeug und barg die Gefahr, nicht mehr alle drei übriggebliebenen Motoren am Laufen halten zu können, wenn sie keinen Sprit mehr bekämen. Der Alptraum dauerte gerade erst sieben Minuten und schien sich stetig zu verschlimmern. Matt Hicks, der Erste Offizier, machte sich jetzt ernsthaft Sorgen, Flug QF32

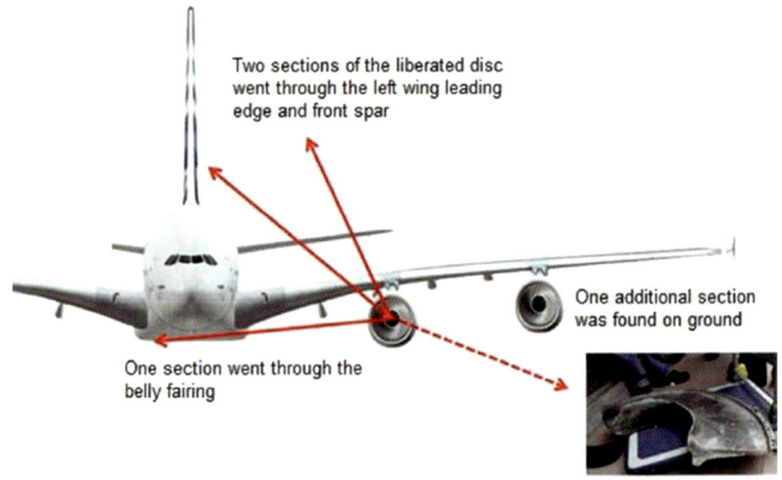

Die aus dem Triebwerk herausschleudernden Teile lösten schwere Schäden aus. (AAIB)

könnte im Wasser enden in einer der vermutlich größten Flugzeugkatastrophen der Geschichte. Die Piloten wollten nach Singapur zurückkehren, baldmöglichst. »Wir waren in völligem Unglauben dass dies alles wirklich passierte«, so de Crespigny. »Wir arbeiteten eine Checkliste nach der anderen ab, aber es kamen immer neue, ernsthafte Checklisten, hässliche Checklisten. Ich machte mir Sorgen wie viel von unserem Flugzeug versagte und was überhaupt noch funktionierte. Es gab keine Möglichkeit zu erfahren, ob wir diese Probleme noch lösen würden oder ob eines dazu führen würde, dass wir plötzlich das Flugzeug nicht mehr würden fliegen können. Wir hatten eine unglaubliche Anzahl von Schäden, mehr als jeder andere Airbus jemals im Flug davongetragen hatte.« QF32 erbat eine Linkskurve, um sich wieder Singapur anzunähern. Check-Kapitän David Evans machte die erste Ansage an die Passagiere, versicherte ihnen, dass sie in Sicherheit seien und die Cockpitbesatzung vor der Landung einige technische Probleme lösen müsse, aber Details nannte er den Fluggästen nicht. Unterdessen war die Kurve erfolgreich geflogen, obwohl im Cockpit Sorge herrschte, schon ein solch simples Manöver könne weitere Schäden anrichten.

Derweil braute sich auch am Boden ein Mix von unheilvollen Gerüchten über das Schicksal von Flug QF32 zusammen. Denn was die Besatzung nicht wusste: Die schnelldrehende Turbinenscheibe im Mitteldruckteil des dreiwelligen Turbofan-Triebwerks Nummer 2 war in mindestens vier Teile zerbrochen und hatte vom Motorinneren her die Triebwerksgondel aufgeschlitzt. Bruchstücke davon rissen die Tragflächenbeplankung wie eine Sardinendose auf und ließen dabei eine ganze Salve von Trümmerteilen auf den Rumpf prasseln. Das hinterließ auch am Boden Spuren. Die abgerissene hintere Triebwerksverkleidung mit dem charakteristischen Känguru-Logo landete in einem Wohngebiet von Batam, einer indonesischen Insel südlich von Singapur. Die Bewohner hörten eine laute Explosion, abgerissene Turbinenschaufeln pfiffen wie Feuerwerkskörper auf ihrem Weg zur Erde.

Ein 70 Kilo schweres Teil der geborstenen Turbinenscheibe brach durch die Wand und das Dach eines Wohnhauses, kleinere Fragmente trafen einen Klassenraum in einer Grundschule. Zum Glück gab es keine Verletzten. Wegen der überall verstreuten Trümmerteile war es kein Wunder, dass die Bewohner über Twitter meldeten: Ein Qantas-Flugzeug ist abgestürzt. Sofort griffen Nachrichtenagenturen und Fernsehsender die Meldung auf und verbreiteten sie um die Welt, auch wenn sie nicht stimmten. Ein Bewohner von Batam machte es besonders clever und schickte direkt eine E-Mail an den Vorstandschef von Airbus, Tom Enders. Der erhielt auf diese Weise am Morgen französischer Zeit ein Foto eines Flugzeugteils, das zur Erde gefallen war und Frau und Tochter des Absenders nur knapp verfehlt hatte, man sah sogar die Seriennummer des Wrackteils. Dazu schrieb der Mann an Enders: »Wie konnte das heute passieren? Bitte stellen Sie sicher dass das nicht wieder passiert.« Schon 13 Minuten nach der Explosion im Triebwerk der A380 über Indonesien rauschten in Sydney die Preise der Qantas-Aktie in den Keller, während die Piloten des betroffenen Flugs noch am Himmel um das Überleben ihres Flugzeugs und aller 469 Insassen kämpften. Erst 28 Minuten nach der Explosion teilte die Flugsicherung in Singapur den Piloten mit, dass in Batam Teile ihres Triebwerks gefunden wurden.

Die einschlagenden Triebwerksteile rissen Löcher in die Tragfläche und durchtrennten Kabel. (AAIB)

Die Kommunikation zwischen dem Cockpit des Flugs QF32 und dem Boden war nur sehr eingeschränkt möglich. Auch die Kommunikation zwischen Kabine und Cockpit innerhalb des Flugzeugs war gestört. Die fehlende Verbindung in die Kabine bedeutete allerdings auch, dass man im Cockpit keine Vorstellung davon hatte, wie beschädigt das Flugzeug wirklich war. Einzigartig sind die in der A380 installierten beiden Kameras, eine am Bugfahrwerk, die andere oben an der Spitze des Leitwerks. Beide ermöglichen den Piloten besseres Manövrieren am Boden, sind aber auch für die Passagiere über das Bordunterhaltungssystem an jedem Platz auf ihrem persönlichen Bildschirm abrufbar. »Die Heck-Kamera erlaubte uns ein großes Loch an der Oberseite der linken Tragfläche zu sehen, aber nicht viel mehr«, sagte der Flugkapitän. Daher bat er seinen Kollegen Mark Johnson in die Kabine zu gehen und die Tragfläche in Augenschein zu nehmen. Ein Erster Offizier, der in First Class zurück nach Australien reiste, zeigte ihm auf seinem Bildschirm den Blick aus der Heck-Kamera, der neben dem Loch im Flügel auch deutlich den starken Strahl Treibstoff erkennen ließ, der aus dem hinteren Teil der Tragfläche strömte.

Und dann schaute Mark Johnson selbst durch das kleine Fenster in der Tür auf die linke Tragfläche. Sie war durchlöchert und Treibstoff sprühte heraus, aus einem oder mehreren der fünf darin befindlichen Tanks, die zusammen mit 45 Tonnen Kerosin betankt waren. Ein Loch etwa einen Meter hinter der Aufhängung von Triebwerk 2 war mit einem Meter Durchmesser so groß, dass ein Mann hindurch gepasst hätte. Ein anderes Loch weiter außen war geschätzt einen halben Meter lang und zehn Zentimeter breit, dazu gab es viele kleinere Löcher. Ein etwa zwei Meter breiter Strahl Kerosin strömte aus den beiden großen Löchern. Der vermischte sich mit einem weiteren Treibstofffluss aus der Flügelhinterkante – ein erschreckender Anblick. Am Boden sah es so aus als würde die A380 Treibstoff ablassen. Das allerdings tat sie unkontrolliert, denn die Ventile zum absichtlichen Fuel Dumping funktionierten ebenfalls nicht.

Erst zwei Jahre nach der Triebwerksexplosion bei Air France-Flug AF66 wurden im Sommer 2019 auf dem grönländischen Inlandeis Reste der Turbine gefunden. (BEA)

Die Triebwerksexplosion hatte offenbar Splitter produziert, die wie Schrapnelle eine derartige Durchschlagskraft entfalteten, dass sie die zwei Meter dicke Tragfläche von unten nach oben durchbohrten und dabei zwei 15 Millimeter dicke Aluminiumplatten wie ein Messer die Butter durchschnitten. Jetzt war spätestens klar, warum das Cockpit von derart vielen ECAM-Warnmeldungen überschwemmt wurde.

Die Stromerzeugung in der Maschine war ernsthaft gestört, und dabei braucht die A380 eine erhebliche Menge Strom. Nur 40% der Generator-Kapazität standen noch zur Verfügung, damit wurden die Kabine, das Cockpit und die Notsteuerung versorgt, auch wenn in der Kabine das Licht nur noch flackerte und überall an Bord Warnlampen und akustische Alarmsignale ansprangen. Neben der Stromerzeugung war auch die Hälfte der Bremsklappen (Spoiler) nicht mehr funktionsfähig, die neben dem Bremsen am Boden auch zum Steuern in der Luft gebraucht werden. Die Vorflügelklappen der linken Tragfläche hatten versagt, sie sind beim Landen wichtig zum Verlangsamen des Flugzeugs. Die Bremsen arbeiteten nur noch zu 28%. »Ich war erschrocken: Von den 22 Systemen an Bord von QF32 waren 21 beschädigt«, sagte Richard de Crespigny, »nur das Sauerstoffsystem war zum Glück nicht betroffen. Ich glaube nicht das jemals ein Flugzeug von Airbus so beschädigt wurde, aber es gab gute Nachrichten: Wir flogen immer noch«. Und es war ein großes Glück, das keine Passagiere von Trümmern aus dem Triebwerk getroffen wurden, obwohl der Rumpf rund 500 Einschläge verzeichnete. Ein schweres Trümmerstück, das die Tragfläche und den inneren Flügeltank durchschlagen hatte, verfehlte den Rumpf nur um Zentimeter und sauste glücklicherweise knapp darüber hinweg.

Nach über einer Stunde in Warteschleifen über dem Meer nördlich der Insel Bintan, nur wenige Flugminuten vom Changi Airport in Singapur entfernt, konnte sich Flugkapitän Richard de Crespigny endlich die Zeit nehmen, zu seinen Passagieren zu sprechen. Zehn Minuten lang dauerte seine Ansprache, in der er auch erklärte, dass die Piloten die letzte Stunde damit verbracht hatten das Flugzeug unter diesen extremen Bedingungen zu konfigurieren. Und jetzt nochmal 45 Minuten benötigten, um es für den Anflug vorzubereiten um dann zu landen. Zuerst einmal galt es, eine valide Berechnung anzustellen über die zu erwartenden Landeeigenschaften dieses so gar nicht mehr normalen Flugzeugs. Das erwies sich als schwierig, weil wegen der vielfältigen Systemausfälle die üblichen computergesteuerten Landekalkulationen nicht funktionierten. Dann gelang es Copilot Matthew Hicks auf einem Laptop eine stichhaltige Aussage zu erarbeiten. Das Ergebnis: Die mit 4000 Meter extrem lange Landebahn auf dem Changi Airport würde für den schwer beschädigten Giganten gerade so ausreichen, 3900 Meter Bahn-Länge könnte die A380 unter diesen extremen Umständen benötigen, um zum Stillstand zu kommen, kalkulierte der Erste Offizier. Wie extrem beeinträchtigt die Performance des Qantas-Airbus war, lässt sich daran ablesen, dass selbst eine voll beladene A380 mit ihrem höchsten zulässigen Landegewicht von 386 Tonnen und auf feuchter, regennasser Bahn gerade mal 1800 Meter Landestrecke benötigt.

Am 30. September 2017 ereignete sich am Air France-Airbus F-HPJE eine Triebwerksexplosion. (BEA)

Die Landung mit einem derart angeschlagenen Riesenflugzeug war eine große Herausforderung. So lag das Landegewicht 41 Tonnen über dem zulässigen Maximalgewicht, eine erhebliche Gefahr. Bei einer derart übergewichtigen Landung besteht die Gefahr von platzenden Reifen, strukturellen Schäden oder sogar einem Auseinanderbrechen. Unter normalen Umständen würden die Piloten soviel Treibstoff ablassen, dass das zulässige maximale Landegewicht eingehalten werden könnte. Aber normal war eben nichts an diesem 4. November 2010.

Um das Fahrwerk auszufahren, musste ein Notfall-System genutzt werden, das dass Fahrgestell nach Entriegelung der elektrischen Sperren per Druckknopf im Cockpit nur durch die Schwerkraft aus seinen Schächten herausfallen lässt, immerhin wiegen die insgesamt 22 Räder samt Fahrwerksbeinen zusammen stolze 18 Tonnen. Normalerweise dauert es etwa 60 Sekunden, bis sie ausgefahren und arretiert sind. Mit dem Notsystem kann es doppelt so lange dauern. Zwei Minuten sind eine lange Zeit, im Cockpit war es still vor Anspannung. Die Piloten hörten das Hauptfahrwerk ausfahren und einrasten, nach 80 endlosen Sekunden fehlte immer noch das Bugfahrwerk. Dann endlich, nochmal 20 Sekunden später, hörten sie das erlösende »Klack« und alle Räder schienen in Position. »Es bereitete uns immer noch Kopfschmerzen wie wir landen konnten ohne einen Strömungsabriss zu erleiden, auseinanderzubrechen oder über das Ende der Bahn hinauszurasen. Irgendwie mussten wir unsere Landegeschwindigkeit langsam genug für ein sicheres Aufsetzen hinkriegen, aber schnell genug, um nicht einen Stall zu riskieren und vom Himmel zu fallen«, beschrieb der Kapitän die prekäre Situation.

Um 11.46 Uhr, genau eine Stunde und 49 Minuten nach dem Start, setzte die stark beschädigte Maschine endlich sicher wieder auf. »Ein Flugzeug aus 166 Knoten innerhalb von 3900 Metern zum Stillstand zu bringen ist kein Problem wenn alles zusammenarbeitet, aber mit unseren Einschränkungen war das kein Spaß«, sagte Richard de Crespigny, »aber obwohl wir jetzt am Boden waren, bedeutete das nicht, dass unsere Probleme alle gelöst waren.« Obwohl er das Bremspedal voll auf den Boden durchdrückte, war die Wirkung kaum spürbar, auch vom Umkehrschub kam mehr Lärm als Bremswirkung. Erst bei der 2000-Meter-Markierung der Bahn begann das Flugzeug langsamer zu werden. Schließlich kam es tatsächlich kurz vor der 3900-Meter-Markierung zum Stehen. Sofort gab Richard de Crespginy über den Bordlautsprecher die Ansage: »Achtung! Alle Passagiere bleiben auf ihren Sitzen und erwarten weitere Instruktionen!« Im Cockpit machte sich nach einem kurzen Moment des Glücks, es tatsächlich heil auf den Boden geschafft zu haben, die Erkenntnis breit, dass dieser Notfall noch keineswegs vorüber war. Auf der ECAM-Anzeige erschienen immer neue Checklisten und Anweisungen, ständig waren weitere Alarmsignale zu hören. In der Kabine standen die Flugbegleiter in Alarmbereitschaft für eine mögliche Evakuierung des Flugzeugs. Kabinenchef Michael von Reth machte sich Sorgen – mit am Boden weiter herunterhängenden Tragflächen hatte der Strom des sich aus rund 70 Löchern im linken Flügel ergießenden Treibstoffs noch erheblich zugenommen.

Bei der Landung waren außerdem die Bremsen extrem heiß geworden und vier Reifen geplatzt, eine unheilvolle Kombination. Es war 11.49 Uhr, auf Bitten des Towers stellten die Piloten alle Motoren ab, damit die Feuerwehr sich nähern konnte. Doch das Herunterfahren der Motoren bedeutete weiteres Unheil – denn mit dem Ausschalten der Motoren brach auch die Stromversorgung zusammen, da nicht wie erhofft die Hilfsturbine im Heck die Bodenstromversorgung übernahm. Es wurde dunkel im Cockpit, das Kabinenlicht flackerte nur noch, jetzt hing alles an nur noch zwei Notbatterien. »Es schien als hätte uns das Glück verlassen: Wir saßen in einem See aus Treibstoff und konnten nicht mit den Feuerwehrleuten sprechen, die wir draußen sahen.« Dann merkte die Crew, dass lediglich eines ihrer Funkgeräte ausgefallen war, das andere aber noch funktionierte, und endlich konnten sie mit der Feuerwehr sprechen. »Immer gab es neue Herausforderungen – das Flugzeug in der Luft zu halten war eine, es in einem Stück zu landen eine andere, aber jetzt stellte sich uns die entscheidende Frage eines möglichen Feuers.« Immer noch hatte QF32 etwas über 72 Tonnen Kerosin an Bord, und die Crew befürchtete, dass sich der Treibstoff an den vermutlich weiß glühenden Bremsen entzünden könnte. »Wir saßen auf einer Bombe, und viele Passagiere wussten das«, sagte Richard de Crespigny. Doch die Bremsen in direkter Nähe zu den undichten Tanks glühten zum Glück nicht mehr zu diesem Zeitpunkt.

»Es war ein surreales Gefühl auf der Bahn zu stehen mit 440 Passagieren, die geduldig in der Kabine sitzen, während Jet-Treibstoff ganz in der Nähe eines 900°C heißen Entzündungsherds ausläuft«, so de Crespigny. Da glücklicherweise kein Feuer ausbrach evakuierte der Kapitän die Kabine ganz bewusst nicht. Nach endlos erscheinenden vier Minuten näherten sich sechs Löschfahrzeuge der linken Tragfläche. Das Problem: Obwohl die Crew die Triebwerke abgeschaltet hatte lief Motor 1 weiterhin. Versuche, den Motor aus dem Cockpit irgendwie doch noch zu stoppen misslangen, alle Verbindungen schienen gekappt durch die Einschläge. Copilot Matthew Hicks bat, Wasser auf die heißen Bremsen des Hauptfahrwerks zu spritzen. Die Anzeige im Cockpit zeigte 1000°C Hitze dort an – ein Windstoß hätte genügt, der ein paar Spritzer des ausgelaufenen Benzins dorthin getragen hätte, um QF32 in einen Feuerball zu verwandeln, obwohl doch eigentlich alles gerade nochmal gut gegangen war. Bis jetzt.

Als alle weiteren Versuche, aus dem Flugzeug heraus und von außen Motor Nummer 1 zu stoppen, nicht halfen, erhielt die Feuerwehr den Auftrag, mit Hochdruck Wasser von vorn in das Triebwerk zu schießen. Es schien als könne einfach nichts dieses Trent 972-Triebwerk von Rolls-Royce stoppen, zuerst sehr willkommerweise in der Luft, dann

Der Air France-A380 F-HPJE nach der Notlandung in Goose Bay/Kanada. (BEA)

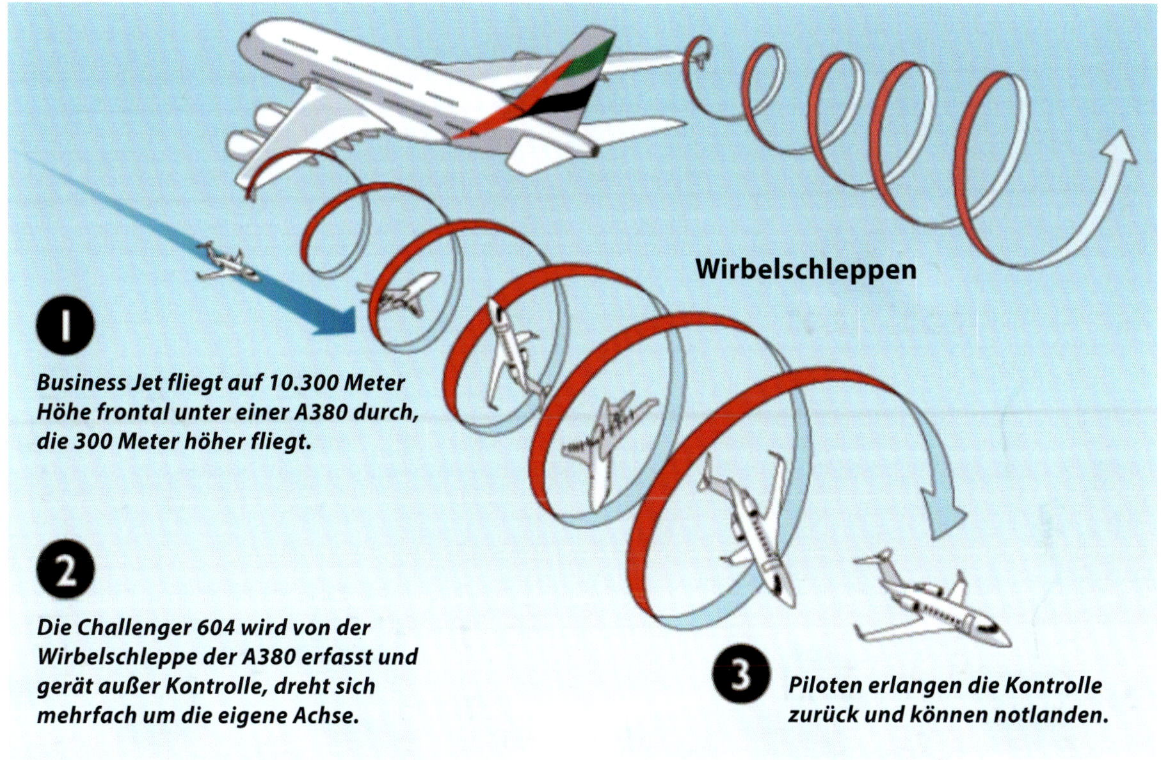

Am 7. Januar 2017 brachten die Wirbelschleppen einer Emirates-A380 einen deutschen Business Jet fast zum Absturz. (AS)

aber zur zunehmenden Verzweiflung aller Beteiligten auch am Boden nicht. Bis zu zwei Wasserkanonen gleichzeitig richteten sich in den Lufteinlass, einmal war das Triebwerk beinahe besiegt, aber ausgerechnet da ging dem Löschfahrzeug das Wasser aus. Daraufhin zündete der Motor erneut und fuhr wieder hoch. Denn er ist ja gerade darauf ausgerichtet, bis zu drei Tonnen Regen oder Hagel pro Minute anzusaugen ohne die Leistung zu beeinträchtigen. Es half alles nichts – wegen des Versagens aller Leitungen ließ sich der Sprit nicht umpumpen um das Triebwerk vom Kerosinzufluss zu isolieren und der Versuch, es mit Wasser zu ertränken, gelang zunächst auch nicht.

Jetzt, da die Feuergefahr weitgehend gebannt erschien, war im Cockpit die Entscheidung gefallen die Fluggäste nicht zu evakuieren sondern über Treppen aussteigen zu lassen und mit Bussen abzuholen. Als die erste Fluggasttreppe auf der rechten Seite ankam wurde Kapitän David Evans nach draußen zu einer Inspektion der Lage beordert. »Das war ein totaler Schock, einfach unglaublich«, sagte Evans über seinen ersten Eindruck. »Ich hatte einfach nicht erwartet dass der ganze hintere Teil des Triebwerks fehlen würde, der ganze Mitteldruck-Turbinenteil war verschwunden.« 52 Minuten nachdem Flug QF32 zum Stillstand kam stiegen die ersten Passagiere aus. Mit einer weniger brillanten Leistung der Besatzung und weniger Glück hätte dieser Tag als einer der schwärzesten in die Geschichte der zivilen Luftfahrt eingehen können.

Bei sofortigen Kontrollen ihrer zum Unfallzeitpunkt sechs ausgelieferten A380 fand Qantas an drei weiteren baugleichen Triebwerken Öllecks und belegte ihre A380-Flotte daraufhin mit einem Startverbot. Die australischen Unfalluntersucher machten später einen Ermüdungsbruch einer Ölleitung zum Turbinenlager zwischen der Hoch- und der Mitteldruckturbine des Triebwerks als Folge einer nicht zentrisch ausgeführten Bohrung als wichtigste Ursache der Triebwerksexplosion aus. Auch die Europäische Flugsicherheitsbehörde EASA nennt einen Ölaustritt an einem defekten Lager als Fehlerquelle. Auslaufendes Öl entzündete sich danach und führte zu einer Überhitzung. Als Folge davon brach in der Mitteldruckturbine eine Scheibe. Dieses als Ölbrand bekannte Phänomen war von der EASA bereits im August 2010 in einer Direktive als mögliche Folge einer festgestellten stärkeren Abnutzung bestimmter Teile in Triebwerken der Trent-900-Reihe beschrieben worden.

Erst im Juni 2013, nach Veröffentlichung des australischen Untersuchungsberichts, bekannte sich Triebwerkshersteller Rolls-Royce zu seinem Qualitätsmangel, der die eigenen Sicherheitsstandards verletzt habe. Die Behörde wies klar darauf hin, dass es in den Prozessen des Herstellers Unklarheiten gegeben hatte und Mitarbeiter die geltenden Verfahren nicht eingehalten hätten. Insgesamt 40 Trent 900-Triebwerke mussten in der Folge von Tragflächen verschiedener A380 bei Qantas, Lufthansa und Singapore Airlines abmontiert und modifiziert werden. Rolls-Royce einigte sich mit Qantas außergerichtlich auf eine Schadenersatz-Summe von 100 Millionen US-Dollar. Und der beschädigte Airbus erhielt in Singapur die vermutlich langwierigste und teuerste Reparatur eines Verkehrsflugzeugs jemals: Erst am 22. April 2012, anderthalb Jahre nach dem Vorfall, konnte sie nach Australien zurückkehren. Vorher wurde sie für geschätzte 145 Millionen US-Dollar (bei einem damaligen Neupreis von 375 Millionen US-Dollar) wieder flugtauglich gemacht, erhielt unter anderem vier neue Triebwerke und eine runderneuerte linke Tragfläche, inklusive sechs Kilometer ausgetauschtem Kabel.

Die Reparatur der Qantas-A380 sorgte dafür, dass gleich in zwei Bereichen ein bedeutsamer Nimbus bewahrt werden konnte: Weder die A380 noch Qantas als Fluggesellschaft mit 100-jähriger Geschichte verzeichneten je den Totalverlust eines Flugzeuges. Die australische Fluggesellschaft ging manchmal schon sehr weit, um sich dieses wichtige Attribut weiter zu bewahren. So reparierte man auch eine Boeing 747-400, die 1999 bei einer harten Landung in Bangkok so stark beschädigt wurde, dass man sie zunächst als Totalverlust abschreiben wollte. Dann aber investierte Qantas rund

Die deutsche Challenger geriet zeitweise außer Kontrolle und erlitt einen Totalschaden. (BFU)

100 Millionen US-Dollar, den halben Neupreis, um das Flugzeug wieder flugtauglich zu machen. Gleich zwei bizarre Zwischenfälle ereigneten sich während der Flugzeugwartung in den Wartungshangars von Emirates in Dubai, die jeweils zu erheblichen Schäden an den Flugzeugen führten, die aber beide repariert wurden. Sowohl am 9. September 2014 (mit der A380 registriert A6-EDN) und nochmals am 20. August 2019 mit der A380 registriert A6-EOP landeten beide Flugzeuge bei eingefahrenen Fahrwerken unsanft mit dem Bauch auf dem Hallenboden. Über den ersten Vorfall ist wenig bekannt, vom zweiten gibt es sogar ein Foto, das die Frontpartie mit abgerissener oberer Hälfte des Radoms zeigt und die Bugnase auf den beschädigten beiden Klappen des Bugfahrwerks liegend, das offensichtlich eingefahren ist. Auch die Haupteinstiegstür vorn links fehlt, wobei nicht klar ist ob durch den Unfall oder vorher abmontiert im Rahmen der Wartung. Emirates bestätigte nur den Vorfall, der während des A-Checks geschehen war und gab an, es sei niemand verletzt worden.

Das war bei einem weiteren ernsten Zwischenfall anders, an dem am 7. Januar 2017 die Emirates-A380 mit dem Kennzeichen A6-EUL beteiligt war. Er ereignete sich als die A380 auf dem Weg von Dubai nach Sydney über dem Arabischen Meer in 35.000 Fuß (rund 10.600 Meter Höhe) unterwegs war, und niemand an Bord bemerkte etwas von dem Drama das ihr Flugzeug auslöste. Denn gut 300 Meter unter der A380 war ein deutscher Businessjet des Typs Challenger 604 in Gegenrichtung unterwegs von den Malediven nach Abu Dhabi. Weil die Luftstraße L894, an dieser Stelle fast tausend Kilometer vom nächsten Land entfernt und von der Flugsicherung im indischen Mumbai überwacht, nicht für die sonst oft genutzte Technik des seitlich von der Mittellinie versetzten Fliegens (Lateral Offset) freigegeben war, flogen beide Maschinen direkt unter- bzw. übereinander vorbei. Mit dieser Methode will man sonst die Gefahr von Zusammenstößen oder Turbulenzen durch Wirbelschleppen in solchen Gebieten verringern, die nicht präzise von der Flugsicherung überwacht werden können. Die Challenger-Besatzung hatte die A380 auf ihrem Kollisionswarngerät verfolgt und auch den kreuzenden Riesen über sich beobachtet. Gut eine Minute danach wurde die nur etwa 20 Tonnen wiegende Challenger ohne Vorwarnung von gewaltigen, unsichtbaren Verwirbelungen erfasst, die von den absinkenden berüchtigten Wirbelschleppen der über 500 Tonnen schweren A380 stammten und die manchmal bis zu 50 km vom Verursacherflugzeug entfernt noch gefährlich werden können. Um sie zu analysieren hatte es umfangreiche Tests vor der A380-Zulassung gegeben, am Ende war die A380 in die gleiche existierende Kategorie HEAVY eingruppiert worden wie die Boeing 747. Dabei hatte man nur relativ bodennahe Tests durchgeführt, und nur mit hinter- oder versetzt nebeneinander fliegenden Maschinen, nicht solche auf Reiseflughöhe mit sich genau entgegenkommenden Flugwegen. Die Wirkung der von den A380-Flügelspitzen ausgehenden Verwirbelungen war an diesem Tag aber so verheerend dass die Challenger sich drei- bis fünfmal um die eigene Achse drehte und das Flugzeug bei einem 32 Sekunden dauernden Sturzflug um fast 3000 Meter absackte. Beide Motoren setzten aus, die normalerweise bei Triebwerksausfall durch die Schwerkraft ausfahrende Not-Turbine, die mit einer Luftschraube Strom für die wichtigsten Instrumente erzeugt, versagte durch die extremen Fliehkräfte von bis zu 3,2g, mehr als dem dreifachen der normalen Erdanziehung. Dank roher Muskelkraft gelang es den Piloten nach Minuten, die Maschine abzufangen, die Triebwerke wieder zu starten und zwei Stunden bis zur Notlandung im Oman weiterzufliegen. Anders als die Piloten waren vier von sechs Passagieren und die Flugbegleiterin nicht angeschnallt bei Beginn des Zwischenfalls. Sie wurden gegen die Kabinendecke und die Sitze geschleudert und erlitten zum Teil erhebliche Verletzungen, die Kabine wurde verwüstet. Durch die extremen Kräfte, die auf das Flugzeug einwirkten, erlitt dessen Struktur irreparable Schäden, die Challenger wurde als Totalverlust abgeschrieben. Solche Zwischenfälle mit gefährlichen Turbulenzen in der Luft, ausgelöst durch die A380, häuften sich, allein zwischen 2008 und 2012 ereigneten sich ein halbes Dutzend dokumentierter Fälle. Während für die Start- und Landephasen für andere Flugzeuge drei bis vier Minuten Abstand von einer vorausfliegenden A380 und eine minimale Separierung von elf bis 14 Kilometern vorgeschrieben sind, gelten auf Reiseflughöhe nur die üblichen tausend Fuß (gut 300 Meter) vertikale Separierung und gut neun Kilometer horizontal, für sich entgegenkommende oder kreuzende Flugwege gibt es keine eigenen Regeln. Eine Empfehlung lautete daher, immer die Bezeichnung SUPER im Funkverkehr hinter dem Rufzeichen für einen A380-Flug zu verwenden, um allen anderen Flugzeugen im umgebenden Luftraum die potenzielle Gefahr zu verdeutlichen. Wenn die Piloten darauf vorbereitet sind, nach einer solchen Begegnung bei möglichen Turbulenzen sofort einzugreifen anstatt überrascht zu werden, wäre viel gewonnen.

Der nach QF32 zweitschwerste Zwischenfall auf einem A380-Flug geschah am 30. September 2017 auf Air France-Flug AF66 von Paris nach Los Angeles, und wieder handelte es sich um ein explodierendes Triebwerk, diesmal vom

Typ GP7000 des Herstellers Engine Alliance. Vier Stunden nach dem Start in Paris befand sich der Flug über dem Inlandeis von Westgrönland. Als die Piloten gerade von 37.000 auf 38.000 Fuß stiegen erschütterte eine starke Explosion das Flugzeug, es habe sich so angefühlt als sei das Flugzeug in 11.000 Meter Höhe mit etwas zusammengestoßen, berichtete eine Passagierin später. Gleichzeitig erschütterten massive Vibrationen das Flugzeug und die Piloten beobachteten asymmetrischen Schub auf der rechten Seite. Auf ihrem ECAM erschien zuerst die Meldung ENG 4 STALL und danach ENG 4 FAIL – also Strömungsabriss im Kompressor und danach kompletter Triebwerksausfall. Ein Blick aus der Kabine auf die rechte Tragfläche zeigte die Dramatik – durch eine erneute Uncontained Engine Failure war vorne ein großer Teil des Triebwerks Nummer 4 verschwunden, der gesamte Turbofan mit den Triebwerksschaufeln, das umgebende Gehäuse sowie die äußere Triebwerkshülle. Was weniger wegen des Schubverlustes ein Problem war als wegen des jetzt dort herrschenden großen Luftwiderstands, der es der Besatzung nicht ermöglichte, auf der von ihrem Bordcomputer für den Ausfall dieses Triebwerks errechneten Flughöhe zu bleiben. Glücklicherweise hatte es diesmal anders als bei QF32 keine weiteren Schäden an Tragflächen oder Rumpf und damit an Struktur, Tanks oder Hydraulikleitungen gegeben. Knapp zwei Stunden nach der Explosion konnte die A380 mit dem Kennzeichen F-HPJE in Goose Bay im kanadischen Labrador sicher notlanden. Von den 497 Passagieren und 24 Besatzungsmitgliedern kam niemand zu Schaden. Allerdings saßen die Passagiere erst mal fest, durften das Flugzeug nicht verlassen (bis auf Kurzbesuche im Terminal in kleinen Gruppen). Erst 17 Stunden später konnten die letzten Fluggäste von AF66 Goose Bay mit Sonderflügen in die USA verlassen. Sofort startete die Untersuchung und es zeigte sich, dass die Nabe (Hub) des Triebwerksschaufelrads (Fan) sich im Flug gelöste hatte und das ganze Rad dann ebenfalls. Sechs Tage nach Beginn der Untersuchung konnten erste Trümmerteile in Grönland geborgen werden. Allerdings blieben die wichtigsten und größten der abgerissenen Triebwerks-Teile verschwunden, auch 2018 gab es keinen Erfolg bei der Suche. Im Sommer 2019 dann wurde die Fahndung intensiviert weil klar war dass man nur so die Ursache des Vorfalls wurde klaren können. Ein Forschungsflugzeug des Typs Dassault Falcon 20 flog mit Seitensichtradar die Flugroute von AF66 über Grönland nach, anschließend setzte man mobiles Bodenradar und einen elektromagnetischen Sensor ein. Das führte zur Ortung einer größeren Zahl von Triebwerksfragmenten in einem drei mal fünf Kilometer großen Suchgebiet auf dem westgrönländischen Inlandeis. So lange nach dem Vorfall lagen diese Teile inzwischen unter meterhohem Schnee verborgen. Im Juni 2019 startete eine große Expedition zur Bergung. Ken Menkoff, der Leiter des Feldteams in Grönland, erklärte: »Die Suchphase umfasste mehr als 13 Wochen in Grönland, wobei wir sieben Wochen auf dem Eis kampierten. Wir arbeiteten in dem von Gletscherspalten durchzogenen Feld zu Fuß, mit dem Schneemobil und mit dem Roboter. Dabei waren wir dem Risiko von Begegnungen mit Eisbären, Temperaturen bis zu -35°C und Stürmen mit Geschwindigkeiten von bis zu 25 m/s und Böen bis zu 32 m/s ausgesetzt.« Endlich wurde das 150 Kilo schwere Titanteil des Turbofans gefunden und musste unter dem Einsatz von Schaufeln, Kettensägen und Heißluftgebläsen aus seinem eisigen Grab buchstäblich herausgeschmolzen werden. Anschließend erfolgte der Abtransport per Hubschrauber und später die metallurgische Analyse durch die französische Unfalluntersuchungsbehörde BEA und die Spezialisten der Triebwerkshersteller. Die Untersuchung konzentrierte sich auf die Nabe im Zentrum des drei Meter breiten Turbofans vorn am Triebwerk. Hier entdeckten die Forscher unterhalb der Oberfläche kleine Ermüdungsrisse in der verwendeten Titanlegierung, ein Fall der sogenannten Cold Dwell Fatigue, nach deren Auftreten das Zerbersten des laufenden Triebwerks seinen Lauf genommen hatte. »Weder die Hersteller noch die Zulassungsbehörden hatten dieses Phänomen in dieser Legierung während der Designphase des Triebwerks vorausgesehen«, erklärte die BEA. Bei Inspektionen anderer A380-Triebwerke der Engine Alliance wurden keine ähnlichen Ermüdungserscheinungen gefunden, der Hersteller versicherte, er werde aus den Erkenntnissen Konsequenzen ziehen. Mit einem Ersatztriebwerk wurde F-HPJE am 6. Dezember 2107 nach Paris zurückgeflogen, dort wieder hergerichtet für die Rückkehr in den Liniendienst am 15. Januar 2018. Nach dem Ende der A380-Ära bei Air France im Mai 2020 war das Flugzeug zunächst auf dem Flughafen Tarbes-Lourdes in Frankreich abgestellt.

Am 20. August 2019 landete der Emirates-A380 A6-EOP bei der Wartung unsanft auf der Nase.

KAPITEL 11

Die A380 als letzter vierstrahliger Großraumjet?

Das Ende der Riesen

Es ist gut möglich, dass die A380 das letzte Flugzeug seiner Art war. Woran ist das Programm gescheitert?

> *Airbus wird den Tag bereuen, an dem sie das Ende der A380 beschlossen haben.*
>
> *Sir Tim Clark, Präsident Emirates Airlines, 2019*

Auf dem Flugzeugabstellplatz im spanischen Teruel landete zunächst ein Großteil der Lufthansa-A380, die durch die Pandemie obsolet wurden. (Sebastian Thoma)

Lufthansa

Der letzte Riese – Abschiedszeremonie bei der Fertigung der letzten A380 MSN272 in Toulouse im September 2020. (Airbus)

High Noon in Dubai. Die Luft in dem Konferenzraum des Ausstellungsgeländes mitten in der Wüste war zum Schneiden, die Anspannung mit Händen zu greifen. Das Top-Management von Airbus und die Chefs von Boeing saßen eingepfercht in einem einzigen Raum mit Vertretern der Weltpresse, so etwas gab es noch nie. Die Mitglieder der Herrscherfamilie von Dubai fehlten noch, ohne den Segen von Scheich Mohammed bin Rashid Al Maktoum passiert hierzulande nichts. Es ging jetzt um alles, vor allem für Airbus. Das Überleben des größten Prestigeprojekts des europäischen Flugzeugbauers stand auf Messers Schneide. Über 25 Milliarden Euro Entwicklungskosten, vor allem auch aus deutschen Steuergeldern, das Zuschütten großer Teile des Mühlenberger Lochs in der Elbe in Hamburg, alles könnte am Ende vergeblich gewesen sein, wenn hier nicht der ersehnte Vertrag über eine Anschlussbestellung von Emirates Airlines über A380-Riesen unterschrieben würde. Irgendwann erschien dann Scheich Mohammed, mit einer Stunde Verspätung begann der Showdown. Während der Chef der Boeing-Zivilsparte freudig einen Vertrag mit dem Chairman von Emirates, Scheich Ahmed bin Saeed Al Maktoum, über den Kauf von 40 Boeing 787 Dreamlinern unterschrieb, war plötzlich und beinahe unbemerkt die Airbus-Delegation mit leeren Händen abgezogen. Eine große Schmach vor aller Augen auf der prestigereichen Dubai Air Show, denn die Europäer, die an diesem Tag einen Vertragsabschluss quasi durch ihre körperliche Anwesenheit an diesem Ort, zu diesem Zeitpunkt erzwingen wollten, guckten in die Röhre.

Der ungewohnt öffentliche Schaukampf um Orders fand im November 2017 statt. Später erklärte Emirates-Chef Tim Clark die Dinge aus seiner Sicht: »Da haben wir kein Spielchen gespielt damals, Airbus war einfach voreilig, die wollten diesen Deal unbedingt, aber der war noch gar nicht ausverhandelt. Ich weiß auch nicht warum der damalige Airbus-Verkaufschef John Leahy solchen Druck ausgeübt hat und einfach aufgetaucht ist mit seinen Leuten. Das brachte uns in Verlegenheit als Boeing, mit denen wir unterschriftsreif waren, zur gleichen Zeit kam. So hatten wir uns das nicht vorgestellt.« Flugzeugverkäufer Leahy, der eigentlich Ende 2017 in Rente gehen wollte, reiste daraufhin fast wöchentlich nach Dubai, saß bei Clark im Büro und schaffte es schließlich, dass im Februar 2018 der ersehnte Deal doch noch geschlossen wurde – über 20 weitere A380-Festbestellungen und 16 Optionen, Gesamtwert bis zu 16 Milliarden US-Dollar nach Listenpreisen, abzüglich branchenüblich großer Rabatte. Wofür Tim Clark eisern gekämpft hatte wurde in

An Station 40 der Endmontage spricht Airbus-Chef Guillaume Faury im September 2020 unter Pandemiebedingungen an der letzten A380. (Airbus)

den Vertrag geschrieben: Airbus muss die A380-Produktion trotz schwächelnden Verkaufs mindestens zehn weitere Jahre am Laufen halten – falls man in Dubai weiteren Nachschub braucht. So schien die A380 vorerst gerettet, irgendwie. Allerdings war noch eine entscheidende Frage nicht gelöst worden: Wer würde die Triebwerke für die neu bestellten A380 liefern, und wie stark verbessert könnten diese sein? Tim Clark hatte bereits erklärt, der Auftrag würde an Rolls-Royce gehen, aber einen Vertrag darüber oder gar Zusagen über verbesserte Antriebe und garantierte Leistungsdaten gab es so lange nicht dass bereits Gerüchte auftauchten, Emirates könne ihre so wichtige Order deswegen stornieren.

Nicht einmal ein Jahr später galten dann die Verträge plötzlich tatsächlich nicht mehr. Airbus-Konzernchef Tom Enders, der selbst vor dem Ende seiner Amtszeit stand, wollte für seinen Nachfolger die Altlast A380 aus dem Weg schaffen, noch bevor er seinen Job räumte. »Im November 2018 hatten wir eine Diskussion unter Erwachsenen mit Toulouse«, erinnert sich Tim Clark. »Uns war klar dass Toulouse mit diesem Flugzeug kämpfte. Sie würden fortfahren müssen es in maßgeschneiderter Form zu bauen und das hätte sie ein Vermögen gekostet. Wir haben gesagt: ‚Wir wissen dass Ihr leidet, wir nicht, das Flugzeug leistet uns gute Dienste.' Wenn sie darüber sprechen wollten, gut, wenn nicht, dann halten wir an unseren Bestellungen fest. Und sie wollten sprechen.« Daraus wurde am 14. Februar 2019 die Verkündung des Endes der A380-Produktion 2021, nachdem Emirates eingewilligt hatte, ihren Bestand an Restaufträgen von zuvor 53 auf 14 zu verringern.

Die erste A380-Verschrottung trifft MSN003 im Herbst 2019 in Tarbes/Lourdes, die als 9V-SKA für Singapore Airlines 2007 den ersten A380-Linienflug absolvierte. (Yannick Delamarre)

»Als Ergebnis dieser Entscheidung haben wir keinen substanziellen, noch zu erfüllenden Auftragsbestand für die A380 mehr und daher keine Basis, die Produktion aufrecht zu erhalten, trotz aller unser Verkaufsbemühungen bei anderen Airlines in den letzten Jahren«, sagte Airbus-Konzernchef Tom Enders. Er lobte die A380 als eine herausragende industrielle und technische Leistung. »Deshalb ist die heutige Ankündigung schmerzhaft für uns und die weltweite A380-Gemeinschaft. Aber die A380 wird noch für viele Jahre am Himmel sein und Airbus natürlich allen Betreibern volle Unterstützung geben« so Enders. Emirates-Chairman Scheich Ahmed ließ sich so zitieren: »Während wir enttäuscht sind, dass wir unsere Bestellung aufgeben mussten und traurig, dass das Programm nicht aufrecht erhalten werden konnte, akzeptieren wir, dass das die Realität ist. Für uns ist die A380 ein wunderbares Flugzeug, das von unseren Kunden und Besatzungen geliebt wird. Für Emirates ist es ein wichtiges Unterscheidungsmerkmal«, so der Scheich. »Wir werden die A380 bis weit in die 2030er-Jahre hinein betreiben.« Wirklich überrascht war niemand vom Ende der A380, zu sehr war der Riese für Airbus schon lange zur großen Belastung geworden, zu aussichtslos die vage Hoffnung auf eine Verbesserung der Marktchancen etwa durch eine modifizierte Version, um den Preis extrem hoher weiterer Kosten. Und die wirtschaftliche Bilanz war verheerend: Statt des anfangs über 20 Jahre in diesem Segment erwarteten Bedarfs von über 1500 Flugzeugen verzeichnete Airbus zum Zeitpunkt der Ankündigung der Einstellung gerade mal 313 Bestellungen, von denen nach dem Abzug vieler unrealistischer »Altlasten« Ende 2020 gerade noch 251 an tatsächlichen Festbestellungen der A380-Geschichte Bestand hatten.

»Der Riese ist eine Riesenenttäuschung«, befand *Der Spiegel* in seinem »Nachruf« auf die A380, »Airbus hat sich auf grandiose Weise verzockt. Ein Flugzeug, das kein Geld verdient, stirbt jetzt den verdienten Tod«, befand das Nachrichtenmagazin. Und es dauerte nicht lange bis sich die Frage nach denjenigen stellte, die das finanzielle Desaster auszubaden haben würden, vor allem die europäischen Steuerzahler. Allein die deutsche Regierung hatte sich mit Darlehen über 942 Millionen Euro an den Entwicklungskosten der A380 beteiligt, wovon bei Verkundung der Einstellung nur rund ein Drittel zurückgezahlt war. Tim Clark hingegen ist sich sicher, dass das Ende der A380 mittelfristig zu Engpässen führen wird: »Airbus wird den Tag bereuen, an dem sie das Ende der A380 beschlossen haben. Die A380 war auf den großen Rennstrecken eine Klasse für sich. Künftig werden sie dann nur 250-Sitzer haben um mit der Nachfrage fertig zu werden, wenn sie wieder steigt. Das heißt die Verfügbarkeit von Sitzen wird reduziert, die Flugpreise werden steigen. In der Mitte des nächsten Jahrzehnts werden die Flugpreise sogar fühlbar steigen – weil die A380 bei uns 517 Sitze hat und die 777-9 nur noch 380 Plätze bietet.« Er macht auch generell das Sicherheitsdenken in der Branche für die Entwicklung verantwortlich: »Das Ende der A380 war unvermeidlich. Der heutige CEO und sein Aufsichtsrat sind darauf konditioniert kleinere Flugzeuge zu kaufen, die bevorzugen sie weil sie damit keine Entscheidung treffen müssen, 350 bis 400 Millionen Dollar für ein Flugzeug auszugeben. Sie können eins für 160 Millionen Dollar kaufen, das ist effizient im Verbrauch und bietet ihnen was sie brauchen.« Das habe die A380 von vornherein ausgegrenzt: »Dieses Flugzeug hatte nie eine Chance, denn die Leute an der Spitze der großen Airlines weltweit waren sehr risikoscheu. Es war Emirates, die das ganze Ding am Laufen hielt. Das war sehr unglücklich. Wäre sie schon 2004 auf dem Markt gewesen hätte es mehr Orders gegeben. Vielleicht brauchte es jemanden wie mich, um unseren Shareholder zu überzeugen, 150 davon zu kaufen. Die meisten Gesellschaften kauften nur drei, vier oder auch zehn, wenn sie Glück hatten.«

So auch Emirates' Konkurrent Qatar Airways, die zehn A380 in ihrer Flotte hatte, bevor sie 2020 längerfristig –oder endgültig- abgestellt wurden. »Die A380 war ein *Game Changer,* vielleicht kam sie nur zur falschen Zeit, als die Spritpreise gleich nach ihrer Einführung in den Himmel schossen«, sagt Qatar Airways-Chef Akbar Al Baker. »Sie ist sehr gut für Routen auf denen hohe Kapazität gefragt ist. Wir haben sie erfolgreich in Märkten eingesetzt, wo wir große Passagierströme und Slot-beschränkte Flughäfen

Endstation Wüste: China Southern flog ihre ausgemusterten A380 nach Victorville in Kalifornien. (Archiv Spaeth)

In Tarbes/Lourdes warten Mitte 2022 mehrere A380 auf bessere Zeiten. Für Etihad (rechts) kamen die tatsächlich. (AS)

sehen. Wir nutzen das Flugzeug nicht um einfach Kapazität auf einen Markt zu werfen, wie das manche Leute tun. Wir setzen ein Flugzeug nur auf einem Flug ein, der maßgeschneidert ist für die benötigte Kapazität, die ein Ziel vertragen kann«, betont der Qatar Airways-Chef. Tim Clark von Emirates sagt: »Seit wir im Juli 2008 die erste A380 erhielten und bis vor der Pandemie kamen 80% unserer Gewinne von der A380. Wir hatten nie ein Problem damit, sie zu füllen oder sie so zu nutzen, wie wir wollten. Ich glaube immer noch an sie, aber sie brauchen Leute die an sie glauben, die glauben sie können sie füllen und damit ein Geschäft machen und dieses Flugzeug für ihre Marke arbeiten lassen.« Aus Pilotensicht äußert sich Richard de Crespigny, der Pilot des Flugs QF32, zum kommerziellen Misserfolg der A380: »Dafür gab es drei Gründe: 1. Das Erscheinen der leichteren und moderneren Twins 787 und A350, die wirtschaftlicher sind. Diese Flugzeuge bieten bessere Materialien, Strukturen, Aerodynamik, Triebwerke und Wartungskosten. 2. Die große Hub-zu-Hub-Kapazität der A380 wurde durch die Twins gekontert, die mehr Punkt-zu-Punkt-Flüge möglich machen. In dieser Hinsicht kam die bis zu 853 Sitze bietende A380 um 15 Jahre zu früh. Und 3.: Die A380 ist ‚überflügelt'. Ihre Tragflächen sind zu groß und sie ist damit zu schwer.«

Aus der Sicht des Jahres 2020 macht die Airbus-Entscheidung zum Ende der A380 im Vorjahr noch mehr Sinn – denn die Corona-Pandemie beschleunigte das Aus für den Riesen (und ebenso für die Boeing 747) in atemberaubender, vorher nie für möglich gehaltener Weise. Als der weltweite Flugverkehr binnen kürzester Zeit quasi völlig zum Erliegen kam und seither völlig ungewiss ist, wie lange der Markt brauchen wird um sich zu erholen, wurden solche vierstrahligen Giganten quasi über Nacht obsolet. Waren Anfang März 2020 noch insgesamt 222 Exemplare der A380 weltweit unterwegs, so waren es bis zum 22. März nur noch 110, am 29. März noch 26 und am 26. April keine einzige mehr. Und die A380 spielte seitdem keine Rolle mehr im Weltluftverkehr – am 8. Dezember 2020 wurden 22 A380 als aktiv registriert und 219 waren geparkt, die meisten im Langzeit-Modus, viele auf Abstellplätzen wie Teruel in Spanien, Lourdes-Tarbes in Frankreich, Victorville in Kalifornien oder Alice Springs im australischen Outback. Und die Chancen, dass viele davon in den Passagierverkehr zurückkehren, sind nicht groß. »Ein paar Geschäftsmodelle, die vielleicht A380 gebrauchen könnten, würden mir einfallen, aber nicht für 200 Stück, vielleicht für 50«, sagt der ehemalige Flotteneinkäufer der Lufthansa, Nico Buchholz, der für die Kranich-Linie sowohl die A380 als auch die Boeing 747-8 beschaffte. »Wenn heute rund 200 A380 am Boden stehen, gehe ich davon aus, dass wohl mehr als 100 auch stehen bleiben werden. Aber selbst deren Ausschlachtung für Ersatzteile und Triebwerke ist begrenzt, denn A380-Teile kann man dominant nur in A380 einbauen, und die sind kaum gefragt.« Bis Ende 2020 waren bereits vier A380 zerlegt oder die Verschrottung war im Gange. Dabei handelte es sich um ein Air France-Flugzeug sowie die ersten geleasten, zu Beginn 2008 von SIA betriebenen drei Exemplare, die allesamt viel schwerer als spätere Serienmodelle waren und noch in Handarbeit mühsam ihre Kabelstränge entwirrt und individuell verlegt bekommen hatten. Sie galten sowieso als unverkäuflich. Aber es wird nicht lange dauern bis vermutlich auch spätere Serienflugzeuge ausgeschlachtet werden. Der letzte vollständige Konvoi mit Teilen für die A380 erreichte Toulouse im Februar 2020, darauf Tragflächen für MSN272 und Rumpfsegmente für MSN 271. Die letzten Rumpfsegmente, die jemals in dieser komplexen Prozession die Endfertigung in Blagnac erreichten, rollten am 16. Juni 2020 durch den Vorort von Toulouse. Damit wurde der letzte A380-Rumpf für MSN272 fertiggestellt. Nach Stand Ende 2020 werden dieses die letzten je ausgelieferten A380 für Emirates, deren Ablieferung nach Pandemie-bedingten Verschiebungen für April und Mai 2022 geplant ist.

Die größte Ironie der Geschichte ist, dass die Boeing 747 am Ende noch länger gebaut wird als

Sechs von 14 A380 der Lufthansa wurden bereits 2020 nach Teruel in Spanien überführt. (Sebastian Thoma)

die A380, und zwar bis zum Jahr 2022, für dieses Jahr hat Boeing die Einstellung des Programms nach über 50 Jahren angekündigt. In dieser Zeit und bis zum geplanten Produktionsende werden nach Stand Ende 2020 genau 1571 Flugzeuge ausgeliefert worden sein, eine faszinierende Leistung des Jumbo Jets, der 1969 zum ersten Mal flog. Tatsache ist aber, dass die von Boeing und Lufthansa entwickelte letzte Passagierversion 747-8I ebenfalls ein Ladenhüter wurde, insgesamt nur 47 konnten verkauft und ausgeliefert werden, seit 2012 flog damit auch die Lufthansa und hatte als größter Betreiber 19 in der Flotte. »Beide, die A380 und die 747-8, stehen kosten- und umweltseitig schlechter da als die neuen großen Twins«, erklärt Nico Buchholz. »Die 747-8 hat zwar die günstigeren Tripkosten und sehr ähnliche Stückkosten und wird daher wohl länger fliegen als die A380. Aber die 747-8 ist deutlich größer als die kleineren Langstreckenflugzeuge 787 und A350 und die neue effizientere 777-9. Deswegen wird absehbar auch die 747-8 keine große Zukunft mehr haben und nicht das biblische Alter von 30 oder 35 Jahren erreichen wie viele 747-200 und -400. Auf die Vierstrahler bezogen werden am längsten die Passagierversionen der 747-8 bei Lufthansa und die A380 bei Emirates fliegen. 2030 müssen Sie sich wahrscheinlich zwischen diesen beiden Airlines entscheiden, wenn sie vierstrahlig fliegen wollen«, prophezeit der frühere Lufthansa-Flotteneinkäufer.

Am Ende bleibt die Frage: Wird es jemals wieder neue, ähnlich riesige Passagierflugzeuge geben, wie sie die A380 und die Boeing 747 waren? Dazu sagt Jürgen Thomas, der »Vater der A380«: »Den Gedanken, möglichst viele Menschen in einem Apparat zu transportieren, um damit die Infrastruktur am Boden und in der Luft zu entlasten, wird es weiter geben. Generell gilt: Je größer das Flugzeug, desto mehr sinken die Betriebskosten pro Platz. Aber die Kurve der Einsparungen durch Größe wird flacher und irgendwo gibt es einen Umkehrpunkt, da wird es sogar wieder teurer.« Und genau hier sieht Jürgen Thomas Anlass zur Selbstkritik, denn offenbar gilt hier nicht der bekannte Grundsatz, je größer desto besser: »Diesen Effekt, auch *Economies of Scale* genannt, haben wir bei der A380 überschätzt. Etwa darin, dass wir bei konstanter Technologie durch schiere Größe allein etwa 7% Einsparung erwartet haben. Wir haben eingespart. Unser Ziel waren ja 15-20% insgesamt, der Rest sollte aus neuer Technologie kommen. Wir haben es zwar erreicht, aber nicht mit den vorgesehenen Mitteln. Das Ziel zu erreichen ging echt ins Geld. Als wir anfangs zusammen mit Boeing die Studie für ein Großflugzeug gemacht haben, wollten die ein Flugzeug für 700 bis 800 Passagiere. Das hätte nie funktioniert. Das wäre über den Punkt hinweg gewesen, wo sich Größe noch rentiert. Von daher wird es zumindest in konventioneller Bauweise mit Flügeln, Rumpf und Leitwerk kein größeres Flugzeug als die A380 mehr geben«, sagt der Mann, der für das Design der A380 verantwortlich zeichnete.

Der frühere Airbus-Chefverkäufer John Leahy, der so viel versucht hatte, um die A380 bei Airline-Kunden unterzubringen, ist optimistisch was neue Riesen angeht: »Das wird unweigerlich passieren, und es sollte ein großer Zweistrahler sein. Boeing hatte das sogar vor mit ihrer 777X, aber der 777-Rumpf ist ein wenig zu schmal, dafür müsste er ein größer sein«, weiß Leahy. Und nachdem er Jahrzehnte die unbestreitbaren Vorzüge riesiger Flugzeuge gepredigt hat ist er weiter überzeugt: »Das macht Sinn, weil sie weiterhin London-Heathrow haben und Los Angeles und etwa 50 andere Flughäfen rund um die Welt, für die das nötig ist. Wenn der Verkehr nach der Pandemie wieder wie vorher um drei, vier oder sogar mehr Prozent pro Jahr steigt endet das mit überfüllten Drehkreuzen. Dann wird aus einem Flug zwischen zwei Hubs eben auch eine Punkt-zu-Punkt-Verbindung. Wenn sie solch ein 400- bis 500-sitziges Flugzeug 15% effizienter machen können als die 300-Sitzer, dann geben sie den Leuten einen guten Grund, über ein Drehkreuz zu fliegen. Das Problem mit der A380 und der 747 war, dass es dafür bisher eben keinen wirtschaftlichen

Die A380 macht auch mit ihrem frühen Ende noch Schlagzeilen. (AS)

Bei der Zerlegung der SIA-A380 9V-SKH in Singapur werden 2021 für Upcycling- Projekte Fensterrahmen und Teile der Kabinenhaut herausgetrennt. (Archiv Spaeth)

Grund gab«, analysiert Leahy.

In den frühen 2020er-Jahren waren Riesenflugzeuge eine rapide aussterbende Spezies. Die Zahl der aktiven Boeing 747- und A380-Flotten nahm dramatisch ab, als offensichtlich wurde, dass das Coronavirus nicht nur ein Kurzzeit-Phänomen war. Manche Airlines sahen keine andere Wahl als dramatische Entscheidungen zu treffen. British Airways (BA) musterte 2020 ihre 31 letzten Boeing 747-400 endgültig und vorzeitig aus – geplant war das eigentlich erst für 2024. Insgesamt hatte BA über fünf Jahrzehnte 110 Jumbo Jets betrieben. Für die wesentlich neuere A380 ließ diese beispiellose globale Krise nichts Gutes erahnen. Air France hatte sich bereits zum endgültigen Abschied von der A380 entschlossen bevor die Abkürzung Covid 19 weltweit bekannt wurde. Die meisten anderen Betreiber ließen sich zumindest eine Hintertür offen, um eine Rückkehr der A380 zu ermöglichen, sollte die Nachfrage unerwartet stark anziehen. Interessant ist aber auch im Nachhinein welche Gesellschaften damals bereits endgültig –und wie wir heute wissen voreilig- den erneuten Einsatz der A380 ausschlossen: Allen voran die Lufthansa, aber auch Etihad oder Qatar Airways. Deren Chef Akbar Al Baker gab dem Riesen sogar noch einen verbalen Fußtritt mit: »Die A380 zu kaufen war unser größter Fehler«, verkündete er. Nur um dann die völlige Kehrtwende zu machen, als die Kapazitäten knapp wurden bei seiner Gesellschaft. Auf der anderen Seite gab es Betreiber, die fest zur A380 standen, am wenigsten überraschend natürlich Emirates. Singapore Airlines und Qantas setzten sogar während der Pandemie-bedingten Bodenzeiten die bereits begonnenen Erneuerungen ihrer Kabinen fort. Qantas ging soweit, einige im kalifornischen Victorville abgestellte A380 direkt nach Dresden zu fliegen wo die Airbus-Tochter Elbe Flugzeugwerke das neueste Business Class-Produkt einbaute sowie die neue Lounge im Oberdeck. Anschließend wurden einige Flugzeuge nonstop nach Sydney überführt.

Das war schon vor der Pandemie so. Damals flogen die A380 aus Australien nach Dresden für die Umrüstung. Eine Maschine stellte dabei sogar einen Rekord für die längste A380-Nonstopmission auf: Das allerdings quasi leere Flugzeug benötigte dafür am 18. Dezember 2019 genau 18 Stunden und 40 Minuten. Und auch ohne Nutzlast wurde für die Ultra-Langstrecke mit 240 Tonnen Kerosin fast bis zum Anschlag getankt, mit 515 Tonnen Startgewicht lag das Flugzeug vor dem Abheben nahe am Maximalwert. Die erste Qantas-A380, die nach insgesamt 593 Tagen ohne Doppelstock-Riesen in Australien auf den Fünften Kontinent zurückkehrte, war am 8. November 2021 die VH-OQB. Die fünfköpfige Cockpit-Crew brachte das auf den Namen *Hudson Fysh* getaufte Flugzeug in 18 Stunden und 49 Minuten nonstop nach Sydney – die damals 16.116 Kilometer lange Strecke führte zu einem erheblichen Teil über Russland. Das wäre heute nicht mehr möglich seit Beginn des Ukraine-Kriegs. Auch BA führte einige A380-Routen wieder ein, beginnend mit London-Dubai im Dezember 2021. Jedenfalls lässt sich feststellen, dass die Pandemie ein vorzeitiges Ende der Ära der vierstrahligen Riesenflugzeuge gebracht hat. Ihre Produktion endete, was sowohl für die A380 als auch für die Boeing 747 bereits zuvor entschieden worden war, und die Anzahl aktiver Flugzeuge nahm rapide ab. Die globale A380-Kapazität von nur noch sechs Anbieten lag im Dezember 2021 um 71% unter jener des Vergleichsmonats zwei Jahre zuvor im Dezember 2019, damals boten noch 14 Airlines A380-Flüge an. Bis Ende Januar 2022 war etwa ein Drittel der weltweiten A380-Flotte wieder im Einsatz, insgesamt flogen damals 79 Maschinen.

Die allerletzte A380 überhaupt und die 123. für Emirates wird am 16. Dezember 2021 aus Hamburg-Finkenwerder ausgeliefert. (Airbus/Michael Lindner)

Im Laufe des Jahres 2021 wurden die letzten drei Serienflugzeuge an Emirates ausgeliefert. Das war früher als geplant, nachdem die Gesellschaft aus Dubai ursprünglich Airbus gebeten hatte sie bis Mitte 2022 zu behalten, da man keine weiteren Flugzeuge brauchte, während ohnehin die gesamte Flotte am Boden stand. Aber dann überzeugte Airbus seinen größten Kunden, die letzten Maschinen doch früher zu übernehmen. Emirates hatte eigentlich eine große Zeremonie geplant um die letzte A380-Auslieferung jemals zu feiern, doch davon wollte Airbus nichts wissen. »Airbus hat gesagt wir machen keine Feier zum Ende einer Produktion. Wir könnten allenfalls eine A350-1000 daneben stellen, das ist die Zukunft, aber die A380 die Vergangenheit. Ich habe zu Airbus-Chef Guillaume Faury gesagt: ›Dieses Flugzeug ist für uns quicklebendig, das ist doch keine Beerdigung hier, es geht um die letzte dieser großartigen Maschinen‹«, erzählt Emirates-Präsident Sir Tim Clark. Gerade für ihn, der in der A380-Geschichte eine so tragende Rolle gespielt hat, war es ein persönliches Anliegen, das Ende der Produktion würdig zu begehen. Dann allerdings verschärfte sich die Pandemie-Lage in Deutschland, was Airbus einen willkommenen Anlass lieferte, alles abzusagen. Der Emirates-Boss betont dagegen, wie wichtig es sei für seine Gesellschaft, das positive Image der A380 bei Passagieren hochzuhalten. „Wir werden sie noch mindestens anderthalb Jahrzehnte fliegen, auch wenn das natürlich kein langer Lebenszyklus ist für ein jetzt neu ausgeliefertes Flugzeug, normal wären 20 bis 25 Jahre, und wir haben bei BA Boeing 747-400 gesehen die 30 Jahre geflogen sind“, sagt Sir Tim. Traurig für ihn und viele andere, am 16. Dezember 2021 kam der Tag der letzten A380-Auslieferung, aber es gab keine Möglichkeit, ihn besonders zu begehen, auch der Emirates-Chef war nicht dabei. Dafür hatten sich aber einige hundert Enthusiasten und Airbus-Mitarbeiter auf dem Aussichtshügel neben der Piste in Finkenwerder versammelt, um dabei zu sein.

Um 16.41 Uhr hob das letzte Flugzeug mit der Baunummer MSN272, die 251. an eine Airline ausgelieferte A380 und die 123. für Emirates, von der Startbahn ab auf ihrem Weg nach Dubai, während im Hintergrund über der Elbe das restliche Tageslicht verschwand. Die Maschine war leer, nur die Crew an Bord, weder Reden, Ehrengäste, Champagner, das Durchschneiden von Bändern oder überhaupt irgendwas hatte stattgefunden. „So geehrt, sie nach Hause zu bringen“ hatte Kapitän Dwayne Walker, A380-Chefpilot bei Emirates, noch vor dem Flug gepostet. Nach dem Abheben brachte er die letzte A380 noch einmal zurück nach Finkenwerder und flog über die jubelnde Menge auf dem Hügel. Er vollführte ein angedeutetes Landemanöver, ein sogenanntes Touch-and-Go, und einen niedrigen Überflug, eine fliegerische Verbeugung vor dem Flugzeug und denen, die es gebaut hatten, während über den Werkshallen der Mond aufging. Sir Tim Clark gab der letzten A380 folgende Worte mit auf den Weg: »Die A380 ist eines der populärsten je gebauten Flugzeuge und ihr Vermächtnis wird in der Folklore der Luftfahrtgeschichte weiterleben. Ich bleibe überzeugt, dass es im Laufe der Zeit und bei rapide fortschreitender Technologie in der Luft- und Raumfahrt einen Platz für ein neues, umweltfreundlicheres Flugzeug dieser Größe geben wird. Wie sonst könnten wir die vorhergesagte Nachfrage nach Flugreisen befriedigen, wo die Drehkreuze doch heute schon voll sind?«. Unabhängig davon ist die Produktion großer, vierstrahliger Jets nun Geschichte, das gilt für die A380 und seit

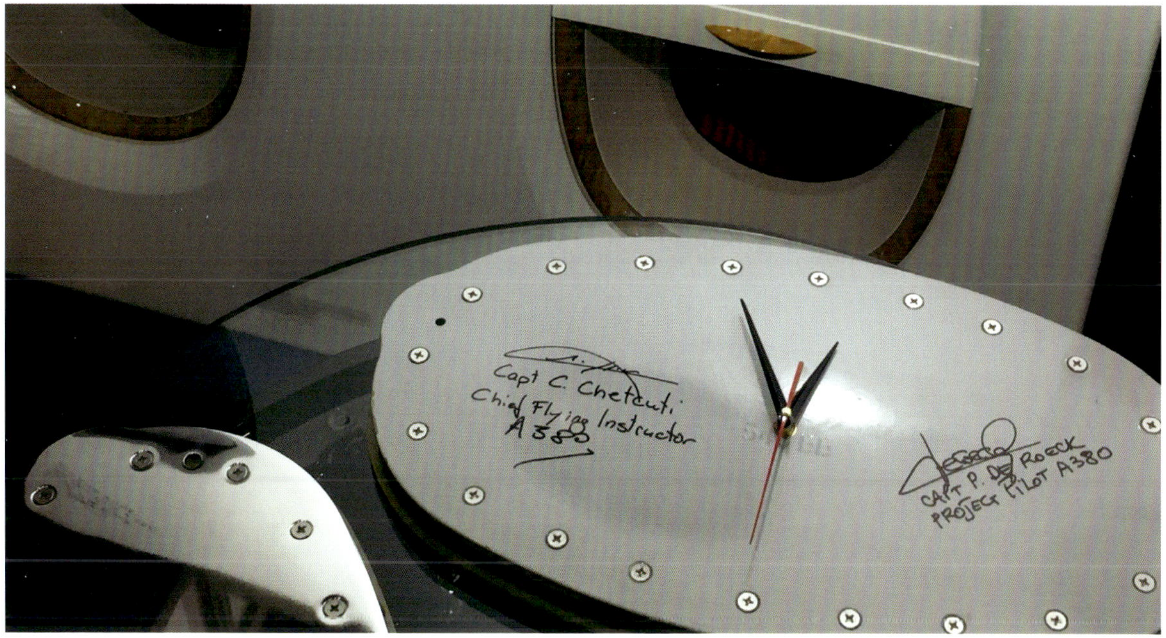

Signierte Uhr aus einer Tankabdeckung und ein Fensterpanel als Deko – Upcycling-Produkte aus Emirates erster A380 A6-EDA. (AS)

Zerlegung der ersten Emirates A380 A6-EDA am Flughafen Dubai World Central 2021. (Archiv Spaeth)

Aus kleinen Glare-Hautfeldern der Oberschale ihrer ersten A380 fertigt Emirates eine limitierte Auflage an Gepäckanhängern für jeden Flughafen, die die A6-EDA angeflogen hat. Dazu gibt es Zertifikate, Verkaufspreis damals rund 80 Euro. (AS)

Neue Triebwerkstechnologien wie der Open Rotor sollen mit dem A380 Propulsion Demonstrator getestet werden. (Airbus)

Während MSN001 Wasserstoffantriebe testet (hinten) wird eine bisher ungenannte zweite A380 den Open Rotor erproben. (Airbus)

Januar 2023 auch für die Boeing 747. Für den Jumbo Jet allerdings war erst nach über einem halben Jahrhundert Schluß, statt nach nur anderthalb Jahrzehnten wie bei der A380.

Im Februar 2022 verkündete Airbus überraschend neue Pläne für den ersten Prototypen MSN001, Kennzeichen F-WWOW, nachdem er zwischen Herbst 2019 und Anfang 2021 bereits ungenutzt abgestellt worden war: Der einzige noch flugtaugliche von den drei Prototypen wird ab 2026 als Testflugzeug genutzt. Mit der Installation eines fünften Triebwerks auf der hinteren linken Seite des Oberdecks, zwischen den beiden hinteren Türen, soll für die ZEROe-Familie emissionsfreier Flugzeuge eine Turbine mit Wasserstoffantrieb getestet werden. Dafür wird Triebwerkshersteller CFM, ein Joint Venture von General Electric und Safran, eine adaptierte Version des existierenden Passport-Turbofans installieren, der sonst größere Business Jets antreibt. Für die Flugtestkampagne, in der das erste Mal eine Wasserstoff-getriebene Turbine im Flug an einem Jet getestet wird, werden vier Wasserstofftanks hinten unten auf dem Hauptdeck eingebaut, direkt vor der Wendeltreppe. Jeder der Tanks, die in einer H-förmigen Anordnung angebracht sind, enthält hundert Liter Wasserstoff. Dieser Energieträger hat seine Besonderheiten, vor allem bei Anwendung in der Luftfahrt. Verglichen mit Kerosin weist er die dreifache Energiedichte auf, wiegt nur ein Drittel so viel, benötigt aber viermal soviel Volumen. Als kryogener Treibstoff kann er nur verdichtet und in flüssiger Form genutzt werden, dafür muss er auf minus 253° heruntergekühlt werden. Dafür sind doppelwandige und idealerweise zylindrische oder kugelförmige Tanks nötig, und viel Stauraum. Damit bietet sich die A380 als ideale Plattform an. »Die Größe der A380 gibt uns einen hohen Grad an Flexibilität was wir wo installieren«, sagt Glenn Llewellyn, Chef des Airbus Zero Emission Programms. »Die A380 erlaubt uns, im Laufe der Zeit Konzepte sowohl für die Lagerung und Verteilung des Wasserstoffs als auch die eigentlichen Antriebe zu entwickeln, vor allem weil wir im Tankbereich viele Instrumente und Sensoren installieren werden«, berichtet Llewellyn. Er zeigt auch die Modifikationen im Cockpit für die Wasserstofftests: »Wir werden einen zusätzlichen Schubhebel installieren, um den Schub des Wasserstofftriebwerks zu regeln, auf dem gleichen Panel zwischen den Pilotensitzen wo die bestehenden Schubhebel angebracht sind«, so der Programmchef. Außerdem wird es einen weiteren Bildschirm geben, um die Triebwerksfunktionen am vorderen Instrumentenpanel zu überwachen. Und das ist bei weitem noch nicht alles – im November

Aus dem hinteren Hauptdeck speisen vier Wasserstofftanks den neuen fünften Motor oben. (Airbus)

Beschreibung des Wasserstoff-Demonstrators, den Airbus im Rahmen seiner ZeroE-Versuchskampagne mit dem A380-Prototypen plant. (Airbus)

Die hintere Rumpfoberschale wird modifiziert, um links an einem Pylon das fünfte Triebwerk aufzuhängen, das mit Wasserstoff betrieben wird. (AS)

2022 kündigte Airbus weitere Tests des Passport-Triebwerks an, am gleichen Pylon hängend wie der Jet-Antrieb, diesmal aber mit einem Hochgeschwindigkeitspropeller. Betrieben über eine durch Wasserstoff gespeiste Brennstoffzelle soll die Erprobung des 2,1-Megawatt-Triebwerks ebenfalls zwischen 2026 und 2028 stattfinden. Die Idee ist zu definieren, wie ein Flugzeug der neuen ZEROe-Generation ab 2035 aussehen könnte. So wird die F-WWOW gut zwei Jahrzehnte, nachdem sie 2005 die Welt beim Erstflug einer A380 beeindruckte, wieder eine Pionierrolle spielen, die das dann historische A380-Programm wieder in eine neue Art von Fokus rückt.

Auch das ist nur eine Hälfte der neuen Testprojekte mit der A380. Ebenso wie der erwähnte »ZEROe Demonstrator« wird Airbus unter dem Oberbegriff »flightlab« noch eine zweite, bisher nicht feststehende A380 als »Propulsion Demonstrator« umrüsten. Dafür belebt das CFM-Programm RISE (Revolutionary Innovation for Sustainable Engines) den sogenannte Open Rotor oder Open Fan wieder. Diese Form der Triebwerke mit nichtummanteltem Bläser, also offen rotierenden Schaufelblättern, wurde bereits in den 1980er und 2000er-Jahren getestet. Jetzt erfolgt die praktische Erprobung eines solchen Antriebs erstmals in dieser Größenordnung und in seiner weiterentwickelten Form. Dafür wird an der Position des Triebwerks Nummer Zwei innen an der linken Tragfläche einer A380 großer Pylon angebracht, an dem das neue RISE-Triebwerk hängt. Dafür werden an dieser Stelle die Flügelstruktur und angrenzende Rumpfbereiche verstärkt, der Rotordurchmesser soll bei vier Metern liegen. So soll das Auslaufmodell A380 der nachhaltigen Fliegerei der Zukunft neue Impulse mit auf den Weg geben.

Ein in Stade gebautes A380-Leitwerk in Firmenfarben ziert heute den Eingang des Jürgen Thomas-Auslieferungszentrums in Hamburg-Finkenwerder. (AS)

Der zweite A380-Prototyp F-WWXL steht heute im Aeroscopia-Museum am Flughafen Toulouse-Blagnac und kann auch innen besichtigt werden. (AS)

Eine Stuntfrau in Emirates-Uniform steht 2021 in 830 Meter Höhe für einen Werbespot auf der Antennenspitze des Burj Khalifa in Dubai, hinter ihr eine A380 (Emirates)

Emirates A380 in Sonderbemalung zur EXPO in Dubai am Flughafen Hamburg 2022. (Dirk Grothe)

Die reale Szene vom Boden aus. Das Ganze hat tatsächlich stattgefunden, gefilmt wurde aus einem Hubschrauber. (James Ward)

Flugschau von Emirates auf der Dubai Air Show 2021. (Emirates)

KAPITEL 12

Totgesagte fliegen länger

Große Nachfrage und Lieferverzögerungen neuer Jets – und plötzlich ist die A380 nach der Pandemie wieder im Spiel.

> *Wenn die Nachfrage so stark wäre, dass wir gezwungen wären, die Option A380 wieder zu ziehen, wäre ich der glücklichste Mensch.*
>
> *Carsten Spohr, Lufthansa-Chef, 2022*

Schon im Oktober 2021 bringt Emirates ihre A380 zurück nach Düsseldorf. (Flughafen Düsseldorf)

Düsseldorf Airport DUS
Emirates
WELCOME BACK
A380

Im März 2023 stellt Emirates ein leicht überarbeitetes Farbkleid an einer ihrer A380 vor. (Emirates)

Eingemottetes Cockpit einer A380 in Teruel. (Michael Lamberty/Lufthansa)

Das gescheiterte Projekt eines A380-Hotels in Toulouse. (Groupe Duval)

Es herrschte Volksfeststimmung an der Landebahn des Flughafens Tokio-Narita an diesem Oktober-Sonntag 2021. Tausende Japaner drängten sich am Flughafenzaun nur um ein einziges, lange erwartetes Flugzeug landen zu sehen: Die dritte A380 für All Nippon Airways (ANA). Das Corona-Virus hatte dafür gesorgt, dass die letzte von drei A380 für ANA seit Anfang 2020 verloren im Hamburger Airbus-Werk Finkenwerder an der Elbe herumstand und nicht abgeliefert wurde. Dabei warteten ihre Fans sehnsüchtig auf sie – denn »Ka La« (Sonnenuntergang auf Hawaiianisch), so ihr Name, macht endlich die Familie der fliegenden Suppenschildkröten komplett. ANA hat alle ihre drei A380 knallbunt mit kitschigen Schildkröten bemalt, da sie die Riesen ausschließlich für den Hawaii-Verkehr nutzt. Das farbenfrohe Äußere dient einem guten Zweck, denn die auf Hawaii »Honu« genannten Meerestiere sind akut bedroht, worauf die Aufmerksamkeit gelenkt werden soll. Zur Feier der Komplettierung der »Flying Honu« genannten A380-Kleinfamilie tanzten auf dem Rollfeld infantile Darsteller in plüschigen Schildkröten-Kostümen in den Bonbonfarben der Flugzeugbemalungen.

Was das ganze Spektakel aber vor allem zeigte: Die A380 ist bei Reisenden und Flugzeugfans ungebrochen populär – und sie erlebte weltweit ein ungeahntes Comeback, von dem nach Ausbruch der globalen Pandemie im Frühjahr 2020 niemand geträumt hätte. Im März 2020 galt die A380 als erledigt, nahezu alle standen am Boden, doch Ende 2021 zeigte sich erstmals, dass das vielleicht vorschnelle Abschiedselogen gewesen waren für ein Flugzeug, in dem noch erhebliches Potenzial steckt. Plötzlich besannen sich die Airlines darauf, dass sie doch noch irgendwo eine eigentlich schon abgeschriebene A380-Flotte stehen hatten, die jetzt perfekt zur akuten Problemlösung taugte. Ein gutes Beispiel war British Airways (BA), die ab November 2021 zunächst vier ihrer zwölf eingemotteten Riesen wieder in Betrieb nahm. Erstbetreiber Singapore Airlines (SIA) bekannte sich uneingeschrankt zu Ihrem Doppelstöcker: »Die A380, von der wir künftig zwölf mit der neuesten Kabine betreiben werden, bleibt ein sehr wichtiger Teil unserer Flotte«, sagte SIAs Vizechef Lee Lik Hsin im Herbst 2020. Doch es gab eine Fraktion der Hardliner unter den A380-Betreibern, etwa bei Lufthansa und Etihad, die konsequent bei ihrem oft verkündeten Standpunkt blieben, die A380-Ära sei für sie beendet.

Auf die Frage des »Spiegel«, ob die A380 nach der Pandemie wieder fliegen könne, antwortete Lufthansa-Chef Carsten Spohr noch im März 2022 völlig überzeugt: »Nein, das ist endgültig vorbei. Die A380 ist im Vergleich zu den neuesten zweistrahligen Langstreckenjets zu unwirtschaftlich. Sie kommt bei Lufthansa nicht wieder.« Auch zu den Plänen mit der A380-Flotte äußerte sich Spohr: »Von unseren 14 A380 sind sechs bereits verkauft. Diese Flugzeuge verlassen uns in diesem und im nächsten Jahr. Von den übrigen acht werden wir uns ebenfalls trennen.« Erst aus dem Geschäftsbericht ergab sich später, dass Lufthansa für die sechs an Airbus verkauften A380 insgesamt nur 302 Millionen Euro bekommen hatte, was nur etwa drei Vierteln des Neupreises für ein Flugzeug von 2018 entsprach. Davon bereits abgezogen waren 13 Millionen Euro. Die waren dafür fällig, dass fünf der sechs A380 in Teruel abgestellt gewesen waren als ein schweres Gewitter mit großen Hagelkörnern über der sonst trockenen spanischen Halbwüste niederging. Die Schäden, Dellen vor allem in den Landeklappen, deren Muster den Löchern im Schweizer Käse ähnelte, wurden nicht durch Versicherungen abgedeckt. Ebenfalls im März 2022 sagte der damalige Chef von Etihad, Tony Douglas: »Aus der Perspektive des Reisenden haben wir uns alle in die A380 verliebt. Aber seine Wirtschaftlichkeit funktioniert kommerziell einfach nicht. Wir sehen die A380 nicht mehr in unserer Flottenplanung, und mit einem Ölpreis von über 100 Dollar pro Barrel jetzt ist das für die Zukunft sehr unwahrscheinlich, wenn überhaupt.« Klarer Fall, klare Fronten, so schien es, während etwa vor der malerischen Kulisse der verschneiten Pyrenäen auf dem südwestfranzösischen Flughafen Tarbes/Lourdes sich die Riesen von Lufthansa und Etihad wie von der Welt vergessen Seite an Seite die Fahrwerke in den Bauch standen. Eine gespenstische, einsame Szenerie, wie der Wind in den silbernen Folien raschelte, die Fahrwerke, Triebwerke und Fenster verklebten.

Doch dann veränderte sich die Lage plötzlich dramatisch, vor allem für die Lufthansa. Die Kranich-Linie war 2013 erster Kunde der neuen Boeing 777-9, des aktuell größten produzierten Verkehrsflugzeugs. Die längste 777, von der Lufthansa insgesamt 27 erwartet, ist auch für die deutsche Gesellschaft logischer Nachfolger der Boeing 747 und der A380. Doch Boeing musste wegen andauernder Probleme mit dem neuen Flugzeug die Auslieferung immer weiter verschieben. Anfangs war das ab 2021 geplant, dann ab 2023 und bei Drucklegung dieses Buchs nicht vor 2025. Diese eigentlich fest eingeplante Kapazität fehlte auf einmal sehr schmerzlich, als 2022 die Nachfrage nach Flugreisen als Folge der langen Reisebeschränkungen so sprunghaft stieg, dass es in der Sommersaison weltweit am Boden und in der Luft zu Engpässen kam. Daher hörte sich Carsten Spohr im Mai 2022 schon merklich anders an als im März: »Wenn die Nachfrage so stark wäre, dass wir gezwungen wären, die Option A380 wieder zu ziehen, wäre ich der glücklichste Mensch«, erklärte der Lufthansa-Chef nun, aber das sei »aus heutiger Sicht« noch nicht notwendig. Doch auch diese Aussage hielt nicht lange der Realität stand – riesige Nachfrage nach Passagiersitzen, ausbleibende Lieferungen neuer Flugzeuge und gleichzeitig sinkende Spritpreise. Ende Juni 2022 dann die Kehrtwende: Lufthansa gab bekannt dass »aufgrund des starken Anstiegs der Kundennachfrage und der verspäteten Auslieferung bestellter Flugzeuge« die A380 in die Flotte der Kranich-Linie zurückkehren wird, und zwar bis zu acht, das wären alle, die Lufthansa noch besitzt.

Diese völlige Kehrtwende innerhalb weniger Monate freute viele Passagiere, Besatzungen und Luftfahrtfans, trotzdem mühte sich Lufthansa sichtlich, sie in der Öffentlichkeit zu begründen. »Für die Rückkehr der A380 kamen gleich mehrere Wunder zusammen«, erklärte etwa Lufthansa-Sprecher Lamberty. »Die raketenartig anziehende Passagiernachfrage und extreme Lieferverzögerungen bei Boeing.« So blieb quasi gar keine andere Wahl, als zumindest einige A380 zu reaktivieren. »Mindestens drei« davon, so hieß es zunächst, kämen zurück. Anfang Dezember 2022 machten sich die beiden Lufthansa-Piloten Richard Lenz und Matthias Spude wieder auf den Weg in die spanische Halbwüste zum Abstellplatz Teruel, um die erste Lufthansa-A380 aus dem Dornröschenschlaf abzuholen. »›Mike Kilo‹, da bin ich wieder«, sagte Kapitän Richard Lenz und hielt in der vorderen linken Einstiegstür einen Moment inne beim Blick auf das Typenschild. Dieses Wiedersehen hatte er nicht erwartet, als er im Mai 2020 in der Lufthansa-A380 mit dem Kennzeichen D-AIMK, in der Fliegersprache »Mike Kilo« genannt, ihren bisher letzten Flug in die Einmottung absolvierte. »Das Flugzeug damals hier abzustellen war eine traurige Geschichte, das war deprimierend«, sagte Kapitän Lenz, der inzwischen wieder im Cockpit Platz genommen hatte. Damals stand der weltweite Luftverkehr in der ersten Phase der Pandemie so gut wie still, die Lufthansa fürchtete wie viele andere Airlines um ihr Überleben. Ihre Flotte aus 14 riesigen Airbus A380 für jeweils 509 Passagiere war da ein rechter Klotz am Bein gewesen, dessen man sich schnell entledigen wollte. Lufthansa brachte ihre A380 damals auf die Abstellplätze in Teruel und nach Tarbes-Loudes. Es sah lange so aus, als wäre es das gewesen mit der A380-Ära beim Kranich, die erst 2010 begonnen hatte. Eine ebenfalls abgestellte Etihad-A380 konnte Richard Lenz von seinem Pilotensitz im Cockpit der »Mike Kilo« vor sich in Teruel sehen, auch sie sollte bald wieder abheben. »Heute ist hier eine tolle Stimmung, viele Gesellschaften holen ihre Flugzeuge wieder ab«, freute sich Lenz, einer von Ende 2022 nur noch zwölf zertifizierten A380-Piloten bei Lufthansa. Die Lage der Branche hatte sich in kurzer Zeit grundlegend geändert, Lufthansa schrieb auf einmal wieder Rekordgewinne.

Der Anblick der Kabine in der »Mike Kilo« mutete nach zweieinhalb Jahren Zwangspause am Boden gespenstisch an – die Fenster abgeklebt, die Sitzreihen unter schwarzen Plastikplanen versteckt, selbst die Pilotensitze dick in Folie eingehüllt. So ein Riesenflugzeug aus dem Dornröschenschlaf zu erwecken ist eine gigantische Aufgabe. Zwar wurden die parkenden Jets auch während der Abstellzeit regelmäßig gewartet und bewegt, aber um sie wieder fit und sicher für den Flugalltag zu machen, ist viel Aufwand nötig. Qantas-Chef Alan Joyce sagte: »Eine A380 aufzuwecken dauert zwei Monate und 4500 Arbeitsstunden von zehn Ingenieuren, die alles an Bord austauschen, von 22 Rädern und allen 16 Bremsen bis zu den Feuerlöschern. Sobald die Maschinen aus der Wüste zurück sind, folgen noch hundert Tage Überholung.« Die Lufthansa hatte 2020 bereits rund jeweils 2000 Arbeitsstunden pro Flugzeug investiert, um die Riesen in den Dämmerzustand zu versetzen, in der Fachsprache »Deep Storage« genannt. Jetzt benötigte sie für die Wiederweckung vor Ort immerhin 2500 Arbeitsstunden, vom Entfernen aller Abdeckungen bis zu Triebwerksprobeläufen. Selbst der kurze Rückweg nach Frankfurt war kompliziert, obwohl sich nur die Piloten an Bord befanden musste der Überführungsflug aus technischen Gründen mit ausgefahrenem Fahrwerk erfolgen. Das bedeutete das Flugzeug erzeugte viel mehr Luftwiderstand, musste daher mit Mach 0,59 (statt Mach 0,82) langsamer und auf maximal 28.000 Fuß (statt 38.000 Fuß) tiefer fliegen und verbrauchte mehr Sprit. Am Ende dauerte der Weg von Teruel nach Frankfurt drei Stunden und neun Minuten, fast doppelt so lang wie üblich.

Vor der Wiederaufnahme von Linienflügen folgten ausgiebige Wartungsarbeiten zunächst in Frankfurt, unter anderem mussten die Hagelschäden an den Landeklappen behoben werden. Vor allem wurde hier nach einigen Reifen- und Radwechseln der sehr eindrucksvolle Gear Swing vorgenommen, was in Teruel nicht möglich war, wes-

Nach ihrer Überführung absolviert die Mike Kilo in Frankfurt ihren Gear Swing, den Fahrwerkstest. (Jens Ritter/Lufthansa)

Premiumkabine im Dornröschenschlaf- A380 Business Class der Lufthansa nach gut zwei Jahren in Teruel. (Michael Lamberty/Lufthansa)

Ein schwerer Hagelschauer hat in Teruel viele A380 beschädigt. (Archiv Spaeth)

Vor allem die Landeklappen weisen durch Hagelschlag so viele Dellen auf dass sie ausgetauscht werden müssen. (Archiv Spaeth)

Nach über zwei Jahren Bodenzeit machen sich Arbeiter in Teruel daran, die erste Lufthansa A380 wieder zu aktivieren. (Michael Lamberty/Lufthansa)

wegen der Überführungsflug den genannten Beschränkungen unterlag. Dabei wird das Flugzeug im Hangar an den vorgesehenen Stellen aufgebockt und dann das Fahrwerk mehrfach aus- und eingefahren um zu prüfen dass nach so langer Bodenzeit die Mechanik anstandslos funktioniert. Anschließend flogen die gleichen Kapitäne »Mike Kilo« zu Lufthansa Technik nach Manila für weitere große Überholungen, was nochmal zwischen einem und zwei Monaten dauert. Gleichzeitig wurden neue Beatzungen für die Kabine geschult und weitere Piloten auf den nötigen Trainingsstand gebracht. An Bord allerdings blieb bei Lufthansa alles unverändert gegenüber den letzten A380-Flügen 2020, die Gesellschaft veränderte die vor der Pandemie vor allem in Business Class überholte Kabineneinrichtung nicht. Da man bei Lufthansa davon ausgeht, die zurückgekehrten A380 (zunächst vier, D-AIMK, -AIML, -AIMM und –AIMN) mindestens vier oder fünf weitere Jahre einzusetzen ist davon auszugehen, dass hier noch eine Erneuerung stattfinden wird. Mitte April kehrte die »Mike Kilo« aus Manila nach Deutschland zurück, um hier auf Trainingsflüge im Inland Piloten zu qualifizieren. Bis zum Beginn der erneuten Linienflüge benötigte man 35 Kapitäne und 80 Erste Offiziere, viele von ihnen wechselten von der A350 auf die A380 und profitierten davon, dass Crews nach einer entsprechenden Umschulung auch beide Muster parallel fliegen können. Am 1. Juni 2023 war es soweit, die A380-Ära der Lufthansa ging in die Verlängerung, an diesem Tag flog die D-AIMK von München nach Boston. Mit nur rund 25.000 Flugstunden und 280 Cycles (ein Cycle ist je ein Start und eine Landung) ist das 2024 gelieferte Flugzeug alles andere als altes Eisen. Am 4. Juli starteten A380-Flüge von München nach New York-JFK, gefolgt im Herbst von Strecken nach Los Angeles und Bangkok. Diese Routen wurden von den vier vorhandenen A380 bedient, 2024 sollen zwei weitere reaktiviert werden, möglicherweise auch alle restlichen vier. Im Sommer 2023 ging Lufthansa von 50.000 zusätzlichen Passagieren aus, die dank der A380 befördert wurden, für 2024 prophezeite man sogar eine Million Reisende für die A380, die anders gar nicht hätten befördert werden können. Die A380 sei »für uns ein temporärer Wachstumsmotor«, so sagte Lufthansa-Passage-Chef Jens Ritter.

Eine ähnlich große Überraschung und Kehrtwende in der A380-Frage gab es auch bei Etihad. Im Dezember 2022 kündigte ihr neuer Chef Antonoaldo Neves an, zunächst vier Flugzeuge ab 25. Juli 2023 ausschließlich auf die London-Route zurückzubringen. Jetzt sei die A380 wieder »finanziell tragbar« – dank gesunkener Spritpreise und stark gestiegener Nachfrage. Im März und im Mai wurden die ersten beiden A380 aus Teruel bzw. Tarbes/Lourdes nach Abu Dhabi geholt (A6-APG – und –APH), kurz darauf sollten A6-API und –APJ folgen. Hierbei handelt es sich um die vier jüngsten Flugzeuge, keines ist älter als gut sieben Jahre. Anders als bei Lufthansa lässt Etihad ihren reaktivierten Riesen zur Rückkehr ausgiebige C-Checks angedeihen. Etihad Engineering hat dafür die kompletten Kabinen ausgebaut, inspiziert und dann

Der Überführungsflug von Lufthansa-A380 Mike Kilo findet am 2. Dezember 2022 aus Sicherheitsgründen mit ausgefahrenem Fahrwerk statt. (Archiv Spaeth)

Die gleichen Lufthansa-Kapitäne Richard Lenz und Matthias Sode, die A380 bei Pandemiebeginn 2020 nach Teruel flogen, können sie Ende 2022 wieder abholen. (Michael Lamberty/Lufthansa)

weitgehend genauso wie vorher wieder eingebaut. Dazu gehörten auch Umbauten am Hinterholm, strukturelle Modifikationen, sowie Demontage, Inspektion und erneuter Einbau aller Triebwerke, das gleiche geschah mit vielen anderen Komponenten. Es ist kein Wunder dass sich Etihad mit der A380 auf die London-Route konzentriert - London-Heathrow ist bereits wie vor der Pandemie wieder das zweitgrößte, weltweite A380-Drehkreuz (neben Dubai als Emirates-Hub). Sechs Airlines kommen mit dem Riesen an die Themse, für den Hochsommer 2023 erwartete der Flughafen bis zu 22 ihrer Starts am Tag. Im Mai 2023 führten neun der Top 12-Strecken der A380 von/nach Dubai, darunter die sechs mit dem höchsten Aufkommen, London war dreimal unter den ersten zwölf vertreten, die bei weitem meistbeflogene Strecke dabei war, logisch, die Route zwischen Dubai und London. Im Sommer 2023 waren weltweit rund 70% aller noch vorhandenen A380 wieder im Einsatz, Emirates und British Airways verzeichneten im Mai sogar ein größeres Sitzplatzangebot mit der A380 als im Vergleichsmonat vor der Pandemie 2019.

Zehn der ehemals 15 A380-Airlines nutzten ihre Riesen wieder. Größter Betreiber ist weiterhin Emirates, die im Sommer 2023 mit etwa 95 ihrer Doppelstöcker wieder abhob. »Wir hoffen dass wir alle verbliebenen 116 unserer A380 bis spätestens Ende 2024 wieder in Betrieb nehmen können«, sagte Emirates-Chef Sir Tim Clark Mitte 2023. Bis dahin unterzieht die Gesellschaft ihr Flaggschiff einer Verjüngungskur für die Kabinen, die komplett ausgetauscht werden, pro Flugzeug dauert das 21 Tage. Solche Radikalkuren sind teuer – SIA zahlte 61 Millionen US-Dollar pro Flugzeug für ihre ab 2017 innen runderneuerten A380. Aber Tim Clark denkt schon weiter voraus: »Wir werden wahrscheinlich ab 2032/33 beginnen, die A380 auszumustern, aber die letzten werden sicher bis Ende des kommenden Jahrzehnts im Einsatz bleiben.« Und er denkt schon an die fernere Zukunft und was nach der A380 kommen könnte. »Heute habe ich sechs A380, die mit 95% Auslastung nach Heathrow fliegen. Da ich nicht davon ausgehe, dass dort die dritte Start- und Landebahn kommt, wird mir mulmig daran zu denken, was ohne die A380 passiert.« Sir Tim beißt seit langem bei Airbus mit seinen Wünschen nach Verbesserungen oder gar einem Nachfolgemodell auf Granit. Inzwischen wäre er schon froh, wenn die vorhandenen A380 modernisiert werden könnten: »Mit den Lösungen, die wir heute sowohl in der Konstruktion als auch im Design, in der Aerodynamik, im Antrieb und in der Anwendung von Verbundwerkstoffen haben, könnte sie so weit umgebaut werden, dass eine Treibstoffersparnis von 25 Prozent erreichbar wäre«, ist er überzeugt. Davon wollen aber weder die Triebwerkshersteller noch Airbus etwas wissen – für sie lohnen solche Investitionen nicht, weil Emirates als einziger potenzieller Kunden gilt. »Airbus hat verlangt, dass wir als Fluggesellschaft dafür die Hälfte der Entwicklungskosten aufbringen, das können wir natürlich nicht«, klagte Clark. Noch mehr Gedanken macht sich die Branche, was es eigentlich in Zukunft noch an Optionen für sehr große Verkehrsflugzeuge geben wird, die 500 und mehr Passagiere befördern können. »Was wird denn überhaupt noch angeboten, wenn die 747 und die A380 weg sind? Dann bleiben nur die größten Versionen der Zweistrahler, die Boeing 777-9 und die A350-1000, aber deren Kapazität ist deutlich geringer«, weiß Clark. Branchenprognosen zeigen klar, dass sich am oberen Ende des Flugzeugmarkts künftig eine riesige Lücke im Angebot auftun wird.

Analysten gehen davon aus, dass die Luftfahrt weiter stetig mit mindestens vier Prozent pro Jahr wie vor der Pandemie wachsen wird. Das würde bedeuten, dass die globale Passagierzahl von 4,5 Milliarden Fluggästen 2019 bis in die Mitte der 2030er Jahre auf acht Milliarden ansteigt. Das größte Flugzeug, das aktuell gebaut wird, ist die Boeing 777-9, sie fasst rund 400 Passagiere. Auf den digitalen Reißbrettern bei Airbus oder Boeing ist derzeit kein Großprojekt in der Entwicklung, alle konzentrieren sich für die Zukunft auf kleinere, nachhaltige Jets. Unweigerlich wird daher bald Passagier-Nachfrage unbefriedigt bleiben, und aufgrund der Sitzverknappung werden die Flugpreise stark steigen. »Da muss etwas getan werden, ein neues Großflugzeug muss leichter, schneller und günstiger in den Betriebskosten sein und mit bis zu 100% nachhaltigem Flugtreibstoff fliegen«, sagt der Emirates-Chef. »Ich würde eine neue A380 bauen, die doppelt so groß ist dank der emissionsfreien Triebwerke die wir dann haben, vielleicht nur mit drei Motoren«, schlägt er vor.

Durch den unerwarteten Branchenaufschwung nach der Pandemie wurden gebrauchte A380 plötzlich merklich teurer, um durchschnittlich über 14% innerhalb eines Jahres bis Juni 2023. Die Preise richten sich nach dem Alter, eine zwölfjährige A380 schlug nach Analystenangaben mit 37 Millionen US-Dollar zu Buche, während ein 15 Jahre altes Flugzeug schon für 28,5 Millionen US-Dollar zu haben war. Diese Preissteigerung war einer der Gründe, dass ein ehrgeiziges Projekt in Toulouse scheiterte: Ein ehemaliger Airbus-Ingenieur war dort schon weit fortgeschritten in der Planung seines Hotels »Envergure« (Spannweite), dessen 31 Zimmer inklusive einer Suite im Cockpit und einer im Heck in einer gebrauchten A380 nahe dem Flughafen Blagnac entstehen sollte. Die Eröffnung des Hotels, für das Investitionen bis zu zehn Millionen Euro veranschlagt wurden, war für 2024 geplant, doch Anfang 2023 kam das Aus. Dabei gibt es ein erfolgreiches Vorbild – das Jumbo Hostel in einer ausrangierten Boeing 747 am Zaun des Stockholmer Flughafens Arlanda. Im Sommer 2023 erklärte das britische Start-Up Global Airlines, vier gebrauchte A380 gekauft zu haben. Analysten weisen darauf hin, dass dies gerade für neue Betreiber durch künftig fällige Emissionsgebühren zum Problem werden könnte: Pro Sitzmeile stoßen Vierstrahler wesentlich mehr CO_2 aus als Zweistrahler, bei einer A380 in typischer Bestuhlung liegt der Wert bei 176 Gramm pro Sitzmeile, während es bei einer Boeing 787 nur 130 Gramm sind. Gleichzeitig sind nur 140 Flughäfen oder gut sieben Prozent von ihnen überhaupt darauf eingerichtet, mit ihren Pistenlängen auch die A380 abfertigen zu können. Aus allen diesen Gründen mag die Zukunft der A380 beschränkt sein. Dafür aber ist, vor kurzem noch unvorstellbar, die Gegenwart nach der Pandemie ein unerwarteter Triumph für das vielerorts bereits abgeschriebene Riesenflugzeug.

Im April 2023 ist die Lufthansa-A380 zurück auf ihrer Basis in München, zunächst für Trainingsflüge. (Flughafen München)

KAPITEL 13

Schlüsselfiguren der A380-Entwicklung haben das Wort

Der Chef von Emirates, der »Vater der A380«, der legendärste Flugzeugverkäufer und ein Flotteneinkäufer erzählen über ihre Erfahrungen mit dem Riesen-Airbus.

> *Die A380 war die größte Herausforderung seit der Concorde, weil wir auch viele Innovationen in der A380 hatten, die einmalig waren.*
>
> *Jürgen Thomas, »Vater der A380«, 2019*

Emirates-Präsident Sir Tim Clark, hier hinter Chairman Scheich Ahmed (links) und Bundeskanzlerin Angela Merkel auf der ILA Berlin 2010. (AS)

Emirates
www.emirates.com
A6-EDA

Sir Tim Clark, Jürgen Thomas und John Leahy heißen drei entscheidende Männer in der kurzen Geschichte der A380. Sie waren Visionäre und treibende Kräfte in dem Bestreben, das Unmögliche zu wagen, den Bau des größten Passagierflugzeugs der Welt. Nico Buchholz war verantwortlich für die Beschaffung der A380 und der Boeing 747-8 bei Lufthansa. Für dieses Buch erzählen alle vier aus ihrer Sicht über das buchstäblich größte Abenteuer in der Geschichte des zivilen Flugzeugbaus.

Sir Tim Clark in seinem Büro in Dubai. (AS)

Emirates-Chef Sir Tim Clark

Der Brite, geboren 1949, gehörte 1985 zu den Mitgründern von Emirates Airlines in Dubai, seit 2003 steht er an der Spitze einer der weltweit wichtigsten Airlines. Emirates lebt davon, viele Menschen aus aller Welt über ihr Drehkreuz am Persischen Golf zu verbinden. Für solche großen Verkehrsströme zwischen den Kontinenten ist die A380 das ideale Vehikel. Im Jahr 2000 gab Emirates als erste Fluggesellschaft eine Bestellung für den Riesen-Airbus A380 auf, 2008 erhielt sie ihre erste, Mitte 2022 kommt ihr letztes und 123. Exemplar. Sir Tim zieht eine Bilanz der A380-Ära, die keine andere Airline so entscheidend bestimmte wie Emirates. Das erste Gespräch fand vor der Corona-Krise statt.

Interview November 2019

Wo wäre Emirates bis Ende 2019 ohne die A380 gewesen?

Tim Clark: Wir hätten noch viel schlimmere Slot-Probleme in Dubai. Wir würden viel weniger Tonnen- und Sitzkilometer fliegen als wir es heute tun. Deshalb sind wir die größte internationale Airline der Welt – weil wir 115 A380 haben. Wenn sie sich die Wirtschafts-Landschaft aus der Mitte der 90er-Jahre anschauen, in die hinein die A380 geboren wurde, dann war das das absolut Richtige, daran ist nichts falsch. Aber von der Konzeptentwicklung bis zur Erstauslieferung brauchte Airbus zwölf Jahre, das ist zu lang, so ein langer Zyklus ist in unserem Geschäft gefährlich. Unglücklicherweise kam die A380 dann genau zur falschen Zeit. Es ist eine Schande.

Hätte es einen Unterschied gemacht, wäre die A380 zu einer anderen Zeit gekommen?

In der Mitte der Neunziger Jahre ging die Nachfrage nach Flugreisen durch die Decke und die Gewinnmargen waren sehr ordentlich. Und wir merkten dass wir riesige Slot-Probleme hatten in London-Heathrow. Genauso ist es jetzt auch. Ich habe täglich sechs A380 nach Heathrow und die sind alle voll. Wenn ich auf diesen gleichen Slots die leider nie gebaute, größere A380-900 einsetzen könnte wären diese Maschinen auch voll. Die A380 wurde bei uns 2008 in Dienst gestellt, als die Spritpreise auf bis zu 145 Dollar pro Barrel explodierten. Zwischen 2008 und 2010 gab es in der Airline-Branche eine Kernschmelze. Dieses Flugzeug hatte nie eine Chance, denn die Leute an der Spitze der großen Airlines weltweit waren sehr risikoscheu.

Also hat die Evolution jetzt die A380 überholt?

Wenn sie versuchen die A380 in Einklang zu bringen mit dem derzeitigen Denken in der Airline-Branche, nach mehreren Airline-Pleiten kürzlich, können sie sehen warum niemand die A380 kaufen wollte. Das Ende war also unvermeidlich. Der heutige CEO und sein Aufsichtsrat sind darauf konditioniert kleinere Flugzeuge zu kaufen. Diese bevorzugen sie weil sie damit keine Entscheidung treffen müssen, 350 bis 400 Millionen Dollar für ein Flugzeug auszugeben. Sie können ein Flugzeug für 160 Millionen Dollar kaufen, das ist effizient im Verbrauch und bietet ihnen alles was sie brauchen.

Spielt die Größe der A380 immer noch eine Rolle für die Wirtschaftlichkeit von Strecken?

Wenn ich eine A380 von Dubai nach Los Angeles fliege mit 515 Passagieren an Bord dann verbrenne ich 13 Tonnen Kerosin pro Stunde, etwa 200 Tonnen insgesamt. Eine Boeing 787-9 in unserer Konfiguration würde 230 bis 240 Passagiere befördern. Bei zwei Flügen der 787, die halb so viel verbraucht, wäre die A380 mit ihrer Sitzzahl pro Sitz günstiger als die 787. Mit allem was in Dubai und im globalen Markt passiert glaube ich immer noch dass es einen Platz für dieses Flugzeug gibt. Die A330neo und die

A350 werden bei uns der nächste Schritt sein um die A380 mit Passagieren zu füttern.

Waren Sie zufrieden mit der Zuverlässigkeit der A380?

Wir haben jetzt eine technische Zuverlässigkeit von 99,5% erreicht, zum ersten Mal nach elf Jahren. Ich hätte diese Verlässlichkeit schon am Anfang gebraucht. Damals lag die Zuverlässigkeit nur bei 90%. Eine A380 flog vier bis fünf Einsätze pro Tag, aber am nächsten Tag brach das Flugzeug dann zusammen.

Wird Airbus nochmal ins Grübeln geraten über die Beendigung des A380-Programms?

Airbus wird den Tag bereuen an dem sie das Ende der A380 beschlossen haben. Wenn die globale Wirtschaft wieder im Reset-Modus ist wird die Nachfrage steigen. Die Probleme aber bleiben die gleichen, die Flughäfen wachsen nicht in der Geschwindigkeit die nötig wäre mit Passagierzuwächsen von 4% jährlich, jedes Jahr steigen 160 Millionen mehr Menschen ins Flugzeug. Die A380 war auf den großen Rennstrecken eine Klasse für sich. Künftig werden sie dann nur 250-Sitzer haben um mit der Nachfrage fertig zu werden. Das heißt die Verfügbarkeit von Sitzen wird reduziert, die Flugpreise werden steigen. In der Mitte des nächsten Jahrzehnts werden die Flugpreise sogar fühlbar steigen – weil die A380 bei uns 517 Sitze hat und die 777-9 nur noch 380 Plätze bietet.

Wann und wie werden Sie anfangen die älteren A380 auszumustern?

Zwei A380, bei denen wir definiert haben, dass das für uns am wirtschaftlichsten ist, werden 2020 ausscheiden. Die erste damals ausgelieferte A380 mit dem Kennzeichen A6-EDA wird erst 2021 oder 2022 die Flotte verlassen – wegen der finanziellen Arrangements dieser Flugzeuge, von denen einige geleast sind. Wir haben einen Plan wie wir die Zahl der A380 senken innerhalb des nächsten Jahrzehnts, da wir erkennen müssen dass sie nicht für immer fliegen können, leider, und die Wartungskosten steigen wenn sie älter werden. Wir müssen bald größere Fahrwerksüberholungen machen nach zwölf Jahren, ursprünglich sollte das schon nach zehn Jahren fällig sein. Dafür nehmen wir zeitweise Fahrwerke von Flugzeugen die wir ausmustern als Ersatz, während die anderen überholt werden. Am Ende müssen die Leasinggeber entscheiden was sie mit den Flugzeugen machen, die wir zurückgeben. Man weiß nie, vielleicht entscheiden wir, dass wir sie zurück wollen. Aber dafür legen wir den Preis fest, nicht die. Sonst stehen sie nur nutzlos am Boden, es gibt keinen Gebrauchtmarkt für die A380. Wir werden immer noch 90 oder vielleicht hundert haben am Ende des nächsten Jahrzehnts und sie bis in die frühen 2030er-Jahre fliegen.

Interview November 2022

Ihr Bestreben, Airbus dazu zu bewegen, einen Ersatz für den A380 zu entwickeln, stieß auf taube Ohren, oder?

Ich bin der Meinung, dass die A380 mit den Lösungen, die wir heute sowohl in der Konstruktion als auch im Design, in der Aerodynamik, im Antrieb und in der Anwendung von Verbundwerkstoffen haben, so weit umgebaut werden könnte, dass man eine Treibstoffersparnis von 25 Prozent erreichen könnte. Die A380 verwendet einen Antrieb, der in den 1990er Jahren und für die 1990er Jahre entwickelt wurde. Wenn es keine weitere Triebwerksentwicklung bis in die 2030er oder Anfang der 2040er Jahre geben wird, werden Flugzeuge wie die A380, A340-600 und Boeing 747 verschwinden. Wenn die Nachfrage in die Höhe schießt und es keine so großen Flugzeuge mehr gibt, wird die Kapazität sinken und die Flugpreise werden steigen. Daher halten wir so lange wie möglich an der A380 fest.

Und es scheint, dass die Nachfrage schon jetzt riesig ist...

Ja, unsere Vorausbuchungen und Erträge sind außerordentlich hoch. Wir könnten für jeden der sechs A380-Flüge, die wir täglich von Heathrow aus anbieten, eine Boeing 777 daneben stellen und sie voll auslasten. Die Nachfrage ist groß. Wenn der neue Flughafenbereich in Dubai World Central South so schnell gebaut worden wäre, wie wir es uns vor der Pandemie gewünscht hatten, dann hätten wir 200 A380 fliegen können. Das hat allen einen gehörigen Schrecken eingejagt. Ich sage immer wieder, dass sie eine neue verbesserte A380 mit all den technologischen Vorteilen bauen sollten. Ich glaube weiter daran, dass das der richtige Weg ist. Vielleicht hören sie auf mich, wenn ich schon lange weg bin.

Sir Tim im Gespräch mit dem Autor, Dubai 2019. (AS)

John Leahy. (Airbus)

Flugzeugverkäufer John Leahy

John Leahy (geboren 1950) und seit Anfang 2018 im Ruhestand, gilt als der beste Flugzeugverkäufer aller Zeiten. Leahy hat nach eigenen Angaben in seinem Berufsleben mit seinem Team über 15.000 Verkehrsflugzeuge verkauft. Die New Yorker Branchenlegende, ein früherer Fluglehrer mit fast 4000 Flugstunden, begann Anfang 1985 seine Karriere bei Airbus North America. Seine Aufgabe war es, den damals für Airbus beinahe verschlossenen US-Markt zu knacken, was Leahy auch gelang. 1994 wechselte er in die Zentrale nach Toulouse und wurde als Chief Commercial Officer der oberste Airbus-Verkäufer. Er verblieb bis Ende 2017 in dieser Rolle und überdauerte dabei fünf Airbus-CEOs und sieben Boeing-Verkaufschefs. Seinem Ehrgeiz verdankte Airbus das erstmalige Erreichen von über 50% Marktanteil ab 1999. Der Airbus A380 lag Leahy besonders am Herzen. Er verschob sogar seine für 2017 geplante Pensionierung, um persönlich den entscheidenden Folgevertrag mit Emirates über weitere A380-Bestellungen und den Fortbestand der Produktion zu sichern. Das gelang Anfang 2018, bevor es dann nach seinem Ausscheiden doch zum Ende des Programms kam, dessen letzte Flugzeuge 2021 ausgeliefert werden.

Interview August 2020

War die A380 die größte Herausforderung Ihrer Karriere?

John Leahy: Aus kommerzieller Sicht war die A380 auf jeden Fall eine große Herausforderung, vor allem weil die Airlines sich in das Design des Flugzeugs einmischten. Etwa Singapore Airlines, die damit die Lärmstandards von London-Heathrow erfüllen wollten, was wiederum extra Gewicht bedeutete. Wir haben das Flugzeug zu schwer gemacht, das war ein Fehler in der Design-Philosophie. Wir dachten wir würden bald eine gestreckte A380-900 bringen. Dabei hätten wir uns bei der Flugzeugstruktur auf das beschränken sollen, was wir zu dem Zeitpunkt brauchten. Und sie haben nochmal extra Gewicht eingebaut, weil sie einen Frachter wollten. Aber die optimalen Frachter sind gerade die, die nicht zusätzliches Gewicht mit sich herumschleppen. Da haben wir klar einen Designfehler gemacht.

Wann begannen die Probleme mit der A380?

Wir bekamen ernsthafte Schwierigkeiten, als uns die Triebwerkshersteller überrumpelt haben. Sie hatten uns versichert, dass der spezifische Spritverbrauch derjenige von Triebwerken der neuen Generation sei und dass es zehn Jahre dauern würde bis zum nächsten Quantensprung mit spürbarer Verbesserung. Wir haben das A380-Programm 2000 gestartet, aber schon drei Jahre später begann Boeing die 787 mit den GEnx-Triebwerken und den Trent 1000 von Rolls Royce, die beide einen um zehn bis 12% besseren spezifischen Spritverbrauch aufwiesen als die Motoren der A380. Können Sie sich den Erfolg der A380 vorstellen mit einem um 12% besseren Treibstoffverbrauch als sie ihn tatsächlich hatte?

Hätte das die A380 zu einem Erfolg gemacht?

Das hätte alle Arten von Problemen gelöst. Mit den langen Entwicklungszeiten für neue Antriebe mussten die Triebwerksfirmen wissen, dass sie gerade für Boeing eine neue Motorengeneration entwickelten die bald herauskommen würden. Alle unsere Ingenieure wurden überrumpelt. Deshalb sind wir auch am Anfang um die A350 herumgestolpert, weil wir nicht wussten, dass sie eine 787 anbieten können mit einer um zehn, zwölf oder sogar 15% höheren Treibstoffeffizienz und einer neuen Triebwerksfamilie. Und all das wurde auch noch angekündigt bevor wir überhaupt die Flugtests mit der A380 begonnen hatten

Haben Sie das später gegenüber den Triebwerksherstellern angesprochen?

Ja, aber die haben Ausflüchte gesucht. Die Leute da haben gesagt: »Also ich war daran nicht beteiligt, wir dachten dass Boeing den Sonic Cruiser macht mit einem anderen Triebwerk, als sie sich entschieden stattdessen mit der 787 auf Unterschallflüge zu setzen gab es auf einmal diese neue Triebwerksserie.« Die hatten sie tatsächlich, und nicht nur GE, sondern auch Rolls-Royce. Also hatten beide Wettbewerber, auf beiden Seiten des Atlantiks, etwas in der Hinterhand das zehn, zwölf oder 15% höhere Treibstoffeffizienz aufwies als die A380. Das hätte alles verändert, hätten wir einfach zwei oder drei Jahre gewartet und dann diese Motoren an die A380 gehängt. Wenn wir besser aus den Triebwerksherstellern herausgepresst hätten was sie in Sachen Technologie in der Hinterhand hatten, das verfügbar gewesen wäre. Am Anfang haben wir gesagt dass das Flugzeug ab 2005 ausgeliefert werden würde, das war vielleicht auch unrealistisch.

Bis zu welchem Zeitpunkt dachten Sie als Verkäufer, dass eine kommerziell erfolgreiche A380 noch möglich gewesen wäre?

Ich glaube dass das am Anfang möglich war, also etwa 1999/2000. Darum habe ich mit den Airlines gearbeitet um das Programm zu starten und ich habe positive Rückmeldungen bekommen, die mochten das Flugzeug. Die wussten, die Boeing 747 war alt und eine neue Generation würde kommen und sie wollten dabei sein. Also ja, am Anfang dachten wir wirklich, wir hätten die richtige Formel. Als die Boeing 787 herauskam mit Triebwerken mit jenem spezifischen niedrigen Treibstoffverbrauch den sie hatten, begann ich mir Sorgen zu machen. Und ich machte mir auch Sorgen als sie die Boeing 747-8 herausbrachten. Hätten wir diese Motoren für die A380 zu diesem Zeitpunkt gehabt, dann weiß ich das hätte uns vor den großen Zweistrahlern geschützt. Aber sogar mit dem Nachteil bei der Triebwerkstechnologie konnten die Twins nicht konkurrieren, wenn die A380 zu 85 oder 95% besetzt war. Aber das ist eine sehr kleine Gewinnspanne für ein großes Flugzeug, das schwierig zu füllen ist. Hätten wir diesen besseren Treibstoffverbrauch gehabt, dann hätte die A380 auch mit einer Auslastung von 65 oder 70% sehr erfolgreich sein können.

Aber dieses Defizit, zusammen mit der verspäteten Einführung dann genau zum Beginn der Finanzkrise 2008, ergab einen extrem ungünstigen Start oder?

Ja, es war der perfekte Sturm. Hätten wir die A380 wie angekündigt 2005 im Dienst gehabt oder wäre sie 2007 zumindest mit besserer Treibstoffeffizienz ausgeliefert worden mit neuer Triebwerksgeneration, wäre das vor der Finanzkrise gewesen. Dann hätte die Bildung der Flotten schon in Schwung gewesen und die A380 wäre besser in Gang gekommen. Aber wie die Dinge liefen, mussten die Airlines ausgerechnet während der Finanzkrise ihre Flotten erweitern, als der Geschäftsreiseverkehr stagnierte, was der Branche schadete. Die Finanzierung war ohnehin schon schwierig genug, und das Auftauchen des brandneuen größten Verkehrsflugzeugs der Welt machte es dann noch schwieriger. Ja, diese zwei oder drei zusätzlichen Jahre an Verspätung des Programms allein erwiesen sich als tödlich. Die mangelnde Wettbewerbsfähigkeit beim Treibstoffverbrauch war auch Teil des perfekten Sturms. Und dann natürlich wurde das Projekt als nächstes von hohen Treibstoffpreisen getroffen, das war sogar sehr, sehr tödlich. Das kam alles zur gleichen Zeit hoch.

Wann begann Ihr Glaube an die A380 ernsthaft zu bröckeln?

Das war vermutlich erst einige Jahre nach dem Beginn der Liniendienste. Die A380 hätte von Anfang an die gestreckte A380-900 sein sollen, dann wären die Dinge viel besser gewesen. Als wir 2006 merkten, dass wir das Flugzeug nicht pünktlich fertigbekommen war auch klar, dass wir den Frachter nicht würden bauen können, wir hatten einfach zu viel auf einmal zu bewältigen und mussten ihn streichen. Trotz der Verzögerung und ihrem Recht, ihre Bestellungen zu stornieren, blieben alle Airlines an Bord, ob wohl einige wirklich sauer auf uns waren. Damals habe ich gedacht wir haben etwas, das die Airlines wirklich wollen. Als wir dann ab 2007 endlich die A380 ausliefern konnten wurde offensichtlich, dass wir Qualitätsprobleme hatten. Aber insgesamt dachte ich damals noch, wir könnten das Programm zum Erfolg führen.

War es im Rückblick ein Fehler von Airbus, die A380 zu bauen?

Der Fehler war, dass sie es nicht richtig hingekriegt haben. Es war nicht der Fehler zu sagen, ihr habt das Hub and Spoke-Zeitalter verpasst weil jetzt alle Punkt-zu-Punkt fliegen wollen. Das ist absolut falsch. Fehler Nummer eins war es, die falschen Triebwerke zu haben und damit einen 12% höheren Spritverbrauch. Fehler Nummer zwei war, das jeder im Hinterkopf hatte dass die A380-900 wenige Jahre nach der A380-800 herauskommen würde. Deshalb hatten wir ein Flugzeugdesign das für die A380-800 zu schwer sein würde, damit die -900 dann das Optimum sein könnte. Fehler Nummer drei war dass es zwischen den Designteams in Deutschland und Frankreich zu soviel Konfusion kam. Das trieb die Produktionskosten hoch und verringerte die Zuverlässigkeit bei den Airlines. Wenn Sie fragen, mit allem was wir jetzt wissen, hätten wir die A380 bauen sollen so wie sie ist? Natürlich nicht. Hätten wir all die Fehler vermieden die ich genannt habe, hätten wir ein absolutes Gewinner-Flugzeug gehabt. Es wäre 15% besser gewesen als eine A350 und vielleicht sogar 20% besser als die 787. Und wir hätten viel weniger Punkt-zu-Punkt-Flüge, weil die Leute einen wirtschaftlichen Anreiz gehabt hätten auf Drehkreuzen umzusteigen.

Hat die A380-Saga Airbus zu einem besseren Unternehmen gemacht?

Ja, die A380 und all das Fiasko um sie herum hat die A350 definitiv zum besten Flugzeugprogramm gemacht das wir je hatten. Die störungsfreieste Einführung die wir je hatten und die bestlaufende Produktion. Weil wir die kleinen Königreiche in Hamburg, Toulouse, Nantes und München losgeworden sind, die es unmöglich gemacht hatten ein Flugzeugprogramm zu optimieren. Für diesen Erziehungseffekt allerdings 25 Milliarden Euro oder mehr für die A380 auszugeben erscheint mir doch als eine sehr ineffiziente Methode.

Jürgen Thomas bei der ersten Auslieferung der A380 2007. (AS)

Jürgen Thomas, der »Vater der A380«

Jürgen Thomas (geboren 1935) startete 1962 seine Karriere in der Luftfahrtindustrie 1962 bei den Heinkel-Werken und wechselte 1964 zu den Vereinigten Flugtechnischen Werken (VFW) nach Bremen. Ab 1976 arbeitete er bei Airbus in Toulouse und zeitweise Hamburg, zunächst als Chefingenieur für die A310, später leitete er die Programme A300/A310 sowie A330/A340. Im März 1996 übernahm er die Verantwortung für das A3XX-Programm, aus dem dann die A380 wurde. Thomas ging 2001 in den Ruhestand.

Interview August 2020

Wie oft sind Sie eigentlich selbst in der A380 geflogen?

Jürgen Thomas: Gar nicht so oft, vielleicht fünf oder sechs Mal, aber hauptsächlich bei der Flugerprobung und ein paar Mal bei Demonstrationsflügen für die Presse, um die Passagiere zu unterhalten. Und einmal auf einem Linienflug mit der Lufthansa. Passagiere und Crews lieben die A380 bis heute, das ist ein Zeichen dafür, dass wir vieles richtig gemacht haben. Ich genieße es, wenn mich viele Leute drauf ansprechen und so begeistert sind.

Was geht Ihnen heute durch den Kopf, wenn sie all die abgestellten, abgeklebten A380 in der Wüste sehen?

Das tut einerseits weh, wenn man den Flieger entwickelt hat, und zwar nicht als Einzelstück gedacht, sondern als eine neue Familie. Und ich frage mich, ob man alles getan hat, um das zu vermeiden. Für mich als Entwickler, der das Flugzeug bis zu seinem Start in den Markt begleitet hat, ist das kein Vergnügen so was sehen.

Wie fühlt es sich für Sie an, »Vater der A380« genannt zu werden?

Das habe ja nicht ich, sondern glaube ich französische Journalisten erfunden und das ist natürlich Unsinn. Es gibt immer viele Väter, sowohl im Management und bei den Mitarbeitern, aber keinen einzelnen Vater. Aber ich hatte das Glück einem Team vorzustehen, in dem alle an einem Strang gezogen haben. Die A380 war die größte Herausforderung seit der Concorde, weil wir auch viele Innovationen in der A380 hatten, die einmalig waren.

Kannten Sie Joe Sutter, den »Vater der Boeing 747«?

Ja, wir haben uns getroffen und er hat mir auch sein Buch über die 747 mit einer netten persönlichen Widmung geschickt. Ich bin natürlich ein Riesenbewunderer von so einem Mann, der noch ganz andere Dinge geschafft hat als nur das Flugzeug. Er hat in Gummistiefeln das Boeing-Werk in Everett aus dem Boden gestampft und nie aufgegeben. Und Pratt & Whitney gezeigt wo es langgeht als am Anfang die Triebwerke häufig ausfielen. Ein fantastischer Mann der Luftfahrtgeschichte. Er hatte ja viel mehr Macht im Boeing-Konzern als ich sie je hatte. Er war der Repräsentant einer Firma, ich dagegen quasi von vier Firmen, wobei da nicht immer alle am gleichen Strang gezogen haben. Meine Aufgabe das zu managen war vielleicht ein bisschen schwieriger, aber Joe Sutters Aufgabe war viel umfassender. Für uns war die Boeing 747-400 das Vorbild, das wir übertreffen mussten, wir hatten also ein konkretes Flugzeug als Maßstab, das hatte Sutter zu seiner Zeit nicht.

War denn Ihre Hoffnung, dass die A380 auf viele Jahre eine ähnlich dominante Rolle am Markt einnehmen würde wie zuvor die 747?

Das war ganz eindeutig so. Als wir die Entwicklung starteten hatte die Boeing ja bereits über tausend Stück verkauft in einem Markt, der über Jahrzehnte seit

1969 ein kleinerer Markt war als der Markt, in den wir hineingehen wollten. Wir wollten den Fehler vermeiden, den wir in der Vergangenheit etwa bei der A310 und der A340 gemacht hatten, nämlich Flugzeuge herauszubringen, die nicht oder nur unter großen Schwierigkeiten weiterzuentwickeln waren. Deswegen haben wir der A3XX einen großen Flügel und ein Fahrwerk mit 20 Rädern gegeben, die mehr Abfluggewicht vertragen hätten, mehr Kraftstoffvolumen für mehr Reichweite. Es war eigentlich alles eingebaut was die Zukunft dieses Flugzeugs sichern sollte. Auch als Frachter, dafür haben wir sogar Effizienzeinbußen hingenommen. Etwa mit einem Hauptdeck das höher war als normal, damit die Frachtcontainer hineingepasst hätten. Das war wichtig sowohl für die Fracht-Version als auch für die spätere Umrüstung älterer Passagierflugzeuge zu Frachtern. Auch um einen höheren Wert für ältere Flugzeuge garantieren zu können, wenn man sie noch auf diese Weise nutzen kann.

Fühlen Sie sich wie etwa Ex Airbus-Verkaufschef John Leahy von den Triebwerksherstellern getäuscht, die ja bald schon effizientere Antriebe hatten?

Nein, zu der Zeit als wir in den späten 1990er-Jahren die Triebwerke entwickelt haben konnten wir nichts Besseres bekommen. Ich glaube auch nicht wie John dass wir noch ein paar Jahre mit der A380 hätten warten sollen, bis wir ähnlich effiziente Triebwerke wie bei den neuen Zweistrahlern gehabt hätten. Ich glaube eher, dass die A380 zu spät kam. Das ganz große Geschäft für die ganz großen Flugzeuge war vorher. British Airways zum Beispiel hat uns damals dafür kritisiert, dass wir zu spät dran seien. Es hat den Airlines überhaupt nicht gefallen, dass das Programm mehrfach verschoben werden musste, die wollten das Flugzeug sofort haben.

Hat Airbus die A380 zu schnell aufgegeben?

Ich habe öfters mit Airbus-Konzernchef Tom Enders darüber gesprochen und er hat gesagt, sie haben alles versucht. Auf die Bedingung von Emirates, die Produktion über einen bestimmten Zeitraum aufrecht zu erhalten, konnte Airbus nicht eingehen. In jedem Programm gibt es mal Durststrecken. Aber natürlich hätte ich mir bei meiner Vergangenheit gewünscht, dass Airbus das länger durchgestanden hätte und dass einige Airlines gemeinsam mit Airbus versucht hätten, die nächste Version zu definieren, so wie es bei Boeing mit der 747-400 der Fall war. Ich weiß nicht, ob vor der Entscheidung zum Beenden des Programms wirklich alle Möglichkeiten ausgeschöpft wurden.

Jürgen Thomas mit dem damaligen Airbus-Chef Gustav Humbert. (AS)

Bei der Engine Alliance verstehe ich das, aber wenn Rolls Royce keine neuen Triebwerke entwickeln wollte, hätte das nicht das letzte Wort sein dürfen. Wenn man zur Vordertür rausgeht muss man eben durch die Hintertür wieder reingehen. Es waren bei Airbus Leute in diese Entscheidung involviert, die nicht Teil des ursprünglichen Design-Prozesses waren und daher nicht wussten, was man mit dem Flugzeug alles hätte machen können. Die hatten diese Idee nicht verinnerlicht, die wir erstmals bei Airbus verfolgt haben, ein Flugzeugkonzept auf lange Zeit so auszulegen dass ihm nichts verbaut ist, mit dem man alles machen kann.

Schmerzt es Sie, dass einem Projekt das so auf Langfristigkeit angelegt war, tatsächlich nur ein kurzes Leben vergönnt war?

Seit dem Erstflug sind 15 Jahre vergangen und es sind über 240 Flugzeuge ausgeliefert worden, so katastrophal würde ich das nicht einschätzen. Ich vergleiche das immer mit der Concorde – auch wenn nur 15 im Liniendienst standen, bedeutete sie einen riesigen technologischen Fortschritt. Wir haben alle daraus gelernt, sie war das erste Fly by Wire-Flugzeug. Man darf nicht alles nur am kommerziellen Erfolg messen sondern muss auch die vielen Innovationen berücksichtigen, die damit verbunden waren und auf andere Flugzeuge übertragen wurden.

Nico Buchholz, ehemaliger Lufthansa-Flotteneinkäufer

Der Hamburger Nico Buchholz, Jahrgang 1961, war bis 2015 mehr als ein Jahrzehnt oberster Flotteneinkäufer im Lufthansa-Konzern, vorher viele Jahre im Airbus-Produktmarketing, danach bei Bombardier und Delta Air Lines tätig. In seine Amtszeit bei Lufthansa fällt die Beschaffung der A380. Er war es auch, der gemeinsam mit dem legendären Joe Sutter bei Boeing die Spezifikationen für die 747-8 entwickelte, für die Lufthansa größter Kunde war.

Nico Buchholz (rechts) im Gespräch mit John Leahy auf dem Ablieferungsflug der ersten A380 für Lufthansa 2010. (AS)

allerdings 2007 erstmals verspätet ausgeliefert wurde hatte die Entwicklung der großen Zweistrahler schon begonnen. Da war schon zu ahnen, dass es durchaus Konkurrenten geben könnte, aber keiner hat sie zu dem Zeitpunkt wirklich sehr ernst genommen. Mein Team und ich haben seit 2010 begonnen, auf kleineres Fluggerät mit niedrigeren Stückkosten zu setzen. Bei der 787 war die Triebwerkstechnologie dann ja auch schon wesentlich weiter als bei den A380-Motoren, die eigentlich das Beste am Markt sein sollten. Die Triebwerkstechnologie war sicher der entscheidende Grund dafür, warum die A380 und die 747-8 jetzt auf dem absteigenden Ast sind.

Interview August 2020

Waren Sie überrascht vom schnellen Ende vieler Riesen in der aktuellen Krise?

Nico Buchholz: Überrascht nicht, und es ist auch aus Passagiersicht schade, denn es sind beides schöne Flugzeuge. Aber aus wirtschaftlicher Sicht war schon vor zehn Jahren absehbar, dass große, effiziente Zweistrahler die Stückkosten der Riesen erreichen oder sogar günstiger sein würden. Zusätzlich sind die Boeing 787 und die A350 gerade in Krisenzeiten flexibler einsetzbar.

Sie haben aber vor weniger als zehn Jahren für Lufthansa noch weitere A380 bestellt. War das weise?

Die Bestellungen für großes Fluggerät gingen vor zehn Jahren radikal zurück. Damals haben wir nur unsere Verpflichtungen noch erfüllt, Lufthansa hatte noch offene Bestellungen für A380 und 747-8. In 2013 hat Lufthansa ihre Verpflichtung zur A380 um drei Flugzeuge reduziert, von vorher 17 auf die jetzt bestehenden 14. Das war der erste Schritt der damals von meinem Team und mir gemacht wurde. Bei der 747-8 haben wir ungefähr die gleichen Stückkosten wie bei der A380 gesehen, aber mit gut hundert Sitzen weniger Risiko bei den Tripkosten, das hat dieses Flugzeug durchaus attraktiv gemacht. Aber auch dort war sichtbar: Da kommt das Ende. Auch unsere 747-8-Bestellung konnten wir von 20 um ein Flugzeug auf 19 reduzieren, weil wir damals erkannten, dass es in Zukunft vielleicht besseres Fluggerät gibt. Aber als Lufthansa 2001 ihre ersten zehn A380 bestellt hat, war nicht absehbar, dass die 787, A350 und 777X so schnell kommen würden. Damals war auch die 747-8 noch nicht absehbar, weil dafür die Triebwerkstechnologie fehlte. Die Stückkosten einer A380 waren knappe 14% besser als bei einer 747-400.

Die A380 wurde also für ganz andere Bedingungen konzipiert?

Ja, die gesamte Entwicklung und die wesentlichen Bestellungen für die A380 liefen bereits vor 2000 oder kurz danach. In der Entwicklungszeit der A380 war die Technologie einfach noch nicht so weit, vor allem nicht bei der Zuverlässigkeit und Schubstärke der Triebwerke. Da war die A380 damals die richtige Entwicklung, um so viele Menschen wirtschaftlich, bequem und umweltfreundlich auf große Distanzen zu transportieren. Bis sie

Trotzdem wollte Lufthansa noch vor wenigen Jahren viel mehr A380-Maschinen bestellen, bis zu 25 insgesamt hätten es werden können.

Es ging immer nach der Devise: Größer ist besser. Das war auch in den Rentabilitätssteuerungen des Yield-Managements so hinterlegt. Das wurde aber durch neue effiziente Twins mehr oder weniger aufgehoben, nicht nur bei der 787/A350, sondern auch bei der A220. Aber das in der Buchungssteuerung zu ersetzen und richtig zu rechnen, war eine Lernphase. Dafür brauchen sie neue Algorithmen, die gab es damals noch nicht.

Hatte Lufthansa vor der Corona-Krise mit 14 A380 und 19 Boeing 747-8 schon zu viele Riesen?

Die Anzahl war vielleicht etwas grenzwertig, zu viel würde ich nicht sagen. Wenn sie bei der A380 vielleicht bei zehn und bei der 747-8 bei 15 gelandet wären, hätte es wohl auch gereicht. Man muss das natürlich immer in der Gesamtkonstellation der Flotte sehen. Zu viel kann man eher sagen in Kombination mit den 24 A340-600.

Wie steht die 747-8 da heute im Vergleich zur A380?

Sie hat die günstigeren Tripkosten und wird daher länger fliegen als die A380. Aber deswegen hat sie keine große Zukunft mehr vor sich und wird nicht das biblische Alter von 30 oder 35 Jahren erreichen wie viele 747-200 und -400. Am längsten werden die Passagierversionen der 747-8 bei Lufthansa fliegen und die A380 bei Emirates. 2030 müssen Sie sich wahrscheinlich zwischen diesen beiden Airlines entscheiden, wenn sie vierstrahlig fliegen wollen.

Autor Andreas Spaeth im A380-Cockpitsimulator, in der Emirates-Dusche und beim Rutschen vom Oberdeck. (AS)

Der Autor

Andreas Spaeth *(Jahrgang 1966) interessiert sich seit Kindheitstagen für die Luftfahrt und für das Schreiben/Fotografieren. Seit seiner Studienzeit betätigt er sich als Journalist mit Schwerpunkt Luftverkehr. Nach dem Abschluss von Hochschulstudium und der Ausbildung an der Deutschen Journalistenschule (DJS) in München arbeitet er als Freier Journalist für vielfältige internationale Medien im deutsch- und englischsprachigen Bereich, betätigt sich als Buchautor und ist bei aktuellen Anlässen ein gefragter Gesprächspartner in aktuellen Fernsehsendungen und Talkshows sowie im Radio und auch in Filmdokumentationen und Podcasts. Spaeth hat das zum Teil vor seiner Haustür in Hamburg produzierte A380-Programm seit den allersten Planungen verfolgt und war bei vielen Meilensteinen persönlich dabei – so etwa an Bord des ersten A380-Linienflugs 2007 von Singapur nach Sydney. Er war der erste Mensch, der je in einem fliegenden kommerziellen Passagierflugzeug geduscht hat – auf dem Auslieferungsflug der ersten Emirates-A380 von Finkenwerder nach Dubai 2008. Im Motorbuch-Verlag hat Spaeth das Buch »Überschall-Passagierflugzeuge – Geschichte und Zukunft« publiziert.*

www.andreas-spaeth.net ***Twitter @SpaethFlies***

A380-Zeitleiste

September 1992
Airbus und Boeing beginnen Gespräche in einer gemeinsamer Arbeitsgruppe zur Evaluierung eines Konzepts und möglicher Zusammenarbeit bei einem Very Large Commercial Transport (VLCT) genannten Großflugzeug-Projekt.

April 1995
Verhandlungen über ein VLCT der Airbus-Partnerfirmen mit Boeing scheitern.

Februar 1996
Die Airbus-Partnerfirmen treffen sich mit den zuständigen Ministern aus Deutschland, Frankreich und Spanien (als EADS in Gründung) sowie Großbritannien um das Projekt eines europäischen Großraumflugzeugs voranzutreiben.

April 1996
Airbus gründet die Large Aircraft Division unter Leitung von Jürgen Thomas zur Entwicklung des nun allein verfolgten Projekts A3XX.

1. August 1997
Airbus nimmt fünf Standorte in die engere Wahl für die A3XX-Endmontage: Sevilla, St. Nazaire, Toulouse, Rostock und Hamburg.

1. September 1999
EASA und FAA einigen sich über einem Jahr Planung auf einen Fahrplan für die Zulassung der A3XX nach.

Dezember 1999
Die Airbus-Partner aus Deutschland, Frankreich und Spanien (gemeinsam als EADS in Gründung) sowie Großbritannien geben ihre Zustimmung für den Bau der A3XX.

April 2000
Emirates bestätigt ihr Interesse an der A3XX.

23. Juni 2000
Airbus erhält von den Anteilseignern die Genehmigung, potenziellen A3XX-Erstkunden verbindliche Spezifikationen für den »europäischen Megaliner« vorzulegen. Die Endmontage wird zwischen Hamburg und Toulouse aufgeteilt.

24. Juli 2000
Emirates macht als erste Airline eine Kaufzusage über fünf A3XX plus fünf Optionen plus zwei Frachter, auch Air France verpflichtet sich zum Kauf von zehn A3XX.

29. September 2000
Singapore Airlines macht eine Kaufzusage über zehn A3XX.

29. November 2000
Qantas macht eine Kaufzusage über zwölf A3XX.

15. Dezember 2000
Virgin Atlantic kündigt Kauf von sechs A380 an.

Eine Qantas A380 auf dem Flughafen Dresden, nach erfolgter Kabinenumrüstung vor der Überführung nonstop nach Sydney. (Sven-Hendrik Katzé)

19. Dezember 2000
Das Board of Directors der Airbus-Mutter EADS beschließt den Programmstart für die A3XX, die jetzt A380 heißt. Das Budget beträgt zehn Milliarden Euro. Bis jetzt sind bereits über 600 Millionen Euro investiert worden. Es liegen 50 Bestellungen sieben namhafter Airlines vor.

16. Januar 2001
FedEx ordert zehn A380-Frachter.

Februar 2001
Die Erweiterung des Werks Hamburg-Finkenwerder beginnt.

27. Februar 2001
Qatar Airways bestellt zwei A380.

Juli 2001
Airbus wird ein eigenständiges Unternehmen, Sitz der Airbus S.A.S. ist Toulouse.

4. November 2001
Emirates bestellt insgesamt weitere 15 A380.

20. Dezember 2001
Lufthansa bestellt 15 A380.

23. Januar 2002
Die A380-Fertigung beginnt, im Werk Nantes entstehen erste Metallkomponenten.

14. März 2002
Produktionsstart in Deutschland, in Bremen werden die ersten Aluminium-Bauteile für die A380 gefertigt.

16. Juli 2002
In Toulouse weiht der französische Staatspräsident Jacques Chirac die Hallen für die A380-Endmontage ein.

23. August 2002
In Filton in Großbritannien beginnt die Fertigung der A380-Tragflächen.

10. Januar 2003
Malaysia Airlines bestellt sechs A380.

31. Januar 2003
In Broughton/Wales werden die Fertigungshallen für A380-Tragflächen eröffnet.

14. Februar 2003
In Spanien beginnt die Produktion, in Illescas werden die erste je aus Kohlefaser-Verbundwerkstoff gefertigten Rumpfsegmente für ein Großraumflugzeug hergestellt.

21. Mai 2003
Die auf dem eigens zugeschütteten Mühlenberger Loch in der Elbe errichteten neuen A380-Montagehallen in Hamburg-Finkenwerder werden durch Bundeskanzler Gerhard Schröder offiziell eingeweiht.

16. Juni 2003
Emirates bestellt weitere 23 A380, nun insgesamt 43.

18. Juni 2003
Korean Air bestellt fünf A380.

Januar 2004
Das Werk Hamburg liefert die ersten Rumpfsektionen zur Endmontage nach Toulouse.

März 2004
Das Werk Broughton liefert das erste Paar Tragflächen aus.

Mai 2004
Der Betrieb der A380-Endmontagelinie in Toulouse beginnt.

20. Juli 2004
Etihad bestellt vier A380.

Juli 2004
Die erste endmontierte A380 (MSN 001) absolviert ihren ersten kompletten Elektrik-Test.

27. August 2004
Thai Airways bestellt sechs A380.

September 2004
Der erste Hydrauliktest für MSN 001.

3. Dezember 2004
Das zweite A380-Triebwerk GP7200 der Engine Alliance aus GE und Pratt & Whitney geht in den Flugversuch.

Dezember 2004
Die EADS gibt bekannt dass die Entwicklungskosten der A380 um 1,5 auf jetzt über zwölf Milliarden Euro steigen.

11. Januar 2005
UPS gibt eine Kaufzusage für zehn A380-Frachter plus Optionen.

18. Januar 2005
Feierlicher Reveal – Vorstellung des A380-Prototypen in Toulouse in Anwesenheit der Regierungschefs aller beteiligten europäischen Länder.

28. Januar 2005
China Southern Airlines bestellt fünf A380 – es sollte die erste und letzte Order aus China bleiben.

12. April 2005
Produktionsstart für den ersten A380-Frachter in Nantes. Er wird nie fertiggestellt.

27. April 2005
Erstflug der A380 in Toulouse, die knapp vierstündige Mission ist erfolgreich.

13. Mai 2005
Airbus gibt bekannt dass Erstbetreiber Singapore Airlines ihre erste A380 mit vermutlich einem halben Jahr Verspätung bekommt.

15. Juni 2005
Kingfisher Airlines aus Indien bestellt fünf A380, wegen Pleite der Gesellschaft werden sie nie geliefert.

Juli 2005
In Istres finden Flattertests und der VMU-Test zur Ermittlung der geringstmöglichen Abhebegeschwindigkeit statt.

27. August 2005
Überflug des A380-Prototyps aus Toulouse über das Werk Finkenwerder. Die Stadt Hamburg mobilisiert über 100.000 Schaulustige.

Oktober 2005
In Istres finden Wassertests zum Verhalten der A380 auf nasser Bahn und mit Aquaplaning statt.

18. Oktober 2005
Erstflug des zweiten A380-Prototyps MSN 004.

29. Oktober 2005
Erste Landung einer A380 (MSN 004) in Frankfurt, erster Besuch einer A380 auf einem großen internationalen Drehkreuz.

8. November 2005
Erste Landung einer zur Lackierung aus Toulouse kommenden A380 in Hamburg-Finkenwerder vor tausenden Zuschauern.

18. November 2005
Ende der ersten interkontinentalen Testflüge bis nach Australien.

Januar 2006
Höhentests in Medellin, Kolumbien; Klimatests in Guadeloupe, Karibik.

8. Februar 2006
Kältetests in Iqaluit, Kanada beginnen.

10. März 2006
Die ersten tausend Flugstunden im Testprogramm sind absolviert.

26. März 2006
Der Evakuierungstest in Hamburg-Finkenwerder verläuft erfolgreich, alle 853 Passagiere und 20 Besatzungsmitglieder schaffen es in nur 78 Sekunden aus der A380.

Mai 2006
Emirates wandelt ihre Bestellung von zwei Frachtern in die Passagierversion um.

13. Juni 2006
Airbus kündigt aufgrund von Verkabelungsproblemen weitere Verzögerungen der A380-Auslieferung bekannt, die EADS-Aktie fällt um 26%.

2. Juli 2006
EADS-Chef Noel Forgeard und sein Nachfolger als Airbus-Chef, Gustav Humbert, treten wegen der Probleme zurück. Christian Streiff übernimmt die Führung bei Airbus.

4. September 2006
Early Long Flights (ELF) beginnen. Innerhalb einer Woche fliegt MSN 002 Rundflüge mit Passagieren ab Toulouse mit insgesamt sieben, zehn, zwölf und 15 Stunden Dauer.

3. Oktober 2006
Airbus gibt den weiteren Aufschub der A380 Auslieferungen um ein Jahr bekannt, damit liegt die Erstauslieferung zwei Jahre hinter Plan.

Auslieferung der ersten A380 an Korean Air in Toulouse im Mai 2011. (Airbus)

9. Oktober 2006
Christian Streiff tritt zurück und wird ersetzt von Louis Gallois, vorher Co-Chef bei EADS.

26. Oktober 2006
Virgin Atlantic verschiebt die Auslieferung ihrer A380 um vier Jahre auf 2013. Sie werden schließlich nie ausgeliefert.

7. November 2006
FedEx storniert die Bestellung über zehn A380-Frachter im Wert von 2,5 Milliarden Euro.

13. November 2006
Das technische Route Proving beginnt mit einem Flug von MSN 002 von Toulouse nach Singapur.

30. November 2006
Ende des technischen Route Proving mit dem Rückflug von Vancouver über den Nordpol nach Toulouse. Insgesamt 127.768 Kilometer in 18 Tagen mit 152 Flugstunden hat MSN 002 dabei zurückgelegt und auch den Südpol überflogen..

12. Dezember 2006
Die A380 mit Trent 900-Triebwerken erhält ihre Musterzulassung, gleichzeitig von EASA und FAA.

17. Januar 2007
Airbus erwartet bis 2010 nun 4,8 Milliarden Euro Verlust aus dem A380-Programm und setzt die Gewinnschwelle von 250 auf 450 verkaufte Flugzeuge herauf.

01. März 2007
UPS erklärt ihre Bestellung über zehn A380F zu stornieren, darauf verkündet Airbus den A380-Frachter nicht zu bauen.

Die erste Lufthansa-A380 D-AIMA (ausgeliefert 2010) beim Start in Los Angeles. (Sebastian Thoma)

28. März 2007
Das Route Proving ist nach 65 Flugstunden über 60.000 Kilometer abgeschlossen. Insgesamt 3750 Mitarbeiter und Gäste flogen mit MSN 004 von Frankfurt aus nach New York, Chicago, Hongkong, Vancouver und München.

7. Mai 2007
Emirates bestellt vier weitere A380, nun insgesamt 47.

Juli 2007
Airbus verkündet dass EADS-Co-Chef Tom Enders ab August als Airbus CEO agiert.

13. September 2007
Singapore Airlines erlöst rund eine Million Euro für wohltätige Zwecke mit der Versteigerung der Plätze auf dem ersten Linienflug der A380. Die Passagiere zahlen zwischen 267 und 73.000 Euro für ihre Plätze.

27. September 2007
British Airways erklärt ihre Absicht zum Kauf zwölf A380.

15. Oktober 2007
Erste A380-Auslieferung überhaupt an Singapore Airlines in Toulouse.

25. Oktober 2007
Weltweit erster A380-Linienflug mit Singapore Airlines von Singapur nach Sydney.

12. November 2007
Der saudische Prinz Alwaleed bin Talal bestellt den Prototypen MSN 002 als A380 Flying Palace. Die Order kommt nie zustande.

November 2007
Emirates bestellt weitere elf A380, nun insgesamt 58.

14. Dezember 2007
Die A380 mit GP7270-Triebwerken der Engine Alliance erhält ihre Musterzulassung.

13. Mai 2008
Airbus gibt die vierte Verspätung des A380-Programms bekannt, das Hochfahren der Produktion dauere länger als geplant.

Juli 2008
Etihad bestellt zehn A380.

28. Juli 2008
Erste A380-Auslieferung an Emirates aus Hamburg.

1. August 2008
Ein Emirates-A380 landet als erster A380-Linienflug auf amerikanischem Boden, am Flughafen New York-JFK.

4. August 2008
Ein Flug von Singapur nach London wird zum tausendsten A380-Flug von Singapore Airlines.

10. August 2008
Eine Emirates A380 landet unplanmäßig erstmals auf dem Münchner Flughafen, um ein schwer erkranktes Kind ins Krankenhaus zu bringen.

19. September 2008
Erste A380-Auslieferung an Qantas aus Toulouse.

30. Oktober 2009
Erste A380-Auslieferung an Air France aus Hamburg.

9. September 2009
British Airways verschiebt ihre erste A380-Auslieferung erneut, jetzt auf 2013.

17. November 2009
Air Austral (beheimatet im französischen Übersee-Département La Réunion im Indischen Ozean) bestellt zwei A380, die jeweils insgesamt 840 Passagiere fassen sollen. Zur Auslieferung kommt es nie..

18. Februar 2010
Air France bringt als erste Airline auf dem Flug nach Johannesburg eine A380 nach Afrika.

28. März 2010
Singapore Airlines startet zum A380-Erstflug ab Zürich.

19. Mai 2010
Erste A380-Auslieferung an Lufthansa aus Hamburg.

8. Juni 2010
Emirates bestellt auf der ILA-Luftfahrtschau in Berlin 32 weitere A380.

24. September 2010
Zum hundertsten Flughafen-Geburtstags setzt Emirates einmalig eine A380 auf dem Linienflug in die Stadt Hamburg ein.

4. November 2010
Auf dem Flug von Singapur nach Sydney kommt es auf Flug QF32 zu einer Triebwerksexplosion, das Flugzeug wird schwer beschädigt und kann notlanden, niemand kommt zu Schaden.

8. November 2010
Die japanische Fluggesellschaft Skymark bestellt zunächst vier und später sechs A380. Durch die Pleite der Airline wird nie eine davon geliefert..

6. Januar 2011
Die Fluggesellschaft Asiana bestellt sechs A380.

24. Mai 2011
Erste A380-Auslieferung an Korean Air aus Toulouse.

23. Juni 2011
Hong Kong Airlines bestellt zehn A380, die Order wird nicht umgesetzt.

14. Oktober 2011
Erste A380-Auslieferung an China Southern Airlines aus Toulouse.

28. Oktober 2011
Transaero Airlines aus Russland bestellt vier A380, die Order wird wegen der Pleite der Airline nie vollzogen.

5. Januar 2012
Erste Berichte über Haarrisse in der Struktur der Tragflächen tauchen auf.

17. Januar 2012
Singapore Airlines stellt die Strecke Singapur-Frankfurt-New York auf die A380 um.

25. April 2012
Die A380-Produktion wird von 2,7 auf 2,3 pro Monat gedrosselt.

29. Mai 2012
Erste A380-Auslieferung an Malaysia Airlines aus Toulouse.

21. Juni 2012
Die russische Fluggesellschaft Transaero schließt einen Kaufvertrag über vier A380. Durch Pleite der Gesellschaft kommt es nie zur Auslieferung.

27. September 2012
Erste A380-Auslieferung an Thai Airways aus Toulouse.

14. März 2013
Die hundertste A380 wird ausgeliefert, Empfänger ist Malaysia Airlines.

4. Juli 2013
Erste A380-Auslieferung an British Airways aus Toulouse.

16. Juni 2013
Der erste neue A380-Kunde seit fünf Jahren scheint gefunden. Die deutsche Leasingfirma Doric Asset Management ordert 20 Flugzeuge. Zur Auslieferung kommt es nie.

17. November 2013
Emirates bestellt weitere 50 A380.

17. September 2014
Erste A380-Auslieferung an Qatar Airways aus Hamburg.

10. Dezember 2014
Airbus-Finanzvorstand Harald Wilhelm erwähnt beiläufig, die A380-Produktion könnte eingestellt werden. Die Aufregung in Branche, Politik und Finanzwelt ist groß.

16. Dezember 2014
Erste A380-Auslieferung an Etihad Airways aus Toulouse.

29. Januar 2016
All Nippon Airways (ANA) bestellt drei A380.

31. März 2016
Emirates übernimmt die zwei für Air Austral vorgesehenen Lieferpositionen.

Juli 2016
Auf der Farnborough Air Show gibt Airbus die Produktionssenkung auf insgesamt nur noch zwölf Flugzeuge für das Jahr 2018 bekannt.

August 2016
Qantas verkündet sie wolle die restlichen acht bestellten A380 nicht mehr abnehmen.

9. November 2016
Ein Emirates-A380-Flug aus London muss vor der Landung in Dubai den Treibstoff-Notstand erklären, entstanden durch das Abschalten eines Hydrauliksystems und daraus entstehenden Problemen mit dem Fahrwerk.

29. Dezember 2016
Emirates übernimmt ihre erste A380 mit Trent 900-Triebwerken, zwei weitere folgen noch 2016.

7. Januar 2017
Emirates A380 A6-EUL verursacht durch ihre Wirbelschleppe dass über dem Arabischen Meer ein deutscher Privatjet vom Typ Bombardier Challenger außer Kontrolle gerät und nur noch schwer beschädigt notlanden kann.

Januar 2017
Emirates verschiebt die geplanten Lieferungen von zwölf A380 um je ein Jahr, sechs auf 2017 und sechs auf 2018.

14. Februar 2017
Der A380-Prototyp MSN 004 wird ins Luft- und Raumfahrtmuseum in Paris-Le Bourget gebracht.

April 2017
Airbus stellt ein neues Design für eine schmalere Haupttreppe vor, durch das bis zu 80 Sitze gewonnen werden könnten.

27. Juli 2017
Airbus gibt das Herunterfahren der Produktion von bisher zwölf im Jahr auf nur noch acht A380 für 2019 bekannt.

30. September 2017
Eine A380 der Air France auf Flug AF66 von Paris nach Los Angeles erleidet über Westgrönland eine Explosion ihres GP7000-Triebwerks und muss in Kanada notlanden. Eine aufwändige Expedition auf das Inlandeis ist nötig um im Juli 2019 den Fan des Triebwerks unter meterhohem Schnee zu bergen..

9. Oktober 2017
Erstmals stehen mehr A380 im aktiven Passagierdienst (213) als Boeing 747 (209).

3. November 2017
Emirates erhält in Hamburg ihre hundertste A380.

18. Januar 2018
Emirates verpflichtet sich zum Kauf weiterer 36 A380 und erhält im Gegenzug von Airbus die Zusage dass die Produktion noch für mindestens zehn Jahre weiter läuft.

Dezember 2018
Die Verschrottung und das Recycling der ersten beiden A380 beginnt in Tarbes-Lourdes. Es dauert insgesamt elf Monate bis die ehemals bei Singapore Airlines fliegenden Maschinen zerlegt sind.

Nachtstart in Dubai (Emirates)

Start in den Abendhimmel über Los Angeles. (Jean-Louis Delezenne)

14. Februar 2019
Airbus verkündet die Entscheidung, die gesamte Produktion der A380 bis zum Jahr 2021 einzustellen.

20. März 2019
Erste A380-Auslieferung an All Nippon Airways (ANA) in Toulouse.

24. Mai 2019
Der Erstflug des ANA-A380 auf der Route Tokio-Honolulu findet statt.

26. April 2020
Singapore Airlines bringt vier A380 zur längerfristigen Stilllegung in der Corona-Krise in die australische Wüste bei Alice Springs.

13. Mai 2020
Die letzte von sieben vorläufig stillgelegten A380 der Lufthansa trifft auf dem spanischen Abstellplatz Teruel ein.

20. Mai 2020
Air France verkündet das endgültige Ende ihres A380-Betriebs und plant keine Wiederaufnahme von A380-Flügen.

6. Juli 2020
Qantas beginnt ihre gesamte A380-Flotte in die Mojave-Wüste zur mehrjährigen Einlagerung zu bringen. Später folgen zwei ihrer A380 direkt von der Kabinen-Umrüstung in Dresden nach Kalifornien.

17. Dezember 2020
Die portugiesische Chartergesellschaft HiFly beendet den Betrieb der bis dato einzigen gebrauchten A380. Das ursprünglich 2008 an SIA ausgelieferte Flugzeug hatte statt Passagieren zuletzt bis zu 68 Tonnen Fracht auch auf den Passagierdecks befördert.

Dezember 2020
Bei Tarmac Aerosave im französischen Tarbes beginnt die Zerlegung von MSN 010, ehemals 9V-SKE bei SIA. In Knock, Irland, wird die ehemalige Air France-A380 F-HPJB (MSN 040) zerlegt.

22. Dezember 2020
Emirates erhält ihre letzte von drei gelieferten A380 des Jahres 2020, Exemplare 115 bis 117. Darunter ist mit A6-EVN die erste mit neuer Premium-Economy-Kabine.

3. März 2021
Lufthansa verkündet dass die 14 A380 der Gesellschaft nicht in den Liniendienst zurückkehren werden.

4. März 2021
Etihad erklärt, eine Rückkehr ihrer A380 sei nicht zu erwarten.

17. März 2021
British Airways kündigt an, dass die A380 »ein wichtiger Teil unserer Flotte bleibt, unsere Pläne sind natürlich, sie wieder zu fliegen«, sagt CEO Sean Doyle.

Start einer Emirates-A380 in die Abendsonne von Manchster. (Glenn Beaseley)

Mai 2021
Die Anzahl der im spanischen Teruel abgestellten A380 erreicht ihren Höhepunkt mit 18 Flugzeugen: Zehn von Lufthansa, drei jeweils von BA und Etihad plus zwei von Air France, die sie bereits offiziell ausgemustert hat.

4. Mai 2021
Malaysia Airlines kündigt an, den A380-Betrieb dauerhaft zu beenden.

31. Mai 2021
Die zehn meistbeflogenen A380-Routen der Welt werden alle von Emirates bedient, Spitzenreiter mit weitem Abstand ist Dubai-Kairo, gefolgt von Moskau und London.

August 2021
Qantas kündigt an dass sie zehn A380 »für viele kommende Jahre« ab 2022 wieder betreiben wird, während zwei ihrer A380 vorzeitig ausgemustert werden.

14. September 2021
Lufthansa bringt die letzte ihrer 14 A380 in die langfristige Abstellung und kündigt an, sie nicht zurückbringen zu wollen. Zwölf ihrer A380 stehen in Teruel, zwei in Tarbes/Lourdes. Der letzte reguläre A380-Passagierflug der Lufthansa hatte am 6. März 2020 stattgefunden.

15. Oktober 2021
Die dritte und letzte A380 für All Nippon Airways wird nach Japan ausgeliefert, bemalt mit dem »Ka La«-Farbkleid in Orange.

Oktober 2021
Singapore Airlines beginnt am Changi Airport ihre zwei ältesten A380 zu zerlegen, die früheren 9V-SKG und –SKH, Teile werden als Upcycling von Künstlern für Projekte genutzt.

Qatar Airways macht eine Kehrtwende und kündigt entgegen vorheriger Aussagen an, ihre A380 zurückzubringen aufgrund akuter Flugzeugknappheit.

November 2021
Emirates' erste A380 A6-EDA wird am Dubai World Central Airport zerlegt. Fahrwerke und andere Teile werden als Ersatzteile weiter genutzt, Teile der Außenhaut im Rahmen von Upcycling aufgearbeitet und als Memorabilia verkauft.

Emirates vollführt spektakuläre Flugmanöver mit einer A380 am höchsten Gebäude der Welt, dem Burj Khalifa in Dubai. Für ein im Januar 2022 veröffentlichtes Werbevideo steht eine Stuntfrau oben auf der höchsten Antennenspitze.

18. November 2021
Singapore Airlines startet wieder A380-Flüge nach London.

3. Dezember 2021
British Airways nimmt wieder A380-Linienflüge auf, zuerst nach Dubai.

16. Dezember 2021
Emirates erhält von Airbus in Hamburg-Finkenwerder ihre 123. und letzte A380, Baunummer MSN 272, Kennzeichen A6-EVS. Dies ist gleichzeitig die 251. und letzte ausgelieferte A380 insgesamt.

11. Januar 2022
Qantas stellt die A380 nach fast zwei Jahren wieder in Dienst, anfangs auf der Route Sydney-Los Angeles.

Februar 2022
China Southern kündigt an, alle ihre fünf A380 bis Ende 2022 stillzulegen.

22. Februar 2022
Airbus kündigt Pläne an, den A380-Prototyp MSN 001 sowie eine weitere Maschine ab Ende 2026 als Testflugzeuge für wasserstoffgetriebene Triebwerke sowie für Open-Rotor-Antriebe zu nutzen.

März 2022
Qatar Airways kündigt an, zu den vier aktiven noch vier weitere ihrer insgesamt zehn A380 wieder in Betrieb zu nehmen.

10. Mai 2022
ANA kündigt an, ab 1. Juli 2022 wieder zwei Umläufe in der Woche zu fliegen mit ihren A380 von Tokio-Narita nach Honolulu und zurück.

Juni 2022
Die Qantas A380 mit dem Kennzeichen VH-OQF, kaum 13 Jahre alt, wird in Victorville, Kalifornien, zerlegt.

Korean Air kündigt an, ihre A380 ab Juli wieder nach New York einzusetzen, sowie ab September nach Hongkong und Tokio.

25. Juni 2022
Asiana bringt ihre A380 zurück, zuerst auf der Strecke Seoul-Bangkok, ab Juli auch nach Los Angeles.

August 2022
Die Qantas A380, Kennzeichen VH-OQE, gebaut 2009, wird in Victorville, Kalifornien, zerlegt.

November 2022
Thai Airways erklärt es gäbe Überlegungen, die zwei eigenen von insgesamt sechs A380 zu aktivieren. Im Mai 2023 heißt es dann, alle A380 sollten verkauft werden.

2. Dezember 2022
Die Lufthansa A380 D-AIMK ist die erste der Gesellschaft, die nach dem eigentlich geplanten Ende aus Teruel nach Frankfurt zurückkehrt, mit ausgefahrenem Fahrwerk und auf niedrigerer Flughöhe.

9. Dezember 2022
Etihad kündigt an, ab Juli 2023 vier ihrer A380 auf der Strecke Abu Dhabi-London wieder in Betrieb zu nehmen.

23. Dezember 2022
Ein Qantas-A380 auf dem Weg von Singapur nach London muss wegen einer (falschen) Feuerwarnung im Frachtraum in Baku, Aserbeidschan notlanden.

Januar 2023
Emirates übernimmt mit der A380 A6-EVM die erste in der Kabine erneuerten A380 mit der neuen Premium Economy Class in den Liniendienst. Insgesamt sollen 67 A380 die neue Kabine erhalten.

17. März 2023
Emirates lässt als Weltpremiere ihre erste A380, Kennzeichen A6-EOE, in den neuen, leicht überarbeiteten Firmenfarben, nach München starten.

Mai 2023
Das britische Start-Up Global Airlines verkündet den Kauf der gebrauchten A380 MSN 006, die anfangs bei Singapore Airlines flog und zuletzt bei Hi Fly.

1. Juni 2023
Lufthansa startet ihren ersten A380-Linienflug nach der Pandemie mit D-AIMK von München nach Boston.

29. Juni 2023
Global Airlines kündigt die Anschaffung von drei weiteren gebrauchten A380 an. Ab 2024 will sie damit Strecken von London nach New York und Los Angeles befliegen.

Emirates-A380 am Himmel. (Michael Lindner)

Rückkehr der ersten ANA-A380 vom Abnahmeflug nach Finkenwerder 2019. (Michael Lindner)

Alle A380-Betreiber

	Erste Auslieferung	Letzte Auslieferung	Anzahl gelieferter A380	Sitzplätze
Singapore Airlines	15. Oktober 2007 9V-SKA (MSN 003)	13. Februar 2018 9V-SKZ (MSN 255)	24	379/441/471
Emirates	28. Juli 2008 A6-EDA (MSN 011)	16. Dezember 2021 A6-EVS (MSN 272)	123	484/489/516/517/519/615
Qantas	19. September 2008 VH-OQA (MSN 014)	16. Dezember 2011 VH-OQL (MSN 074)	12	484
Air France	30. Oktober 2009 F-HPJA (MSN 033)	23. Juni 2014 F-HPJJ (MSN 117)	10	516
Lufthansa	19. Mai 2010 D-AIMA (MSN 038)	10. April 2015 D-AIMN (MSN 177)	14	509
Korean Air	24. Mai 2011 HL7611 (MSN 035)	28. Juli 2014 HL7628 (MSN 156)	10	399/407
China Southern Airlines	14. Oktober 2011 B-6136 (MSN 031)	28. Februar 2013 B-6140 (MSN 120)	5	506
Malaysia Airlines	29. Mai 2012 9M-MNA (MSN 078)	14. Mai 2013 9M-MNF (MSN 114)	6	494
Thai Airways	27. September 2012 HS-TUA (MSN 087)	29. November 2013 HS-TUF (MSN 131)	6	469
British Airways	3. Juli 2013 G-XLEA (MSN 095)	22. Juni 2016 G-XLEL (MSN 215)	12	469
Asiana	26. Mai 2014 HL7625 (MSN 152)	22. Dezember 2016 HL7641 (MSN 231)	6	495
Qatar Airways	17. September 2014 A7-APA (MSN 137)	24. April 2018 A6-APJ (MSN 254)	10	517
Etihad Airways	16. Dezember 2014 A6-APA (MSN 166)	25. Mai 2017 A6-APJ (MSN 237)	10	498
All Nippon Airways	20. März 2019 JA381A (MSN 262)	15. Oktober 2021 JA383A (MSN 266)	3	520

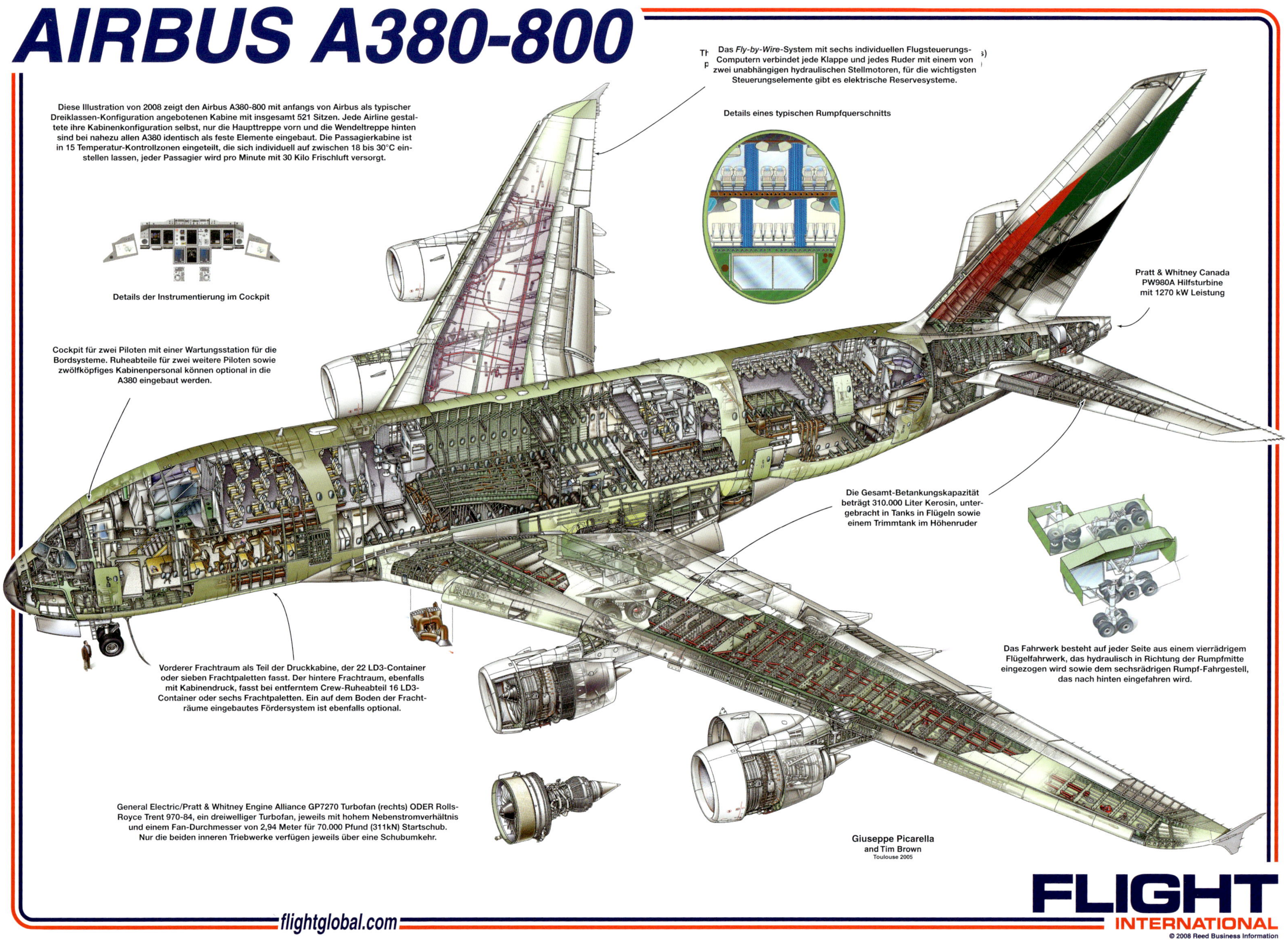

AIRBUS A380-800
Diese Illustration von 2008 zeigt den Airbus A380-800 mit anfangs von Airbus als typischer Dreiklassen-Konfiguration angebotenen Kabine mit insgesamt 521 Sitzen. Jede Airline gestaltete ihre Kabinenkonfiguration selbst, nur die Haupttreppe vorn und die Wendeltreppe hinten sind bei nahezu allen A380 identisch als feste Elemente eingebaut. Die Passagierkabine ist in 15 Temperatur-Kontrollzonen eingeteilt, die sich individuell auf zwischen 18 bis 30°C einstellen lassen, jeder Passagier wird pro Minute mit 30 Kilo Frischluft versorgt.
Das Fly-by-Wire-System mit sechs individuellen Flugsteuerungs-Computern verbindet jede Klappe und jedes Ruder mit einem von zwei unabhängigen hydraulischen Stellmotoren, für die wichtigsten Steuerungselemente gibt es elektrische Reservesysteme.
Details eines typischen Rumpfquerschnitts
Details der Instrumentierung im Cockpit
Pratt & Whitney Canada PW980A Hilfsturbine mit 1270 kW Leistung
Cockpit für zwei Piloten mit einer Wartungsstation für die Bordsysteme. Ruheabteile für zwei weitere Piloten sowie zwölfköpfiges Kabinenpersonal können optional in die A380 eingebaut werden.
Die Gesamt-Betankungskapazität beträgt 310.000 Liter Kerosin, untergebracht in Tanks in Flügeln sowie einem Trimmtank im Höhenruder
Das Fahrwerk besteht auf jeder Seite aus einem vierrädrigem Flügelfahrwerk, das hydraulisch in Richtung der Rumpfmitte eingezogen wird sowie dem sechsrädrigen Rumpf-Fahrgestell, das nach hinten eingefahren wird.
Vorderer Frachtraum als Teil der Druckkabine, der 22 LD3-Container oder sieben Frachtpaletten fasst. Der hintere Frachtraum, ebenfalls mit Kabinendruck, fasst bei entferntem Crew-Ruheabteil 16 LD3-Container oder sechs Frachtpaletten. Ein auf dem Boden der Frachträume eingebautes Fördersystem ist ebenfalls optional.
General Electric/Pratt & Whitney Engine Alliance GP7270 Turbofan (rechts) ODER Rolls-Royce Trent 970-84, ein dreiwelliger Turbofan, jeweils mit hohem Nebenstromverhältnis und einem Fan-Durchmesser von 2,94 Meter für 70.000 Pfund (311kN) Startschub. Nur die beiden inneren Triebwerke verfügen jeweils über eine Schubumkehr.
Giuseppe Picarella
and Tim Brown
Toulouse 2005
flightglobal.com
FLIGHT INTERNATIONAL
© 2008 Reed Business Information

A380-Bestellungen und Auslieferungen

Jahr	Neubestellungen	Orders total	Auslieferungen
2001	78	78	0
2002	0	78	0
2003	34	112	0
2004	10	123	0
2005	10	133	0
2006	24	157	0
2007	33	189	1
2008	9	198	12
2009	4	202	10
2010	32	234	18
2011	19	253	26
2012	9	262	30
2013	42	304	25
2014	13	317	30
2015	2	319	27
2016	0	319	28
2017	2	317	15
2018	4	321	12
2019	-74	251	8
2020	0	251	3
2021	0	251	2

Ohne Frachter (bereinigt)

Airbus A380-800 und Boeing 747-400 * im technischen Vergleich

	Airbus 380-800	Boeing 747-400	Differenz
Länge	72,70 Meter	70,66 Meter	+3%
Spannweite	79,80 Meter	64,64 Meter	+24%
Höhe	24,07 Meter	19,40 Meter	+24%
Reichweite*	14.800 km	12.200 km	+21%
Verbrauch**	ca. 3,3 Liter	ca. 4,24 Liter	-29%
Max. Startgewicht	560 Tonnen	395 Tonnen	+42%
Max. Landegewicht	386 Tonnen	286 Tonnen	+35%
Leergewicht	277 Tonnen	181 Tonnen	+53%
Max. Nutzlast	83 Tonnen	70,6 Tonnen	+17%
Reisegeschwindigkeit	Mach 0,85	Mach 0,855	-0,6%
Dienstgipfelhöhe	13.100 Meter	13.750 Meter	-5%
Startstrecke	2.990 Meter	3.530 Meter	-15%
Landestrecke	2.103 Meter	2.260 Meter	-7%
Tankkapazität	310.000 Liter	216.000 Liter	+44%
Flügelfläche	845 qm	520 qm	+63%
Kabinenbreite	6,58 Meter	6,13 Meter	+7%
Kabinenbreite Hauptdeck	5,92 Meter	3,90 Meter	+52%
Kabinenfläche Oberdeck	511,27 qm	331,91 qm	+54%
Frachtkapazität	13 Paletten oder 36 LD3-Container	9 Paletten oder 30 LD3-Container	+44% +20%
Startschub	4x 70.000 lbs***	4x 57.900 lbs.****	+20%

Stand 2007 bei Indienststellung der A380

* In Drei-Klassen-Konfiguration

** Pro Passagier auf 100 Kilometer

*** 4x Rolls-Royce Trent 900

**** 4x CF6-80C2B1F

A380-800 Frachter (nicht gebaut)

Länge	72,70 Meter
Spannweite	79,80 Meter
Höhe	24,07 Meter
Kabinenbreite	6,55 Meter
Max. Startgewicht	590 Tonnen
Max. Landegewicht	427 Tonnen
Leergewicht	252,5 Tonnen
Max. Nutzlast	150 Tonnen/optional 158 Tonnen
Triebwerke	4x Rolls-Royce Trent 977 oder 4x Engine Alliance GP7277
Startschub x 4	76.500 lbs
Tankkapazität	310.000 Liter/optional 352.000 Liter
Reisegeschwindigkeit	Mach 0,85
Max. Geschwindigkeit	Mach 0,89
Dienstgipfelhöhe	13.100 Meter
Startstrecke	2.900 Meter
Landestrecke	1.900 Meter
Zuladung	71 LD3-Container + 25 Paletten
Reichweite	10.360 km

A380 und Boeing 747-Varianten im Vergleich

	Airbus A 380-800	**Boeing 747-400**	**Boeing 747-200B**	**Boeing 747-8I**
Erstflug	2005	1989	1971	2011
Länge	72,70 m	70,7 m	68,60 m	76,30 m
Spannweite	79,80 m	64,40 m	59,64 m	68,40 m
Max. Startgewicht	560 t	396 t	378 t	447 t
Passagiere	868/ 544 üblich	660/ 416 üblich	490/ 366 üblich	605 / 467 üblich
Anzahl Triebwicht	4	4	4	4
Flügelfläche	845 Quadratm.	541 Quadratm.	511 Quadratm.	554 Quadratm.
Anzahl gebaut	251 (bis 2022)	528	316	47

Die Evolution von der A3XX zur A380 in technischen Daten

Mai 1995	**A3XX-100**	**A3XX-200**	
Max. Startgewicht	476 Tonnen	519 Tonnen	
Leergewicht	324 Tonnen	353 Tonnen	
Sitzzahl dreikl.	530	623	
Sitzzahl einkl.	854	966	
Frachtkapazität	30 LD3/10 Paletten	38 LD3/12 Paletten	
Startschub x4	66.000 lbs	71.000 lbs	
März 1997	**A3XX-100**	**A3XX-100R**	**A3XX-200**
Typ. Sitzzahl	555	555	656
Reichweite	14.100 km	15.750 km	14.100 km
Max. Startgewicht	540 Tonnen	583 Tonnen	583 Tonnen
Max. Landegew.	381 Tonnen	385 Tonnen	381 Tonnen
Leergewicht	271 Tonnen	275 Tonnen	286 Tonnen
Max. Nutzlast	85 Tonnen	85 Tonnen	95 Tonnen
Tankkapazität	269.000 Liter	307.000 Liter	307.000 Liter
Startschub x4	69.000 lbs	77.000 lbs	78.000 lbs

April 1999	A3XX-50R	A3XX-100	A3XX-100R	A3XX-200
Typ. Sitzzahl	481	555	555	656
Reichweite	16.200 km	14.200 km	16.200 km	14.200 km
Max. Startgew.	540 t	540 t	583 t	583 t
Max. Landegew.	357 t	381 t	385 t	408 t
Leergewicht	261 t	271 t	275 t	286t
Max. Nutzlast	73 t	85 t	85 t	95 t
Tankkapazität	336.000 l	297.000 l	383.000 l	336.000 l
Startschub x4	67.000 lbs	67.000 lbs	75.000 lbs	75.000 lbs

	A380-800	
	Februar 2001	**2015**
Typ./max. Sitzzahl	555/853	544/868 (538 unten, 330 oben)
Frachtkapazität	38 LD3-Container/13 Paletten	
Reichweite	14.800 km	15.200 km
Max. Startgew.	560 Tonnen	569 Tonnen
Max. Landegew.	386 Tonnen	391 Tonnen
Leergewicht	277 Tonnen	275 Tonnen
Max. Nutzlast	84 Tonnen	
Tankkapazität	310.000 l	320.000 l
Startschub x4	311 kN	311 kN

Listenpreise der A380 (in Mio. US-Dollar)

2008	327,4 Mio. (Durchschnittswert)
2012	389,9
2013	403,9
2014	414,4
2015	428,0
2016	432,6
2017	436,9
2018	445,6

Quelle: Airbus

Bibliographie

Clark, Nicola:
Airbus – The First 50 Years.
Romsey, UK 2019
(unveröffentlicht)

de Crespigny, Richard:
QF32. Sydney 2012

Figgen/Morgenstern/Plath:
A380-Der Mega-Airbus im
Linieneinsatz, München 2010

Fraile, Michel; Polacco, Michel:
A380. Bielefeld 2007

Marc, Yves:
A380 le défi.
Toulouse 2005

Maoui, Gérard:
Air France et l'A380.
Paris 2010

Maxwell, David:
Airbus A380 –
Superjumbo on World Tour.
St. Paul, MN, USA 2007

Norris, Guy; Wagner, Mark:
Airbus A380 – Superjumbo of the
21st century.
St. Paul, MN, USA 2005

Orsenna, Érik:
A380.
Toulouse 2007

Simons, Graham M.:
The Airbus A380.
Barnsley, UK 2014

Spaeth, Andreas:
Airbus A380. Der fliegende
Gigant aus Europa.
Königswinter 2005

Spaeth, Andreas:
Singapore Airlines A380.
First to Fly.
Königswinter 2007

Spaeth, Andreas:
Emirates Airlines A380.
The future has arrived.
Königswinter 2008

Spaeth, Andreas:
Airbus A380. Der fliegende
Gigant aus Europa.
Königswinter 2008

Spaeth, Andreas:
Singapore Airlines A380.
Eine Erfolgsgeschichte.
Königswinter 2012

Spaeth, Andreas:
The Emirates A380.
Dubai 2013 (unveröffentlicht)

Spaeth, Andreas:
Crashtest – Die verborgenen
Risiken des Fliegens.
München 2016

Thomalla, Volker K./Steinke:
Der Airbus A380. Stuttgart 2008

Wicks, Robert:
Airbus A380 – 2005 to present.
Yeovil, UK 2017

Interviews des Autors

Alonso, Fernando
2. 11. 2020

Buchholz, Nico
12. 08. 2020

Clark, Tim
12. 11. 2019, 1. 12. 2020,
23.11.2022

Humbert, Gustav
1. 09. 2020
Leahy, John
24. 08. 2020

Thomas, Jürgen
Juni 2005, 30. 08. 2020

Publikationen Deutschland

Aero International
BILD Hamburg
Flug Revue
Hamburger Abendblatt
Hamburger Morgenpost
Frankfurter Allgemeine Zeitung
Frankfurter Allgemeine
Sonntagszeitung
Handelsblatt
Lufthanseat
Süddeutsche Zeitung

Publikationen international

AIR International, UK
Aviation Week, USA
Flight International, UK
Orient Aviation, Hongkong

Webseiten

www.aero.de
www.aerotelegraph.com
www.airliners.de
www.airlineratings.com
http://airwaysmag.com
http://atwonline.com
www.aviationweek.com
www.bbc.com
www.cnn.com
www.flightglobal.com
www.reuters.com
http://simpleflying.com
www.spiegel.de
www.thenational.ae
https://www.abcdlist.nl/a380f/
a380f.html
https://twitter.com/a380fanclub
https://en.wikipedia.org
https://de.wikipedia.org

Bildquellen

ACA Designs, Airbus, Air Jet Designs, All Nippon Airways (ANA), Australian Transport Safety Bureau (ATSB), Bureau d'Enquêtes et d'Analyses (BEA), Bundesstelle für Flugunfalluntersuchung (BFU), Emirates, Flightglobal, Flughafen München, HiFly, JACDEC, Korean Air, Leeham Company, Lufthansa Technik (LHT), Qantas, Singapore Airlines (SIA), Thai Airways, Wikimedia.

Fotografen in diesem Buch

Glenn Beasley, Manchester,
Großbritannien

Jacob Brosseau, Los Angeles,
Kalifornien, USA,
Instagram @ops_jake

Yannick Delamarre, Toulouse,
Frankreich,
Twitter Eurospot @cliper31

Jean-Louis Delezenne, Sherman
Oaks, Kalifornien, USA

Dirk Grothe,
Hamburg, Deutschland
www.digroaero.com

Pat Harrison/Shannon Airport
Planespotters

Sven-Hendrik Katzé, Dresden,
Deutschlandwww.facebook.com/
europeanaviator/

Michael Lamberty, Deutsche Lufthansa, Frankfurt, Deutschland

Michael Lindner, Stade,
Deutschland,
www.lindner-fotografie.de

Jan-Arwed Richter, Hamburg,
Deutschland, www.jacdec.de

Andreas Spaeth, Hamburg,
Deutschland (AS)

Timo Soyke, Hamburg,
Deutschland
www.instagram.com/timo.
soyke_aviation.photos/

Sebastian Thoma, Bremen,
Deutschland, www.atcpilot.com

James Ward, Dubai

Dank

Mindestens so spannend wie Flugzeuge sind die Menschen, die dahinter stehen. Viele von ihnen kenne ich seit langer Zeit. Mit Sir Tim Clark von Emirates spreche ich seit über 20 Jahren immer wieder über die A380 und es ist jedes Mal faszinierend.

Ihm danke ich ebenso wie den früheren Airbus-Mitarbeitern Jürgen Thomas, John Leahy, Gustav Humbert, Fernando Alonso und Barbara Kracht, außerdem Nico Buchholz, die alle wertvolle Einsichten und Erinnerungen mit mir geteilt und Kontakte vermittelt haben. Auch den Gesprächspartnern die nicht namentlich genannt werden möchten danke ich herzlich für ihre wichtigen Beiträge.

Ohne die jahrzehntelange Unterstützung der Airbus-Pressestelle in Toulouse hätte ich viele der geschilderten Eindrücke nie bekommen. Dank daher stellvertretend an Rainer Ohler und Stefan Schaffrath.

Dank gebührt auch den vielen Spottern und Fotografen aus aller Welt, die bereitwillig und enthusiastisch mit Bildern der A380 geholfen haben, darunter besonders Michael Lindner, Jean-Louis Delezenne, Dirk Grothe und Sebastian Thoma. Ohne Eure Werke wäre dieses Buch nur halb so schön.

Danke an Barbara Kloth für die gestalterische Hilfe, sowie an Günther Nord für das Layout. Ebenso an Alexander Burden vom Motorbuch Verlag für seinen unermüdlichen Einsatz.

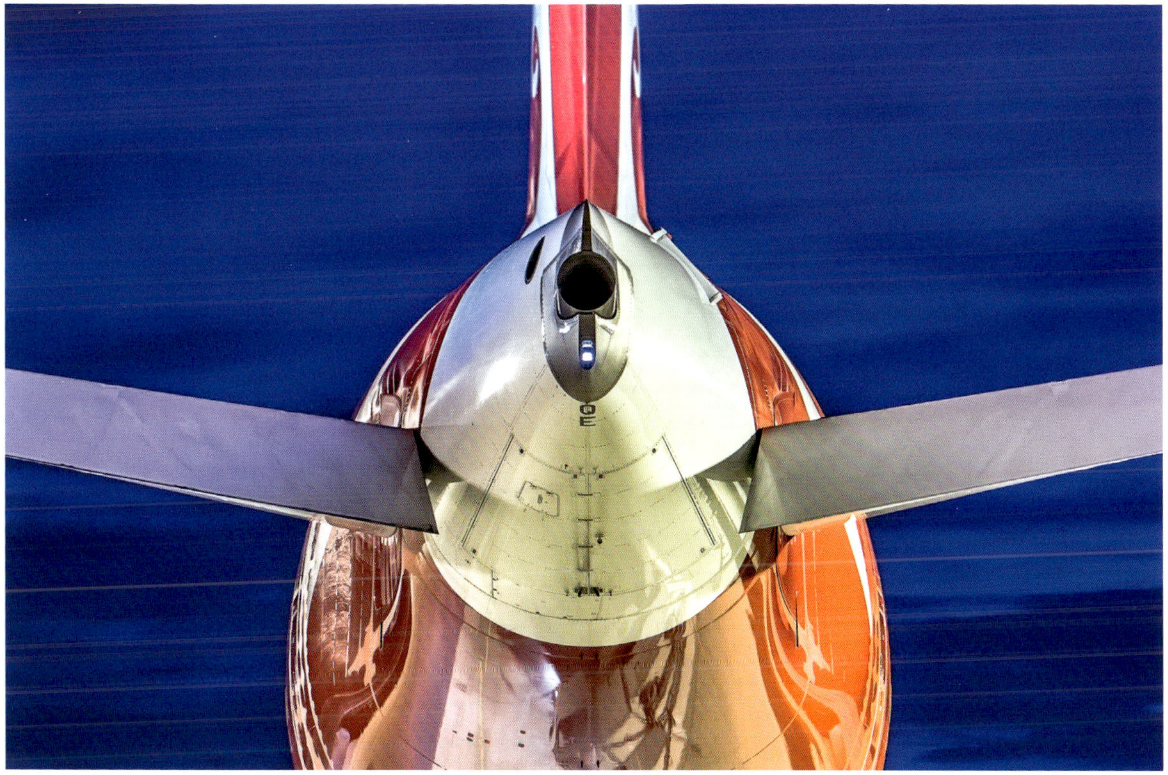

Eine Qantas A380 nicht im australischen Outback, sondern am Flughafen Dresden. Mehrfach kamen sie direkt vom Abstellplatz in Victorville, Kalifornien zur Kabinenumrüstung, um dann nonstop nach Australien zu fliegen. (Sven-Hendrik Katzé)

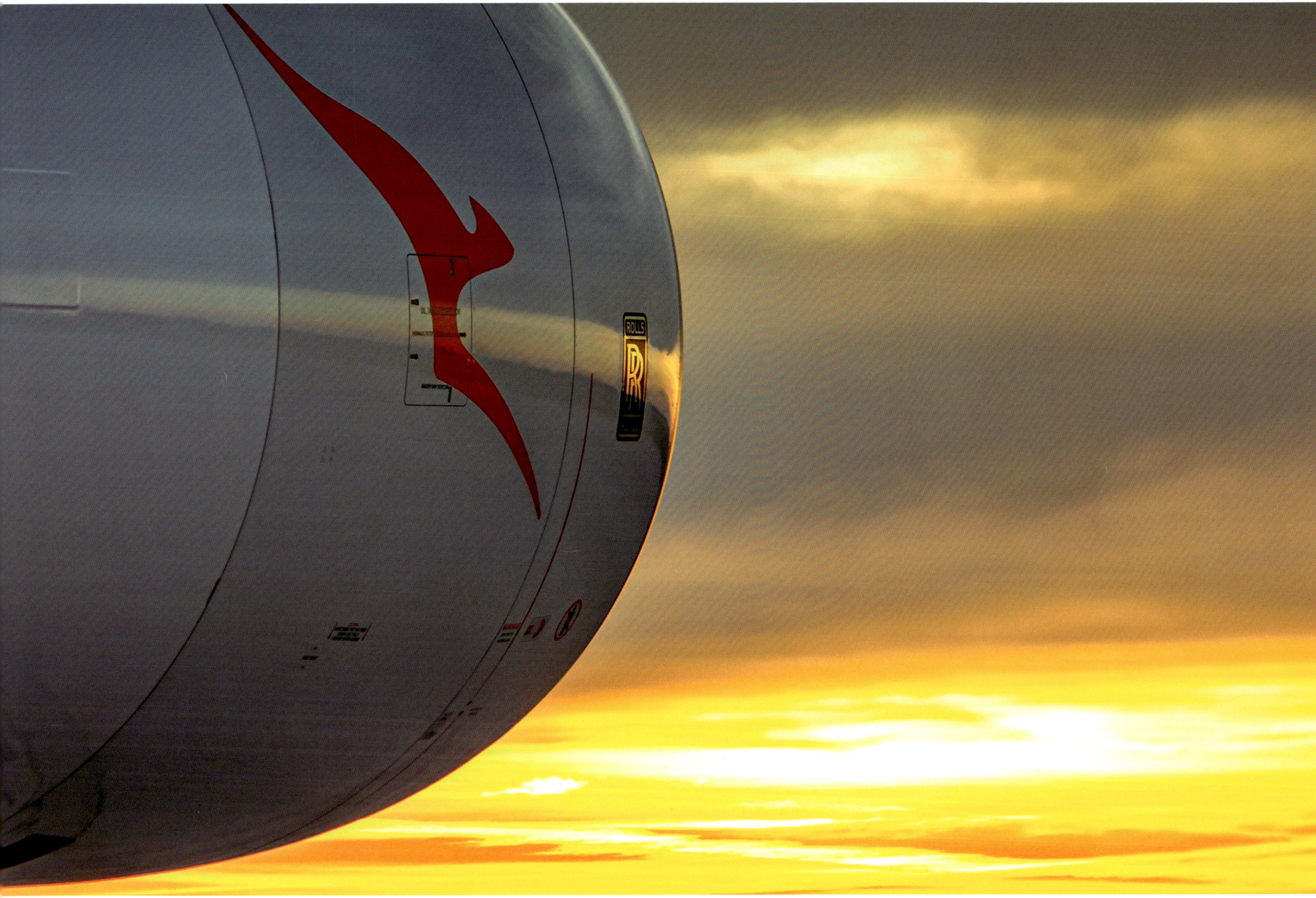